# A BRIEF HISTORY OF THE EARTH

# 地 球 简 史

[美] 亨德里克·威廉·房龙◎著

李彩菊　　张雅婷◎译

北京理工大学出版社

BEIJING INSTITUTE OF TECHNOLOGY PRESS

## 图书在版编目（CIP）数据

地球简史 /（美）亨德里克·威廉·房龙著；李彩菊，张雅婷译. —
北京：北京理工大学出版社，2020.8
ISBN 978-7-5682-8563-6

Ⅰ.①地… Ⅱ.①亨… ②李… ③张… Ⅲ.①地球演化—普及读物
Ⅳ.①P311-49

中国版本图书馆CIP数据核字（2020）第098447号

出版发行 / 北京理工大学出版社有限责任公司
社　　址 / 北京市海淀区中关村南大街5号
邮　　编 / 100081
电　　话 / （010）68914775（总编室）
　　　　　 （010）82562903（教材售后服务热线）
　　　　　 （010）68948351（其他图书服务热线）
网　　址 / http://www.bitpress.com.cn
经　　销 / 全国各地新华书店
印　　刷 / 三河市金元印装有限公司
开　　本 / 880毫米×1230毫米　1/32
印　　张 / 14　　　　　　　　　　　　　　　　责任编辑 / 李慧智
字　　数 / 350千字　　　　　　　　　　　　　文案编辑 / 李慧智
版　　次 / 2020年8月第1版　2020年8月第1次印刷　责任校对 / 刘亚男
定　　价 / 68.00元　　　　　　　　　　　　　责任印制 / 施胜娟

Queen of Bohemia

波西米亚女王伊丽莎白·斯图亚特

圣母的诞生

基督在圣彼得堡的船上教导信徒

战场上的一幕

战争

# 前　言

十年前，收到你的来信，到今天才给你回信。

信里的内容（我从原文摘录的）是这样的：

　　……是的，但是地理学呢？不，我不仅仅想要一种全新的地理学。我想要的是我自己的地理学，一种可以告诉我任何我想知道，没有其他多余的东西的地理学，我希望你能够为我写一本这样的地理学书。上学时，地理课上总是严肃的，我以极快的速度记忆不同国家，包括它们的领土、城市、人口、所有山脉的名字以及它们的高度、每年的石油出口量，同时我也以同样快的速度遗忘它们。这些信息之间没有任何联系，以至于我的记忆也乱作一团，就像是博物馆里充斥着各种画作，或是音乐厅里的音乐久久没有停下来的意思。这些对我来说，没有实质性的意义。每次我需要一些具体信息时，都需要在地图、地图册、百科全书或蓝皮书上查阅。我认为很多人都经历过这样的困境。所以，我代表那些所有像我一样被这个问题所困扰的可怜的人们，请求您，可否编一本对我们有用的地理书？让这本书含括所有的山脉、城市和海洋，让我们能够了解住在那些地方的人们，他们为何会到这里，他们来自哪里，他们的风俗又是什么——很多人会被这些有关地理的故事吸引。另外，劳烦您对那些真正有趣的国家进行强调，对那些不需要我们特别关注的国家一带而过，这样我们就可以很好地记住有用的东西，否则……

对于我来说，从收到你的来信后，便一直想要完成一本这样的书，现在，我终于可以说："亲爱的读者，你所需要的书就在这儿！"

亨德里克·威廉·房龙（Hendrik Willem Van Loon）

# 目 录 Contents

# 1. 与我们住在同一个世界的伙伴

假设世界上人都高6英尺[①]，宽1.5英尺，厚1英尺（这个尺寸比正常人都略大一点），那么世界上所有的人（根据最新[②]数据，现在全球人口近20亿）都可以被放进一个边长为0.5英里[③]的正方体盒子里。听起来有些让人瞠目结舌，但这确实是事实。如若，你真的像我说的那样觉得不可思议，或者对我的话有所怀疑，你可以亲自去算算，但我保证你得到的结果只会证明我说得没错。

然后将这个盒子运送到亚利桑那州的大峡谷，稳稳地放在一个低矮的悬崖壁上，以防止人们被眼前难以置信的永恒的美景震惊，不小心扭伤脖子。接着叫来一只名为"小面条"的腊肠狗，让它（这个小东西非常聪明，而且喜欢帮忙）用它柔软的棕色鼻子，给这个笨重的装置施加一点点推力，那么，这个厚木板制成的盒子便

---

① 1英尺 =0.304 8米。——编者注
② 本书原著于1932年出版，因此正文中提到的"最新""如今""现在""今天"等时间概念，均以1932年为准。——编者注
③ 1英里 =1.609 344千米。——编者注

会掉下来，滚过石头、灌木丛、树林，接着会是一阵低沉甚至柔和的砰砰的声音，当它的外沿撞到科罗拉多河岸时，会溅起一大片水花。

放在悬崖壁上的盒子

然后，是沉寂。

这些如同沙丁鱼一般的被塞进盒子的人们，会像停尸房的尸体一样，很快被世界所遗忘。

大峡谷一如昨日，与风雨相伴，静待日出与日落。

世界在继续通往未知宇宙的旅途上，从未停止。

在邻近而又遥远的星球上的天文学家不会发现有什么不寻常的事情发生。

也许，要等到一个世纪后，某个长满植物的小土堆的出现才能表明灭绝的人类原来是被埋葬在这里。

故事就是这样。


我能够理解，可能有一些读者不太喜欢这个故事，他们以人类为傲，而现在却受到这样的贬低，心里自然会不舒服。

然而，对于这个问题，如果我们从另一个角度看，结果会有所不同——这个角度会让我们把人类数量的微小和身体的无助看作是值得骄傲和自豪的。

这就是我们，一小群弱小且毫无防御能力的哺乳动物。从我们在地球上出现的第一天的拂晓开始，我们的周围围满了成群结队的生物，面临生存的困境，它们做的准备要比我们充足得多。有些生物有100英尺长，重量和一个小型火车头差不多，有的动物则长着像圆锯刀片一样锋利的牙齿。许多动物还会身披盔甲，像中世纪的骑士一样。还有一些动物，虽然人类无法用眼睛看到，但它们的繁殖速度却极快，如果没有那些可以与它们抗衡的天敌物种的话，那么不到一年的时间，它们就会霸占整个地球。而人类却只能在极其适宜的环境中生存，只能在高山和深海之间的陆地上寻找栖息地。

与我们一同在路上的"同行者们"野心极大，在它们看来，没有哪座山是高不可攀的，没有哪片海是深不可探的。显然，构成它们身体的物质可以让它们在各种自然环境下生存。

我们从权威人士那里得知，一些昆虫能够在石油里愉快地生活（很难想象，如果我们将石油作为每天的主食会是什么样），那些昆虫所能够适应的温度的变化完全有可能在几分钟内要了我们的性命。我们还了解到，那些看似喜欢文学的棕色小甲虫，围着我们的书柜没日没夜地攀爬，即使途中失去两条腿、三条腿，又或是四条，它们仍会持续"工作"，而我们却会因脚趾上扎了颗大头针，就变得不能自理，这是多么可怕，多么令人悲哀。于是，有时，我们会思考，在这个漂泊在陌生而又黑暗的宇宙中的地球上，从我们第一次出现开始，到底有着怎样我们不曾想象的对手与我们共存。

最初，那些与人类同时代的动物，它们站在一旁，注视着自然中的人类的活动，看着人类第一次尝试在不借助任何树干或拐杖的情况下，用后腿站立。这足以让它们捧腹大笑。

而那些能够成为占地面积近2亿平方英里①的陆地和水域（更别提那深不可测的海洋）主人的生物都是骄傲且独一无二的，不管这些领土是强行霸占还是通过狡猾的诡计获得，它们对领地进行着极权统治。那么，这些生物最终变成什么样了呢？

它们中的绝大部分已经从我们的眼中消失，除了那些带有"陈列品A"或"陈列品B"标签的东西，人们会在自然历史博物馆中给它们留有一席之地。一些生物为了能够生存下去，不得不为人类服务，它们会给我们提供皮毛、蛋类、鲜奶和身上的肉，它们会

---

① 1平方英里=2.589 988 11平方千米。——编者注

驮那些对人类来说有些重的东西。还有很多的生物，它们会住在远离人类的地方，而且我们也允许它们在那里繁衍，因为，到目前为止，我们还不认为它们所居住的地方值得开垦为人类可用的土地。

总之，几十万年里（从无止尽的角度来看，这只是一小部分时间），人类已将自己变成这片土地的毫无争议的统治者，而现在，更是将空气和海洋纳为己有。在所有生物中，我们能够成为主宰，是因为我们有一个其他生物都没有的优势，那就是神圣的理性，这是我们与生俱来的礼物。

即使我说得有些夸张，但的确一部分人拥有最崇高的理性和独立思考的能力。这些人最终成为领导者。其他的人，不管他们对现实如何愤愤不平，最终也只能服从。这是一个奇怪又崎岖的过程，因为，不论人们有多努力，上万的竞争者中只会有一个开拓者。

这条路最终会指引我们去哪里，无人得知。在过去的4 000年里，我们已经做的，以及我们将来能够做到的，都无法确切地估量——除非我们由于与生俱来的凶残而背离正常的发展轨迹，我们对同胞的凶残远比我们对待一头牛、一只狗甚至一棵树严重得多。

因此，地球及地球上的一切都由人类支配。对于那些无法支配的地方，人类也会以高级的头脑、先见之明和武器的力量去占领。

我们的家园是一个美好的家园，有足够的食物，有丰富的采石场、黏土层和森林，我们所有人都可以获得足够大小的住所。牧场上有温顺的绵羊，波浪起伏的亚麻地开着无尽的蓝色花朵，还有中国桑树上勤勉的小桑蚕——它们可以帮助我们的身体抵御冬日的寒冷和夏日的酷热。我们的家园是美好的。它给予了我们如此之多的好处，每一个男人、女人和小孩只需稍做付出便可在未来的日子里分一杯羹。

但是自然界有自己的法则。这些法则是公平的，但也是无情的。自然界没有法院可上诉。

大自然会施惠于我们且毫不吝惜，但作为回报，她要求我们学习并且遵循她的法则。

如果在一个只能容纳50头牛的草地上放100头牛，那么结果只能是灾难——这是每一个农民都熟知的小智慧。在只能容纳10万人的空地上聚集100万人就会导致拥堵、引起贫穷以及造成不必要的灾难。显然，这一事实被那些想要支配我们命运的人所忽视。

但这并不是众多问题中最严重的一个。我们在其他方面同样侵害了慷慨的养育者。在狗不会撕咬狗，虎不会吞食虎，甚至令人嫌恶的鬣狗都能与其同类和平相处的情况下，在现存的生物体中，只有人类仇视自己的同类。人类憎恨人类，人类杀害人类。当今世界，几乎每个民族都在为随时可能发生的战争做准备。

这公然违反了伟大造物主的法则第一条：同一种族之间和平友好地相处。由于对这一法则的违反，所以人类很可能在不久之后走向灭绝。我们的敌人每时每刻都在观察警醒着我们。如果智人（据说这个名字是一位很有个性的科学家提出的，"智人"代表我们人类拥有极高的智力）觉得没有能力或是不愿做世界的主宰，那么会有千千万万的候选者来争夺这个位置。试想一下，如果世界是被猫、狗、大象或其他更高级的昆虫（它们十分善于把握机会）统治，是否会比现在充斥着战舰和大炮的世界更美好？

答案在哪里呢？如何摆脱这种可怕又可耻的状况呢？

这本小书希望以一种谦卑的方式给人们指出一条明理之路，让我们走出那些曾经由于人类祖先的无知而误入的死胡同。

这需要时间，需要数百年缓慢而曲折的教育引导我们找到真正的救赎之路。但这条路会让我们意识到所有物种都是同一星球上同行的伙伴。如果我们坚持这一绝对真理，如果我们意识到并且牢记"无论好坏，这都是我们共同的家园"——我们不知道还有其他可供居住的家园，我们永远不会离开我们出生的地方。因此，我们会理所当然地礼貌起来，就好像我们是在开往未知目的地的火车或轮船上。我们应当迈出解决这一可怕问题的第一步，也是最重要的一步。这个可怕的问题是我们所有困难的根本所在。

我们都是地球上的小伙伴，一荣俱荣，一损俱损！

你们可以叫我梦想家，叫我傻瓜，叫我空想家，抑或叫警察或救护车将我移送他处，无法再宣扬这样不受欢迎的异端邪说。但是记住我的话，并且在遭遇不幸的那一天-——它们要求人类打包自己的小玩具并将幸福的钥匙交给更有价值的继承者——回想起我的话。

生存的唯一希望蕴含在下面这句话中：

我们都是地球上的小伙伴，为了我们赖以生存的地球的福祉，我们要共同肩负起责任。

# 2. 地理学的定义以及如何将此定义应用于本书

在出发航海之前，我们总要大致了解我们去往哪里以及我们如何去。读者翻开一本书时有权知道一些相关信息，所以这里有必要给出"地理学"这个词的简要定义。

恰巧我桌子上有一本《简明牛津词典》，这本1912年出版的词典可以像其他任意一本工具书一样给出这个定义。我所查的"地理学"这个词出现在第344页的底部。

> 地理学是关于地球表面、结构、物理特征，自然及行政区划、气候、物产和人口的学科。

我无法给出更好的定义，但是我会强调一些内容而弱化其他。我要把人放置于中心。我所著的这本书不仅仅探讨地球表面及其物理特征，还有自然和行政区划。因此，我更愿称之为一本研究人的书，研究人如何为自己及家人找寻食物、住所及娱乐，如何适应环境或重塑其生存环境以便获得与之有限的力量相匹配的舒适感、健康和幸福。

　　信奉上帝的人中总有一些奇怪的教徒，这种说法千真万确。的确，我们发现地球上住着一些奇怪而不同于他人的群体。他们中的多数人，在第一次接触时你就会发现他们身上有着令人厌恶的个人习惯，而我们并不希望这些特质出现在我们的孩子身上。但是地球上有20亿人，即便有死亡，这个数目也不会有大幅度削减，仍然相当可观。如此之多的人，自然会出现大范围的各种各样经济、社会和文化特质的实验。在我看来，这些实验应优先得到关注。因为一座高山，直到人类肉眼所见、双足践踏之前，直到它的山坡和山谷被一代代饥饿的定居者占领、争抢和耕作之前，毕竟只是一座高山。

人类的接触

13世纪前的大西洋是那么宽阔深邃，那么湿咸，由于人类的涉足才变成今天的样子——连接新旧世界的桥梁，沟通东西方商业的公路。

　　数千年前，广袤无垠的俄罗斯平原准备给予不辞辛劳种下第一批谷物的人丰富的食粮。但是如果不是斯拉夫人用铁棍犁出第一道犁沟，而是德意志人或法兰克人，那么今天的俄罗斯定然是另一番面貌。

　　日本岛屿无论定居的是日本土著还是现已灭绝的塔斯马尼亚后裔，都会不停地震动。但若是后者，塔斯马尼亚人根本无力供养6 000万人口。而大不列颠群岛如果是被那不勒斯人或柏柏尔人侵略，而不是被来自北欧争强好斗的战士征服的话，那么这个群岛就不会成为帝国的中心，面积是北欧人母国的150倍，并且拥有地球上1/6的人口。

　　总体来讲，我更关注的是地理学中纯粹的"人"的部分，而不是这个批量生产的年代里举足轻重的商业问题。

　　然而经验告诉我：无论你在进出口、煤矿生产、石油储藏或银行存款这些话题上如何口若悬河，都无法告诉你的读者有关这一页到下一页他应该记住的内容。不管何时需要这些数据，他都会再一次翻书查找并用十几本矛盾（经常自相矛盾）的商业统计手册进行验证。

　　人应该放在地理学的首位。

　　自然环境和背景其次。

　　若篇幅允许，我也会介绍其他内容。

# 3. 我们的地球

特点、风俗和习惯

让我们以一个被人信奉的古老定义做开头吧，"地球是一个处在太空中的又黑又小的物体"。

地球不是真正意义上的"圆体"或是球体，实际上，它是一个"椭圆体"，也就是说，它近似球体，在两个极点的位置有一点扁平。至于"极点"，就是当你用编织针穿过一个苹果或是橙子的正中心，然后将苹果或橙子正放在自己眼前，这时你就会发现极点。编织针穿过苹果或橙子后，两个针眼儿所在的位置就是极点的位置。对地球来说，一个极点在深海的正中（即北极），另一个则在崇山峻岭的高原之上。

对于极点地区的"扁平"，它的存在并不会对你造成困扰，因为地球两极点间的距离仅比赤道直径的长度短1/300。换句话说，如果你很骄傲地拥有一个直径为3英尺的地球仪（这么大的地球仪很少在商店里出现，你只能去博物馆找），其两极点间的距离也仅比赤道直径短1/8英寸[①]，除非做工极其精细，否则很难看出这个差距。

---

① 1英寸 =2.54 厘米。——编者注

这个差距对于那些尝试找到穿越极点地区的探险者和做更高形式的地理研究的人来说，是极具吸引力的。但是就写这本书的目的来看，我提到的内容已经足够了。你的物理教授可能会有这样一台奇怪的小装置在他的实验室里，它会向你展示，当一个小物件绕着它自己的轴旋转时，两个极点的位置会不由得变得扁平。请你的老师带你去看看，这样你就不用穿山越岭一探究竟了。

我们都知道，地球是一颗行星（planet）。"planet"是希腊语，希腊人曾观察到（或是他们认为自己曾观察到）太空中的一些星星会一直保持运动状态，而另一些则保持静止。由此，他们将前者称作"行星"或"流浪者"，将后者称作"恒星"。由于没有望远镜，希腊人并不知道行星的运动轨迹。而对于"star"（星星）这个词，虽无从考察它的来源，但人们认为它可能与梵文的一个词根有关，而这个词根有"to strew"①的意思。如果真是这样，那么星星就是被"散播"在整个宇宙中的小火星，这样的表述美妙极了，极其生动。

地球绕着太阳转，吸收着太阳散发的光与热。太阳的体积是宇宙中所有行星加起来的700倍，且近日表面的温度几近6 000摄氏度，所以地球大可不必为受到太阳的恩泽而感到不安，因为这对太阳来说，简直就是举手之劳。

古时，人们总是认为地球才是宇宙的中心，它是一块扁平的圆盘似的面积不大的陆地，四周被水域包围，悬挂在空中，像穆罕默德的悬棺②，又或是像从孩童手中飞掉的玩具气球。但少有的几个

---

① "to strew"意为散播、撒满、布满。——译者注
② "穆罕默德的悬棺"：传说穆罕默德的棺材在没有任何支撑的情况下悬浮在墓穴中。——译者注

有悟性的希腊天文学家和数学家（他们是第一批不经神父批准，敢于有自己想法的人）似乎对这个理论很是怀疑，甚至认为它一定是错的。经过几个世纪艰难持久的研究后，他们最终得出结论：地球并非是扁平的，而是一个球形，且地球并不是静止不动地悬挂在宇宙的中心，而是以相当大的速度绕着一个更大的物体在飞转，而这个更大的物体就是太阳。

而且，他们还认为，其他那些绕着地球转的发光的小天体，实际上是我们的行星伙伴，和地球一样都是太阳妈妈的孩子，都遵从一样的行为规范并受这些行为规范的约束。比如，在规定的时间起床、睡觉，从我们出生之日起就必须要按着这个规定好的轨迹生活，因为只有这样，我们才不会迷失，才不会遭遇厄运。

在罗马帝国最后的200年里，有些思想成熟的人已经接受了这个不证自明的假说，因此也就没有必要进行更多的争论了。但是在第4世纪初期，大权掌握在教会手中，像"地球是圆的"这种理论是不被接受的，所以持有这样的想法只会带给人们危险。我们不能用尖锐的言论去批评那时的教会。因为，首先，最早信奉基督教的人是接触最少当代知识的群体。其次，信奉基督的人们确信，在世界末日来临时，耶稣会在所有人的注视中，带着所有荣耀，回到他受难的地方来分辨善恶。所以，如果真是如此（他们对此也并不怀疑），那从他们的观点来看，他们的推断是正确的，这个世界一定是平的。否则耶稣再现得发生两次，一次是为了西半球的人，一次是为了另一半球的人。当然，教会会认为这简直就是荒谬的，不尊重基督教。因此，这些人必然不能接受地球是圆的这一结论。

于是，在大约1000年的时间里，教会坚持教化人们：地球是一个位于宇宙中心的类似平盘一样的物体。但在学术圈中，少数修道院的科学家以及一些发展迅速的城市中的天文学家一直坚信古希腊的理论——地球是圆的，并且和许多其他星球一起绕着太阳旋转。但是这些人只能在心里默认这些理论，不敢公开探讨。因为他们知道，公开讨论只会打破那些想法落后的市民的和平与宁静，并不能使人们更接近真相。

到15世纪末期，支持古希腊这一理论的证据越来越具说服力，以致教会无法再去反驳。从那时起，教会的人，无一例外，不得不接受我们所生活的地球是一个球体的事实。产生这一变化的原因主要有：

当我们靠近一座山或者看见大海中有人划船时，我们最先看到的是山峰和桅杆的顶端，然后随着距离的拉近，我们会逐渐看到山峰或者小船的其余部分。

不论我们在哪里，我们能看到的范围总是一个圆形。如果我们在热气球里或是站在塔峰，离地球表面越远，我们能看到的圆就越大。如果地球碰巧是个鸡蛋形，我们会发现自己处在一个大椭圆的中心；但如果地球是一个正方形或者三角形，那么地平线所组成的形状只能是一个正方形或三角形。

当发生月食时，在月球上，地球的影子是圆的，而只有球体才会有圆形的阴影。

其他的星球都是球体，为什么单单我们要成为特殊的存在呢？

当麦哲伦（Magellan）的船队向西航行足够远时，他们最终还是会回到他们离开的地方。库克船长（Captain Cook）也有过同样的经历，他们自西向东航行，此次探险的幸存者最终也都回到了他们出发的港口。

只有圆的物体才会有圆形阴影

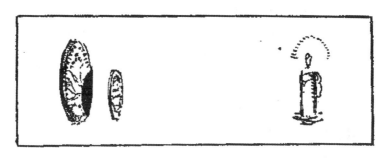

蚀

　　最后，当我们朝北极行进时，那些我们熟悉的星群（以古时的黄道带为标志）会逐渐下降，一直消失到地平线以下，但是，当我们再回到赤道时，这些星群又慢慢出现，而且位置会越来越高。

　　我希望我提到的这些事实能够很明白地证明我们所在的地球是圆的。但是如果这些证据还不能够满足你，那么去找一个可靠的物理教授，他会拿出一个石头，然后利用重力规律玩点小把戏，不论你在世界的哪个位置，这个石头总是会从高处坠落到地面，这个重力规律可以确切证明地球是个球体。如果他用的语言非常简单，且语速不是太快，那你或许会理解他的意思，但前提是，你得掌握比我多得多的数学和物理知识。

　　人们可能觉得（作者也会这样觉得）计算出现在这本书里会不合时宜，但我还是要摆出大量有依据的数据，因为这些数据都是有用的。拿光为例吧，光的传播速度是每秒186 000英里。你弹一次指的时间，光已经绕地球7圈了。从最近的恒星（如果你想知道确切的位置，这颗恒星是半人马座阿尔法星（Alpha Centauri））发出的光照进我们眼睛，要以每秒186 000英里的速度传播4年零4个月，而太阳光到达地球仅需8分钟，来自木星的光到达地球需要3分钟，但是在航海中起着重要作用的北极星则需要花40年才能给我们送来一束光芒。

光穿过宇宙的速度比最快的炮弹的速度快得多

　　我们大多数人在"想象"这个距离时都会感到迷茫，这个距离就是光年，即光一年所传播的距离，也就是 $365 \times 24 \times 60 \times 60 \times 186\,000$ 英里，这个数字太大了，我们通常都会说"哦，是呀"，然后宁愿跑出去逗猫或者听收音机。

那么，让我们试着用大家所熟悉的火车来想这个问题：

一列普通的客车，没日没夜地行驶，需要走260多天才能到达月球。如果这列火车从今天开始开往太阳，得到公元2232年才能抵达。要到海王星附近，则需要8 300年。但如果要行驶到最近的恒星，整个旅程则需要7 500万年才能走完，这与前面提到的数字相比简直就是小儿科。更不要说驶向北极星，那要7亿年才能到达，7亿年是很漫长的，特别漫长。我们可以想象一下，如果人的平均寿命是70岁（这是一个很乐观的预估），那么7亿年则是1 000万代人完成从出生到死亡的过程。

现在我们只讨论宇宙中可见的部分。与伽利略同期的人们曾用一些奇妙有趣的小装置发现了宇宙中的一些重要现象，但这些小装置仍不是很完美。虽然望远镜是个好东西，但除非我能将镜头改进千倍，那样的话我们在研究太空时可能就不会这么艰难了。因此，我们现在讨论的宇宙，实际上是"宇宙中那些看得见的一小部分，即用肉眼，或者通过替代肉眼的感光胶片观察到的那部分"。对于宇宙中其余的那些不曾被观测到的部分，我们一无所知。更糟的是，我们也不敢去猜测这部分宇宙的情况。

在包括恒星和其他星球的众多星球中，有两颗离我们较近的星球，它们会更直接、更显著地影响我们的生存，它们就是太阳和月亮。太阳，每24小时向地球的一半提供光与热；而月球，因为与我们足够近，所以它影响着地球上海洋的变化，造成奇怪的海洋现象，也就是我们知道的"潮汐"。

月球离我们真是太近了。因此，虽然它比太阳小很多（如果用我们所熟悉的直径为3米的地球仪当作太阳，那么地球只有一颗绿豆大小，而月球只有针尖那么大），但是月球对地球表面的"拉力"要比太阳对地球表面的"拉力"大得多。

我们对宇宙的全部了解，就像山上的几块小斑点

如果地球完全是由固体构成的物体，那么月球的拉力几乎不能够被察觉。但实际上是，地球表面的3/4是水，它会随着绕地球旋转的月球一起运动，就像是在一张纸上撒些铁粉，这些铁粉会随着你在桌子上滑过的玩具磁铁一起移动一样。

一片几百英里宽的河流，总是追随着月光。当河流进入海湾、海港或河口时，水量会急剧增多，于是便会出现二三十或四十英尺高的潮汐。在这样的河流中航行是件极具挑战的事。并且，当太阳和月亮恰巧在地球的同一侧时，拉力要比只有月亮单独在一侧时大得多。那时，就会发生我们所谓的"大潮"。在世界的许多地方，大潮就如同洪水一般。

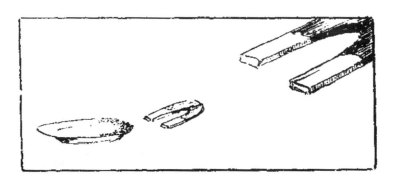

潮汐的原理类同于磁铁对铁粉的吸引

包裹地球的氮气和氧气，我们称之为大气层或空气。这层空气大约有300英里厚，它将地球团团包围，就像橙子皮包裹着里面的果肉一样，保护着里面的部分。

大气层

大约一年前，瑞士的一位教授乘坐热气球飞到了超过10英里高的地方。这个热气球是经过特殊设计的，这位教授所到达的地方也是人们之前从未见过的大气层的一部分。这的确是一项壮举。不过，剩余的290英里的大气层，就有待我们继续去探索了。

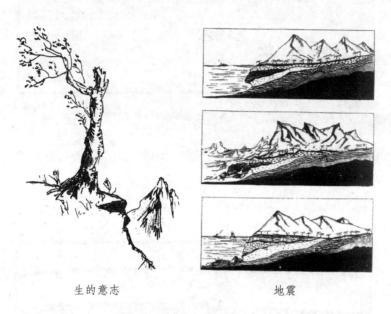

生的意志　　　　　　　　　　　　　　地震

　　大气层、地球表面以及海洋一起组建了一个大型实验室，制造出不同的天气，有风，有雨，有暴风雨，也有干燥。因为这些天气时刻影响着我们是否能开心幸福地生活，所以这里我们会讨论大量的细节。影响气候变化（难以按我们的愿望变化）的因素有三点，它们是季风、土壤的温度和空气的湿度。最开始，"climate"（气候）是表示"地球的倾斜度"。因为古希腊人早就注意到，当地球表面向极点倾斜时，他们所在之处的气温和湿度会有所变化，因此"climate"就有了"地区气候状况"的意思，而原有的"地理位置"的意思便不那么常用了。

现在，当提到一个国家的"气候"时，说的是该国家一年的不同时间盛行的平均天气情况，这也是我用这个词所要表达的意思。

首先，允许我来谈一谈在人类文明中起着很大作用的神秘之风。如果没有固定的赤道海洋的信风，那么美国的发现可能要推后至汽船时代；如果没有潮湿的微风，加利福尼亚和地中海国家绝不会像现在这样繁荣，不会与北部和东部的邻国形成贫富差距。另外，还有风中的岩石粒和沙子，它们就像一张张无形的大砂纸，经过几百年的努力，将挺拔巍峨的山脉磨平。

"wind"（风）这个词的字面意思是"蜿蜒而行"，所以，风就是空气从一个地方"蜿蜒而行"到另一个地方。但是，空气是怎样从一个地方蜿蜒而行到另一个地方的呢？这是因为通常有些空气的温度比其他的空气高，温度越高空气越轻，这部分更轻的空气更容易上升，而且会一直升到它能到达的高度。温度高的空气上升后，它原来的位置会出现真空，这时较重的冷空气就会涌到真空带。古希腊人早在两千年前就发现"大自然不喜欢真空"——空气、水、人类都不喜欢真空。

在一间房子里，我们都知道怎样制造热的空气——生火。在宇宙中，太阳就类似一个火炉，其他的星星就是被火炉温暖着的房间。地球上温度最高的地方自然是离火炉最近的地方（即赤道一带），而最冷的地方则是离火炉最远的地方（即靠近南北极的地方）。

现在，火炉①会引起相当的空气动荡——环状动荡。热空气会

---

① 这儿的"火炉"不是上一段中提到的"太阳"，而是吸收了一定热量的地球。——译者注

向上流动，这样就远离了原本的热源，造成的结果就是，温度下降。温度下降的过程中空气便不再轻盈，于是又开始下降。下降过程中，它会再次接触火炉，然后升温，变轻，上升。循环往复，直到火炉熄灭。房间的墙壁，因为在火炉熄灭之前吸收了相当的热量，可以继续维持房间的温度，至于能维持多久就要看墙壁的材料了。

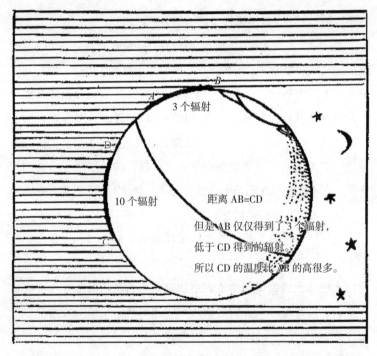

距离 AB=CD
但是 AB 仅仅得到了 3 个辐射，
低于 CD 得到的辐射
所以 CD 的温度比 AB 的高很多。

给地球加热的太阳

充当房间墙壁的实则就是地球上的土壤。虽然沙子和岩石要比沼泽地吸热快，可放热的速度也要比沼泽快很多。所以，你会发现太阳落山不久，沙漠就会冷得让人难受。森林则不同，在进入黑夜的几个小时后，森林里仍会是温暖舒适的。

水才是名副其实的热量储存器。因此，那些沿海国家，比起内陆国家，其温度通常会更舒服稳定。

由于太阳这个大火炉，夏天燃烧得要比冬天更持久更猛烈，所以，相应地，夏天比冬天热。但影响太阳四季活动的还有别的原因。如果你曾试着用一个电暖炉让在洗手间里的你在极其冷的一天不那么哆哆嗦嗦，那你应该会知道，这很大程度上取决于你放电暖炉的角度。太阳照射地球也是同样的道理。热带地区的阳光几乎是直射，两极地区则不是。所以，100英里宽的阳光会均匀地撒在一片100英里宽的美洲森林或南美荒野，它会将所有的热量都释放在100英里的土地上，不给其他地方。但是，在靠近地球南北两极的地方，100英里宽的阳光覆盖的宽度实际是其在赤道的土地或冰面的2倍（图片的展示会比文字说明更直观），也就是说，同样面积的赤道和近极点地区，近极点地区吸收的热量仅是赤道地区的一半，就好像，一个烧油炉子可以将6个房间的温度维持在一个舒适的温度，但是如果让它来给一个同样大小的12个房间供暖，可能就不会那么温暖了。

但天空中的火炉的工作原理远远没有这样简单，因为太阳还必须保证环绕着我们身边的大气层保持均衡的温度，只靠太阳是无法直接实现的，要通过地球，间接实现。

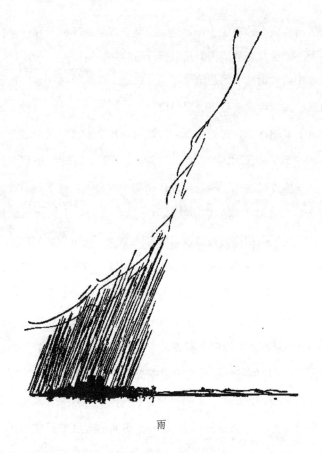

雨

太阳光穿过地球大气层的过程是很简单和迅速的，因此它很难对地球上的像毛毯般密集的大气层产生影响。当它照射在大地上，大地会储存一部分热量，然后将无法吸收的部分热量反射释放到大气层。顺便提一句，这可以解释为什么山顶上很冷。因为，我们处的位置越高，感受到的热量就会越少。如果（这只是假设），太阳直接将热量传递给大气层，大气层再将热量传给地球，那么将会是另一种情况，地球上有些高山的山峰也将不会被冰雪所覆盖。

现在，回归正题，我们要讨论这个问题最难的部分了。我们所说的空气不仅仅是字面意思上的空气。实际上，它既有物质又有重量，所以，越是靠近地表的大气受到的压力越大。我们可以想象一下，如果你想压平一片叶子或是一朵花，你会把这片子或花朵夹在一本书里面，还有可能再拿二十本书放在这本书上面，因为你知道最底下的那本书承受的压力是最大的。而我们人类承受的大气压力相对于这个例子中的叶子或是花瓣所承受的气压大很多，达到每平方英尺15磅。这也就是说，如果不是因为我们身体内也充满了气压，我们一定被大气压扁。即使是这样，30 000磅（这是中等身材的人所受的压力）仍是一个相当大的数字。如果你对这个问题还存有疑问，那么你可以去试着想象如果有一辆小货车压在头顶，会是什么样的感受。

然而，在同一高度的大气层中，压力不是一成不变的。我们能够从伽利略的一个名叫埃万杰利斯塔·托里拆利（Evangelista Torricelli）的学生的发明得到这个验证，托里拆利在17世纪初就发明出了非常有名的仪器——气压计，我们可以在任何时候、任何地点用它测量空气的压力。

托里拆利的气压计一经投放市场，人们就开始用它来进行测试。实践证明，以海平面为起点每升高900英尺，压力就会下降一英镑。紧接着另一个发现也为气象学做了很大贡献——大风现象的研究，这是一项可预测天气的可靠科学。

某些物理学家和地理学家开始发现，大气压力和盛行风风向之间存在着某种关联的联系。但是用气流的运动规律来完成推翻现有已知的定律，首先需要花几个世纪的时间去搜集数据，用事实情况才能得出结论。经过几个世纪的研究，人们发现世界上的某些地方的气压会比海平面平均气压高，而有些则远低于海平面标准大气压。前者被称作高压区，后者是低压区。接着人们得出这样的结论：风总是倾向于从高压区吹向低压区，且风速和风力是取决于高压区和低压区的大气压差。当压差过高时，我们就会看到很狂暴的风——暴风、旋风或是飓风。

暴风雨毕竟只是地区性的

风不仅使我们生活的地方——地球保持良好的空气流动，而且在雨的分布上也起到很大作用，如果没有雨，植物和动物的正常生长就变得虚无缥缈。

雨产生的过程是：海洋、内陆海、内陆雪地等蒸发产生水蒸气，以蒸汽的形式悬浮在空气中。同样体积的热空气中存在的水蒸气比冷空气中的多，所以热空气会毫无压力地托着水蒸气并以云的形式存在，等到空气变冷，部分水蒸气会凝聚在一起，然后以雨、冰雹或是雪的形式降落到地表。

因此一个地区的降水几乎完全依赖于周围的风。举个非常常见的例子，当海岸与大陆之间有山脉阻隔，那么该海岸就会很潮湿。风在气压的作用下流向海拔更高处（那里气压更低），随着它距离海平面越来越远，它会降温，因而它所携带的水蒸气将会以雨和雪的形态降落，而到了山脉的背风面，风将变为不携带湿气的干燥的风。

热带地区的降水不仅规律而且充足，原因是陆地的高温使得空气向更高处运动，在高空中空气降温，被迫丧失大部分水蒸气，而这些水蒸气以倾盆大雨的形式落回地面。但是因为太阳并不总是直射赤道，而是在南北回归线之间来回运动，所以大部分的赤道地区都有四季，其中两个季度有剧烈的暴风雨，另外两个季度则天气干燥。

但是那些位于气流从低温区域向高温区域稳定运动的地区可以说是情况最糟糕的。因为随着风从低温区域向高温区域运动，其吸收水汽的能力稳定增强，而且无法释放所携带的水汽，这导致很多地区变为沙漠，而沙漠地区10年间的降水次数可能不超过一两次。

风和雨的话题就说这么多。在后面描述各个国家的情况时我们会详细讨论。

现在，要来说说地球本身，和地球上坚硬的岩石和地壳。

关于地球内部属性的理论有很多，但是我们对于这一问题的认识仍然极为模糊。

老实说，我们所触及的大气高度最高是多少，所勘测到的地球内部深度最深又是多少呢？

地壳中存在各种孔洞，好比海绵

在一个直径为3英尺的地球仪上，世界最高峰珠穆朗玛峰的厚度好比一张薄纸巾，而位于菲律宾群岛以东的世界最深的海沟，它在地球仪上的大小和形状仿佛一张邮票。诚然，我们从未潜到海洋底部，也从没攀登过珠穆朗玛峰。我们乘热气球和飞行器抵达过略高于珠穆朗玛峰的地方，但是不管怎么说，即使在瑞士教授皮卡德近来成功飞行之后，96.67%的大气仍是人类未知的。再来说海洋，我们从没潜入超过太平洋总深度1/40的更深水域。顺便说一句，海洋最深处的深度要超过山脉最高处的高度，但是我们并不了解是什么原因。如果我们将各大陆上的最高山脉置于海洋最深的部分，珠穆朗玛峰和阿空加瓜峰仍然会比海平面低几千英尺。

然而，鉴于我们当前的认识，这些事实对地壳的起源和后续演变构不成任何证据。我们也不能像我们的祖父辈所热衷的那样通过研究火山来解释地球的内在属性，因为我们必须意识到火山并不是填充地球内部的热物质的排泄口。如果这个比喻还不够俗，那么我就把这些火山比作地球的"皮肤"上起的"疖子"，疖子是让人恶心难受的，但是只是局部受罪，不会侵入病人的身体深处。

现在大约还有320座活火山。曾经的活火山数量还要再多400座，但是他们后来一起休眠了，加入了普通高山的行列。

这些火山中绝大部分都位于海岸附近。的确，世界上地壳最活跃的地方——日本（地震仪显示那里轻微的火山活动发生频率是一日4次或者一年1 447次）是一个岛国，而马提尼克岛和喀拉喀托群岛则是近来遭遇火山爆发最严重的地区。

因为火山靠近海，所以自然而然地，人们试图解释所有的火山爆发都是因为海水渗入地球内部导致某种剧烈的锅炉爆炸现象，并伴随着熔岩、蒸气以及其他物质的喷涌而出，酿成令人恐惧的灾难。但是此后我们在距海数百英里的地方发现了数座极为活跃的火山，那种理论因而站不住脚了。两个世纪过去了，现在我们对于这一问题的答案仍然只能摇头说"不知道"。

那么，地表自身如何呢？我们曾经自信满满地谈论有一定年代的岩石能够不随时间的流逝而变化。但是现代科学却否认这点，认为这种岩石以及其他的岩石是有生命的，因此会不断变化。雨水和风的侵蚀共同作用，可使高山每一千年便降低3英寸。如果没有抵消这些侵蚀的反作用，那么所有的山脉早就不复存在了，喜马拉雅山脉也会在1.16亿年间演变为一片广袤的平原。但是正因存在大量的反作用，山脉得以延续至今。

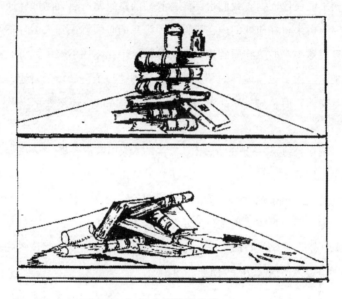

如何手动模拟地震

为了能对我们周遭发生的一切有一个大概的认识，请取来6张干净的手帕，将其平展叠放置于桌面上。双手放在手帕堆的两侧，慢慢向中间推。你会惊奇地发现这堆手帕出现了很多褶皱，十分近似于地表的山脉河谷和其间的各种褶皱。包含地壳等构造的庞大的地球在宇宙中运动，不断地丧失热量。像任何正在冷却的东西一样，地球正在缓慢地收缩。正如你可能知道的那样，如果一个物体收缩，其外表就会出现折痕和褶皱，就像被从两侧向内推的一堆手帕所表现出来的那样。

山脉的起起伏伏

目前的最佳猜测（但是别忘了这仅仅只是一种猜测）是，自从地球成为一个独立的行星以来，其直径已经收缩了30英里左右。如果把这30英里想成是一条直线，这个数字并没什么。但别忘了，我们要面对的可是一个巨大的球体表面。世界的面积是1.969 5亿平方英里。所以，哪怕直径仅突然缩短几码，也足以引起毁灭人类的灾难。

　　大自然缓慢地展示着她的神奇之处。她也坚持维持一种合理的平衡。当她让一条河干涸时（我们自己的盐湖（Salt Lake）正在迅速地消失，瑞士的康斯坦茨湖（the Lake of Constance）也将在10万年后消失），她就会让另一条河出现在世界的其他地方；当她想让一座山消失时（坐落于欧洲中心地带的阿尔卑斯山脉（the Alps）在6 000万年后将如同大草原一样平坦），然后在世界的完全不同的地方，地壳会缓慢地被重新塑形，凸起，形成一座全新的山脉。虽然，这个具有一定规律性的过程极其缓慢，我们也无法精确地观察到正在发生的变化，但我们对此深信不疑。

美洲的冰川

但也有例外情况。对地球本身来说，她并不慌张，但是在人类的协助和纵容下，她有时会以令人不舒服的方式来证明自己也是急性子的。自从人类真正进入文明阶段，发明了蒸汽机和炸弹，地球表面就发生着快速的变化，如果我们的先人能够回到现在，与我们共度一个假期，那他们是无法辨认出自己的牧场和花园的。对木材的贪婪和粗暴使得我们伐光了山上的森林和灌木丛，让这些原本覆盖着植被的山都变成了原始的荒原。因为森林一旦消失，曾常年附着在山坡岩石表面上的肥沃土壤就会被残酷地冲刷掉，贫瘠的山坡又会成为周围地区的威胁。雨水不但无法再被草皮和树根保留住，而且会形成湍急的水流甚至是洪水，奔向平原与山谷，并摧毁它途中经过的一切。

欧洲的冰川

不幸的是，这种说法并不是危言耸听。我们不需要去回忆冰川时期，那时因为不明原因，北欧和北美被冰雪覆盖，山上到处都是危险的沟沟壑壑。我们只需回顾罗马时期，罗马人是一流的开拓者（难道他们不是古代的"实干家"吗？），他们毫不留情地毁坏了原本有助于维持意大利生态平衡和宜人气温的东西，用了不到五代人的时间就完全改变了他们半岛的气候。西班牙人对南美所做的，也使得勤勤恳恳的印第安人世世代代建造的肥沃的梯田毁于一旦，这是近期发生的事实，所以无须更多的说明。

　　当然，剥夺土著民族生计，让他们顺从的最简单的方式就是让他们挨饿——就像我们的政府让勇猛的武士变为又脏又懒散的保护地居民，最好的方法就是让水牛消失。但是这些残酷无情的方式总是带有惩罚性的，任何一个熟悉我们的平原和安第斯山的人都会证明给你看。

公元前5000万年和公元1932年

幸运的是，实用地理学的问题很少，而这就是其中之一，其重要性最终也已渗透进那些有权力的人的意识中。现在的政府不会再忍受人们对土地的肆意干扰，因为它是我们幸福的依靠。我们无法控制地壳内部的变化，但在一定程度上，我们可以改变某些地区的降雨量的多少，防止肥沃的土地变成大荒漠。也许，我们对地球内部了解得少之又少，但我们却对外部的情况了解得很多。而且，我们对地球外部的了解每天都在增多，并明智地将这些信息利用起来造福大家。

但是遗憾的是，我要说我们还没有掌控地球更大的部分——我们将这部分称之为海洋。接近地球的3/4是不适合人类居住的，因为被水所覆盖，水的深度跨度从几英尺（近岸边）到大约3.5万英尺，这是菲律宾以东著名的"深洞"的深度。

这层水可粗略地被分为3个主要部分[①]。其中最重要的就是太平洋，其面积是6 850万平方英里，大西洋的面积是4 100万平方英里，印度洋是2 900万平方英里。内陆海的面积总计是200万平方英里，而所有的湖与河的面积是100万平方英里。所有这些水下土地过去是，现在是，将来还是我们无法去居住的地方，除非我们能够再次进化出鳃，几百万年前我们祖先曾拥有过的鳃，这在我们出生时，也有过一些痕迹。

充足的水域比起极其有用的土地面积似乎是完全的浪费，这使得我们对地球从开始就有这么多水而感到遗憾。因为我们知道，有500万平方英里土地是沙漠，是被废弃的，有1 900万平方英里像西

---

① 还应包括北冰洋（the Arctic Ocean）。北冰洋是世界上最小的洋。面积为12 257 000平方千米。——译者注

伯利亚的无数干草原或半可开发的平原，还有数百万平方英里的地方或者太高（像喜马拉雅山和阿尔卑斯山），或者太冷（像南北极地区），或者太湿（像南美的沼泽地），又或者是森林过密（就像中非的森林），这些地方都没有人居住的，因此都必须从被当作"土地"的5 751万平方英里中减掉，我们都会感到，要充分利用额外增加的每平方英里的土地。

如果把最高的山放进最深的海里

## 关于上图的解释

如果我们将世界上最高的山放进菲律宾和日本之间的最深的海里（34 210英尺），即使是珠穆朗玛峰都比这海平面还低5 000多英尺，其他的就更不用说了。他们是：1.珠穆朗玛峰（29 141英尺）；2.干城章嘉峰（Kinchinjinga），在亚洲，靠近尼泊尔（28 225英尺）；3.阿根廷的阿空加瓜山（Aconcagua）（22 834英尺）；4.厄瓜多尔的钦博拉索山（Chimborazo）（20 702英尺）；5.阿拉斯加的麦金利山（McKinley）（20 300英尺），这是北美洲最高的山；6.非洲的乞力马扎罗山（Kilimanjaro）（19 710英尺）；7.加拿大的罗根山（Logan）（19 850英尺）；8.高加索的厄尔布鲁士山（Elbruz）（18 465英尺），欧洲的最高山；9.墨西哥的波波卡特佩特山（Popocatepetl）（17 543英尺）；10.亚美尼亚的阿拉腊山（Ararat）（157 810英尺）；12.日本的富士山（Fujiyama）（12 395英尺）。（顺便提一句，喜马拉雅山脉有12座山峰高于阿空加瓜山，因为没有人听过，所以我在这里就不提它们了。）

人们常年居住的最高的地方是：13．中国西藏的噶达克（Gartok）村庄（14 518英尺）。最高的湖是：14.秘鲁的的的喀喀湖（Titicaca）（12 545英尺）。最高的城市是：15．位于南北洲的基多（Quito）（9 343英尺）和16.波哥大（Bogota）（8 563英尺）。17.瑞士的圣伯纳山口的修道院（8 111英尺）是人们在欧洲常年居住的最高的地方。而北美最高的地方则是18.墨西哥城（Mexico City）（7 415英尺）。最后，19.巴勒斯坦的死海（Dead Sea）比海平面低1 290英尺。

但是，如果没有这个巨型的热量储存体，我们称之为海洋，我们能否存活是非常值得怀疑的。史前时期的地质遗迹明确地显示，曾有好几个时期有比现在更大的陆地，有比现在小的海洋。但是不变的是，这些时期都是非常寒冷的。如果要维持现在的气候，那么目前的水与陆地的4∶1比例是理想的，如果这个比例不发生变化，我们大家都可受益。

包围整个地球的辽阔海洋（从这个角度看，古人的猜测是对的）是持续运动着的，就像坚硬的地壳一样。月亮和太阳通过吸引力作用，吸引着海洋并使它上升到一定高度。白天的热量使海水以水蒸气的形式蒸发掉一些。极地地区的寒冷使海水以冰的形式存在。但是，从实用角度看，作为某些直接影响我们幸福的因素，气流或风是影响海洋表面的首要因素。

如果你用嘴吹向盘里的汤，吹足够时间，你就会发现汤会从你嘴的方向向远处流去。当特定的气流长年累月地持续吹向海面，将会引起海水"漂流"且顺着气流向前流去。当有不同的气流从不同的方向吹来时，这些"漂流"就会彼此中和。但是如果这些气流是稳定的，例如，赤道两边吹来的风，漂流就会变成真正的海流。而这些海流在使世界上不适合人类生存的地方变得适应生存的方面起到了非常重要的作用，否则，这些地方就会变得像格陵兰岛（Greenland）冰封的海岸一样寒冷。

有关这些海洋河（因为这是很多海流的属性）地图会展示给你它们的地理位置。太平洋有很多这样的海流。其中最重要的海流与大西洋的墨西哥湾流（the Gulf Stream of the Atlantic）一样重要，这个海流就是日本海流或是黑潮（也叫作蓝色盐海流），它是由东北信风引起的。日本海流在日本完成它的任务后，会穿越北太平洋并将它的祝福带到阿拉斯加，使那里的人们远离寒冷，接着它即刻转向南，给加利福利亚带去宜人的气候。

几百万年前的大陆与现在有很大差别

但是当我们谈及海流时，首先会想的是墨西哥湾流，这条神奇的海流大约50英里宽，2 000英尺深，它在相当长的时间里都维持着欧洲北部的热带气候和英格兰、爱尔兰及所有北海沿岸国家的富饶。

墨西哥湾流的整个流经过程是很有趣的。它是以有名的北大西洋涡流为开端，它是漂流不是海流，它像是一个大漩涡，绕着大西洋的中心地带转啊转，这一片半流动的水是数以万计的小鱼和浮游植物的家园。马尾藻对早期航海中有着很大的影响。因为一旦强烈的信风（热带北部地区的东风）将船刮入马尾藻海，就会迷失方向。至少，中世纪的水手都对此深信不疑。延绵数里的马尾藻会缠住你的船，直到船上的所有人饥渴而死。可怕的船只残骸在无云的天空下漂浮着，无声地警告这那些即将冒犯神灵的人们。

直到哥伦布带领船队平稳地穿过这昏暗的水域，人们才明白，这个关于马尾藻海的神话般的故事是夸大其词了。即使现在，对于大多数人，马尾藻海这个名字仍让人觉得充满神秘色彩。它听起来像是年代很久远，有点像但丁笔下地狱的意思。但实际上，这个名字所能带来的兴奋感还不如中央公园里的一个小池塘。

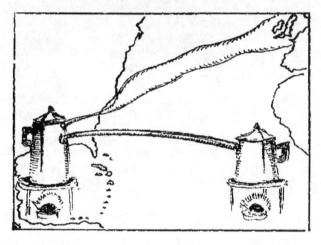

水壶中的湾流

但是，墨西哥湾流是怎样的过程呢？北大西洋漩涡在流经的途中，一部分海水会流向加勒比海，并在那里与来自非洲海岸向西流动的洋流汇合。这两股洋流加上加勒比海的水，太多了。就像是一杯倒得太满的水杯，多余的水流入了墨西哥湾。

墨西哥湾没有地方再去容纳多余的海水，于是就把佛罗里达和古巴间的海峡当作一个水龙头，向外喷射出一股热水流（80℉），这股热水流被称作是墨西哥湾流。离开这个水龙头后，墨西哥湾流以每小时5英里的速度流动。这也是古代航海家很善于借助这个湾流来航行的原因之一，他们宁愿绕行，虽然路程很长，也不会逆流而上，因为逆流行驶严重地延误了他们的进度。

离开墨西哥湾流后，湾流向北行进，沿着美国海岸线流淌，直到它被东边的海岸所阻挡，这时它开始向北大西洋流动。在流过纽芬兰大堤后，它会遇上一条支流，也就是从格陵兰冰原地带的拉布拉多流，湾流有多温暖热情，拉布拉多流就有多冰冷无情，两股强大的水流汇合在一起时会产生很大的水雾，给大西洋的这一地区带来了可怕的恶名。这里也是冰山较多的地方，这对过去50年里的航海产生了很重要的影响。当夏季来临时，夏日的太阳如尖刀一般切掉这些坚硬的冰川（这个巨大岛屿的90%仍被冰川所覆盖），这些冰川缓慢地向南漂去，直至它们被拉布拉多流和湾流汇合所产生的漩涡截住。

这些冰山胡乱地漂在水上，并慢慢融化。但就这是这个融化过程使得这些冰山非常危险，因为冰山在融化时只有顶部是露出水面的，有凹凸不平棱角的部分则藏在水下，这部分冰的坚硬程度足以划破船舱，就像刀切黄油一般容易。现在，这儿的整片区域对所有航海的人们来说已经成为禁区，美国巡逻船队（一支特殊的巡逻队，由所有国家共同承担费用）持续对这里进行监查，对较小的冰川，他们选择炸毁，而对那些较大的冰山，他们则是对将临近的船只予以警告。但是渔船却喜欢这个地方，因为那些来自北极的本就习惯拉布拉多流的寒冷的鱼儿，当温暖的湾流混入后，是极不乐意的。也就是在它们犹豫着是游回北极还是试着穿过湾流的时候，法国的渔民早已布好天罗地网，将它们一网打尽。这些渔民的祖先在早其他人好几百年前，光顾了传说中的美国大浅滩。位于加拿大海岸线外的这两座小岛，圣彼埃尔岛和密克隆群岛，不仅是法兰西帝国在两百年前占领北美大片土地的遗址，更默默地见证着诺曼底渔民的勇气，因为是他们，早在哥伦布出生前150年就曾踏上过这片海岸。

湾流离开所谓的"冷墙"（它是由湾流和拉布拉多寒流巨大的温差造成的）后，继续向北，悠闲地穿过大西洋，流过西欧海岸后就呈扇形铺散开来。湾流来到西班牙、葡萄牙、法国、英国、爱尔兰、荷兰、比利时、丹麦、斯堪的纳维亚半岛，并为这些国家带来更为温和的气候。这股奇特的水流在完成它的工作后，带着比世界上任何一条河流都多的水源的水，谨慎地流向北冰洋。北冰洋发现自己融入了太多的水，所以它需要通过分出自己的洋流以求得到缓解，相继就诞生了格陵兰海流，这就是我前面曾提到的拉布拉多寒流。而这个过程，本事就是一个引人入胜的故事。

这个故事太吸引人了，我真是非常想单独给出一个章节的篇幅去写它，但是我不能这样做。

本章内容只是一个背景介绍——关于气象学、海洋学和天文学的背景，在这个背景下，我们剧中的"演员"不久就会开始他们的表演。

现在，让我们暂时落幕。

当再次开幕时，新的场景将会上演。

这个场景将会向你展示，在真正将世界称之为我们的家园前，人们是怎样征服大山、大海与大漠。

序幕再次拉开。

场景Ⅱ：地图和航海方法。

# *4.* 地图

本章简单地论述了一个内容大且有趣的主题，以及关于人们在地球上寻找通道的方法

我们都很熟悉地图，我们几乎无法想象如果没有地图会是什么样。而曾有某个时刻，人们根本无法理解依靠地图旅行的想法，这其实就跟今天的我们无法明白通过数学公式进行太空穿越一样。

古巴比伦人在几何学方面表现得很优秀，他们可以就王国的国土进行地籍测量（这项测量是在公元前3800年完成的，也是摩西人诞生前2 400年），有几个绘有他们国土轮廓的黏土碑一直留到了现在，但我们几乎不能把这些东西叫作地图。古埃及人为了从勤勤恳恳的国民身上榨干他们的劳动收入，也对其国土进行了测绘，这说明他们那时已经掌握了足够的实用数学知识去进行这项艰难的任务。但是到目前为止，人们还没有在王室墓地中发现现代意义上的地图。

古希腊人，古代最具好奇心且爱追问的人，曾完成了无数部关于地理学的著作，但是关于他们的地图，我们几乎一无所知。在一些大的商贸中心，似乎曾出现过雕刻的铜碑，上面显示一个商人从

东地中海某地到另外一个地方的最佳路线。但是还没有一个铜碑被挖出来，所以我们也并不知道它到底长什么样。从古至今，亚历山大大帝是占领领地最大的人，他一定具有某种"地理意识"。在马其顿人寻找印度黄金的旅途中，"地理意识"使他安排了一支独特的专业"步测者"——他们走在军队的前面，并精确地记录着那些不知疲倦的马其顿人走的距离。但是，我们所能理解的地图不是遗迹，不是碎片，也不是直线。

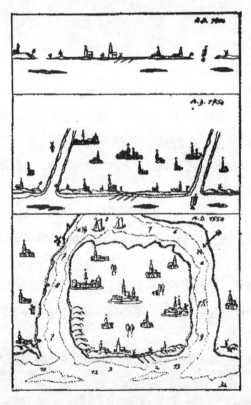

地图是怎样变成地图的

为了抢夺财物，罗马人（最了不起的有组织的"系统性的掠夺者"，世界上有关他们的记录直到欧洲大殖民时代开端才出现）所到之处与所住之处，皆是他们修路与征税之处，他们或是绞杀或是将人们钉在十字架上杀死，并留下了随处可见的庙宇与城池的废墟，他们似乎是要统治一个世界范围的帝国，但却没有与世界帝国相匹配的地图。不过，罗马的作家和雄辩家倒是经常提到他们的地图，并尝试使人们相信这些地图是精确且可靠的。但是唯一一张流传下来的地图（如果不算公元2世纪罗马的那些小的、不重要的规划图的话），太落后而且很粗糙，除了满足现代人对历史的好奇心，没有别的价值。

历史学家都知道坡廷格尔古地图（Peutinger map），因为它是一个名叫康拉德·坡廷格尔（Conrad Peutinger）人通过斯特拉斯堡的约翰·古登堡发明的印刷机来传播这个地图的。康拉德·坡廷格尔是奥格斯堡的一个牧师，他是第一个想到用这个方法的人。不幸的是，坡廷格尔当时并没有使用原稿。坡廷格尔没有原图。他使用的底稿是一张3世纪地图在13世纪的临摹本，而且上千年时间之后，许多重要的细节都被老鼠和蛀虫破坏了。

即便如此，这个地图的大体轮廓无疑是罗马原始的地图的样子，如果那就是罗马当时能做的最好的程度，那他们还有很多要去学习。在这里我会画一张这幅地图，让你们自己来评判一下。在对这幅地图进行长期耐心的研究之后，你会慢慢地开始了解罗马那时的地理学家心中所想。同时，你也会明白，从那时的意大利面式的"世界"起，它能够辅助一位罗马将军向英国和黑海行军，到现在，我们已经进步了多少。

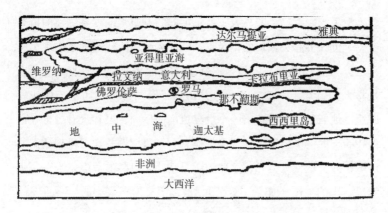

罗马地图

对于中世纪地图，我们就此略过，不做任何特殊说明。教会否定所有的"没用的科学探索"。找到通往天堂的道路要比发现从莱茵河到多瑙河口的最近路程更重要，并且地图变成了滑稽的图片，画满了无头怪物（这个想法的起源是爱斯基摩人，他们将自己毛发缩成一团使得他们的脑袋都看不见了），发着喷鼻声的独角兽、喷水的巨鲸、鹰头马身的怪兽、北海巨妖、美人鱼、半狮半鹫的怪兽，以及所有因恐惧和迷信而幻化出来的其他怪物。耶路撒冷必然是世界的中心，印度和西班牙处于边界，没有人希望去离他们很远的地方旅游，苏格兰是一个孤立的小岛，而巴别塔（Tower of Babel）比巴黎全城的10倍还要大。

与这些中世纪地图制作者的作品相比，波利尼西亚人纺织的地图（他们看起来像出自幼儿园的小朋友之手，但却非常便利精确）是航海家用其聪明才智做出的真正杰作。更不用说同时代的阿拉伯人与中国人，但他们被当作是可鄙的异教徒而受到排斥。直到15世纪末，航海的地位被提高成为科学，地图的绘制才有了真正的发展。

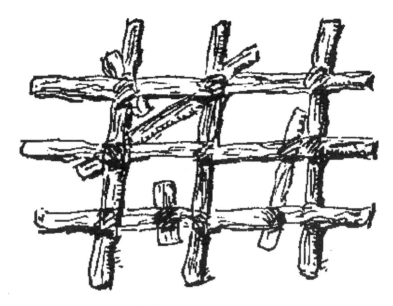

波利尼西亚人的编织地图

　　因为那时土耳其人占领了连接欧洲和亚洲的桥头堡，进入东方国家路上的交通被长期切断，所以找到一条通往印度的新的海上之路突然间变得很有必要。这意味着过去人们所熟知的，通过看就近陆地上的塔尖和听岸边狗叫进行航海的海上系统，不再适用。也正是人们对希望只通过看到蓝天和大海进行漫长航行的需要带动了那一时期航海业的巨大进步。

　　埃及人似乎航行到达过希腊南部的克里特岛，但没能更远。到这个大岛的经历似乎更像是被风吹离了航行路线的意外收获，并非精心设计的航海探险。腓尼基人和希腊人本质上是"教堂塔楼航行者"，即使他们曾做过几件非凡的事，甚至到过刚果河和锡利群岛，但他们还是会毫不犹豫地尽可能地靠近海岸，并在晚上将他们的船拖到干燥的岸上以防它们被吹进海里。对于中世纪的商人来说，他们总是在地中海、北海和波罗的海经商，他们尽可能地靠近岸边，绝不会接连几天都待在看不到山脉的海上。

如果他们在海上迷了路，他们只有一个方法，就是去找最近陆地靠岸。为了这个目的，他们在出发前总会带上一些鸽子。因为他们知道鸽子能够带领他们找到最近的陆地。当他们在海上不知道要如何行进时，就会放出一只鸽子，并观察它的飞行方向，并照着鸽子飞的方向航行直到看见山顶，他们就近停靠，去询问他们所在的地方。

当然，在中世纪，即便是普通人都比现在的我们更熟悉星座。他们之所以要非常熟悉星座，是因为他们没有来自各种各样的打印版的年鉴和日历里的信息，但生活在现在的我们有。而充满智慧的船长需要根据北极星和星座来研究星星，确定位置，并找到航行路线。但是北方的气候总是阴暗多云，所以星星并不能起到很大作用。所以，如果不是13世纪上半叶后期传入欧洲的一个外来发明，那么航海仍将痛苦地靠着神灵保佑和猜测（主要是后者）继续，这既痛苦又浪费成本。但是，指南针的出现和历史仍笼罩在神秘中，我在这里告诉你们的也只是一种传说，并非正统的知识。

成吉思汗，是一个身材矮小、眼睛斜视的蒙古人，他却在13世纪上半叶统治了那时最大的帝国（它横跨黄河到波罗的海，且直到1480年还统治着俄罗斯），在他穿越一望无际的中亚沙漠，前往欧洲时，似乎就携带着类似指南针的东西。但地中海的水手们第一次见这个被教会称作是"亵渎神灵的撒旦的发明"是在什么时候，这个还是很难说，但它不久之后就带着水手们到天涯海角了。

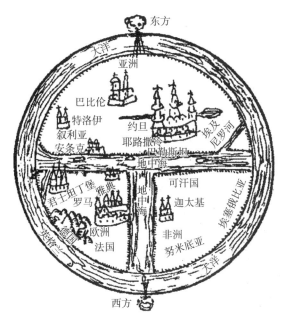

中世纪地图

　　这种具有世界性意义的发明似乎都出现得很模糊。从雅法或者法玛古斯塔回来的某个人带着一个指南针，这是从一个波斯商人那里买来的，这个商人告诉他，他是从一个刚从印度回来的人那里得到的。这个故事传播开来，甚至传到海边酒馆。其他的人想去看看这个有趣的被撒旦施了魔法的小针，看看是不是不管你在哪里，它都会告诉你北方在哪里。当然，这些人并不相信这是真的。然而，他们也会让他们的朋友下次去东方时，就帮自己带回一个，他们甚至会先给钱，这样六个月后，他们就会有一个属于自己的小指南针。结果发现，这个小东西竟然真的有用！接着，所有人都想人手一个指南针。他们着急地让大马士革和士麦那的商人带回来更多的指南针。威尼斯和热那亚的仪器制造者们也开始制作自己的指南针。只是几年的工夫，这个用玻璃罩着的小金属盒子就变成了一个随处可见的东西，人们理所应当地使用着，并不会觉得它是一件值得记录在书里的仪器。

指南针的来历就说这么多吧，它一定会一直带着这样一层神秘面纱。但就指南针本身而言，从这只灵敏的针把第一批威尼斯人从他们的浅海峡带到尼罗河三角洲时起，我们对它的了解其实已经多了很多。比如，我们发现除了地球上的几个地方，指南针并没有指着真正的北方，它的指向有一点偏向东或偏向西——这种偏差，在技术上被称为"指南针偏差"。产生"指南针偏差"是因为磁极南北极与地理上的南北极是不重合的，它们相差几百英里。北磁极位于加拿大北部的布西亚菲利克斯岛，詹姆斯罗斯（James Ross）在1831年第一次到达那里，而南磁极在南纬73°，东经156°上。

因此，对船长来说，只拥有一个指南针，是不够的。他必须要有图表，用以说明在不同地方，指南针的偏差是多少。这与航海科学有关，但本书并不是关于航海的手册。航海是学科中极其复杂的一个分支，绝非三言两语就能说明白的。就现在写此书的目的来说，你只需要知道，指南针是在13世纪到14世纪期间进入欧洲的，它在使航海成为一门可靠的科学这方面，起到了很大作用，它避免了人们再在航海中进行猜测或者毫无希望地进行复杂的计算。

但这只是一个开始。

现在，人们可以告知他们是正在往北、北偏东、北北东、北东偏北、北东、北东偏东、又或是往指南针里标注的其他32个"大概方向"的任意一个方向航行。而对于其他方向，中世纪船长就只能用其他两个仪器来帮他找到自己所在的位置。

第一个是测深绳。测深绳与船几乎是同年代出现。如果人们有一个标明不同深度的表，那么不管你在海洋的哪里，它都可以测出海的深度，由此人们便可以缓慢前行。测深绳能够表明大概的环境，人们据此可以找到自己的位置。

第二个就是测速器。测速器最开始是木制的小装置，将它从船头扔下去，然后观察它从船头到船尾需要多久。由于从船头到船尾的长度是已知的，所以人们都可以算出船到达指定位置需要多久，同时，也可以算出（或多或少）船每小时能行驶多少英里。

木制的测速器逐渐被计程绳所替代。计程绳是一条又长又细，但不重的绳子，绳的一头系着一块三角形的木头。水手会事先将绳子按一定的间距打结，将其分成若干段，然后在将它扔下水的同时，另一个水手用沙漏计时。当所有的沙子流尽时（人们提前知道沙漏流尽的时间，两三分钟），船员就开始拉绳子，并数清在沙漏漏干沙子的过程中，从水手的手中滑过多少个节。之后，一个简单的计算就可以知道船行进的速度有多快，也就是水手过去常说的"有多少个节"。

但即使船长知道了船的速度和大致行驶方向，只要有海流、潮汐和海风，再精细的计算也会被推翻。所以，一次普通的航海，即使是在指南针被引进很久之后，也是一项极具危险性的任务。那些致力于航海理论研究的人，在面对这个问题时，意识到要改变现状，他们要找到教堂塔楼的替代物。

提到这个时，我并没有在开玩笑。教堂塔楼，或是山丘顶上的一棵树，或是堤坝上的一个风车，或是犬吠，这些在航海中都起着极其重要的作用，因为它们都是固定点，是一些不论发生什么，位置都不会改变的物体。且如果有这样的"固定点"，水手们就会能够有自己的判断。"我必须要再往东走"，他自己跟自己说道，因为想起他上次就是在这个位置的，又或者"要往西或往南又或往北就能够到达我要去的地方"。那时的数学家（优秀的人们，就是以此，在有限的信息和他们可支配的有缺陷的仪器的基础上，做了与他们本职工作一样好的工作）非常清楚这个问题的关键在哪。他们要找到一个自然"固定点"去代替人为的"固定点"。

他们在哥伦布（我提他的名字是因为1492年是一个男女老少都应该知道的年份）前的大约两个世纪就开始了他们的研究，直至今日，无线报时系统、水下通信系统和机械驾驶舵装置都已问世，自动陀螺驾驶仪使老的舵手失业了，这项研究还在继续。

想象你站在位于塔下面的球上，塔顶上有一面飘着的旗。这面旗位于你的头顶，且只要你一直待在塔下，这面旗就一直在你的正上方。但如果你离开后去看它时，那么你的眼睛看过去一定成一个角度的，且这个角度的大小取决于你离开塔的距离的远近，通过这张图片你会明白的。

以教堂塔楼为参考点的航行

一旦找到一个"固定点"，其他的部分就相对容易了，因为只需涉及角度问题，早在古希腊，人们就知道怎样测量角度了。他们奠定了三角学的基础，而三角学就是研究三角形的边角关系的科学。

　　这里就到了我们本章最难的部分，也可以说是整本书中最难的部分——纬度和经度。真正测量出一个地方的纬度的方法要比测量经度早几百年。

地心说——古老的世界观

　　经度（我们现在已经知道怎样找到它了）看起来要比纬度简单很多，但是它却给那时还没有钟表的我们的祖先带来了难以解决的困难。而纬度仅需要仔细的观察和更加仔细的计算，这些在相对早的年代都能够做到。但这样的工作并非一朝一夕就能完成。下面就来讲这个问题，我会尽我所能讲述得简明些。

　　你会看到许多平面和角。站在D点上，你就处于塔顶的正下方，就像如果你现在位于赤道，中午12点时，你就位于太阳的正下方了。当你移动到E点时，情况就变得有点复杂了。世界是圆的，所以如果你想计算任何一个角度，你就会用到一个平面。因此，你要画一个想象的地球的球心，称其为A点，以A为起始点引一条线穿过你的身体并向你的上方延长到一个点，即天顶，这是一个正式的天文学上的名词，这个点位于观察者的正上方，它的相对点是天底，天底位于观察者正下方的天空最低的点。

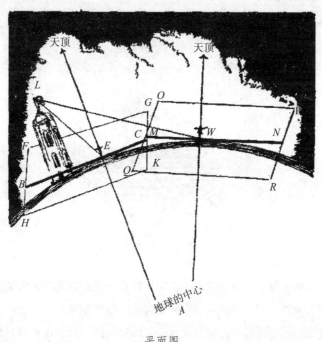

平面图

　　这个问题的确是很复杂的，为了能真正看到它，我们可以尝试这样做：将一根编织针完全穿过一个苹果的中心，想象你坐在苹果上，背靠着纺织针。那么这根纺织针的顶端就是天顶，底端就是天底。然后，假设有一个与你坐着或站的位置与纺织针成直角的平面。当你站在E点时，该平面为FGKH，且BC是你观察时所在的一条直线。同时，为了方便，也为了让问题更加简单，假设你的眼睛长在脚指头上，就在你的脚在BC上的点上。然后向上看塔楼的旗杆顶部，并测量旗杆顶部（即L点），你所在的位置（即E点），和想象的BC端点的角度，BC是平面FGKH中的一条直线，平面FGKH又与天顶与A点的连线成直角，天顶与A点的连线即连接着地球的中心和观察者的正上方。如果你对三角学有所了解，这个角能告诉你，你与该塔楼的距离。再移动到W点，重复上述过程。W点就是假设的平面OPRQ上的直线MN上的点，平面OPRQ与连接地心A点与新的天顶（天顶的位置会随着你的移动而变化）的直线成直角，这个新的天顶称为I。测量角LWM，并算出此时你离塔楼多远。

瞧见了吧，即使是最简单的形式，这个问题仍然很复杂，这就是为什么对于现代航海参照的这个基础理论，我只讲个大概。如果你想成为一个水手，那你必须得去特殊的学校，学习怎样进行有必要的计算，且要学上几年；之后的二三十年里，你就可以操控你的仪器、查看表格、图标，你的领导也会选你当船长，且相信你能够顺利抵达各个港口。如果你没有这样的雄心壮志，你就不必了解这些了，而且你也会原谅我将本章的篇幅写得这么简短，只介绍概况。

既然航海完全是一件与测量角度有关的事，所以在欧洲人再次发现三角学之前，这门科学几乎没有什么可能继续发展。古希腊人早在一千年前就已为这门科学奠定了基础，但是在托勒密（Ptolemy）（来自埃及亚历山大港的著名地理学家）死后，这门科学便被遗忘，而且被看作是过于奢侈的东西——一种太聪明灵活却无法带来安全感的东西。但是印度人和他们之后居住在北美和西班牙的阿拉伯人就没有这样的考量，相反地，他们很是乐意继续研究古希腊人已经停止研究的三角学。天顶和天底（它们两个都是纯阿拉伯语）这个词证明了：当三角学再次被欧洲接受，并将其作为欧洲学校课程时，它已经成为伊斯兰教的知识分支，而非基督教的知识。但在随后的300年里，欧洲人弥补了被他们浪费的时间。虽然，这次还是用角和三角形进行研究，但他们遇到的问题还是如何找到一个远离地球的确定的固定点，作为教堂塔楼的替代。

最可靠、最能够接受此非凡荣耀的就是北极星了。北极星离我们太过遥远，所以它的位置看似是从不变动的，另外，它很好找到，即使是最愚笨的捕虾的渔民，在看不到陆地时，也能够轻易找到北极星。他需要做的就是用直线连接大熊星座右边两颗最远的星星，他绝不会找不到大熊星座。当然，太阳也一直都在，那时太阳的轨迹还没有被科学家绘制出来，所以只有最聪明的水手才知道如何利用太阳。

只要人们还相信地球是平的，那么所有的计算都将是无用的，与事实的真相更是相互矛盾的。早在16世纪时，这些临时凑来的理论终于走向终结。"球形"理论取代了"圆盘"理论，地理学家最终发现了真理并确定了自己的地位。

他们做的第一件事就是将地球分割为相等的两半，分割面与南北极连线成直角，这个分割面就是赤道。因此从赤道到北极和到南极的距离是相等的。第二件事就是，将两极到赤道间的距离分割为90等份，然后在两级和赤道间画90条平行线（是90个距离相等的圆形，自始至终要记得地球是球体），两条平行线间的距离大约是69英里，因为两极距离的1/90就是69英里。

地理学家给这些圆编上序号，以赤道为起点，分别向上、向下依次编号。赤道为0°，两极点为90°。那些平行线就是纬度（纬度图会帮助你记忆其工作原理），如果在数字后写上"degree（度）"，在数学计算中，会显得很冗长，而如果用写在数字右上角的小小的"°"来代替，就会简便很多。

所有的这一切都代表着在地理学的一大进步。但即使这样，航海仍是一件充满危险的事。在船长们能够解决纬度问题前，十几代科学家和水手们都曾献身于收集太阳的数据，试图给出确切的太阳在每一天、每一年及每个地区的确切位置。

最终，任何稍聪明的水手，只要他能读会写，就能够在很短的时间内确定他离北极和赤道有多远，用专业术语来说，就是他所在的位置是北纬（赤道以北的纬度）或南纬多少度。在以前，航行越过赤道不是那么容易的，因为在南半球上看不见北极星，就不能以北极星为参照了。但最终，科学还是解决了这个问题，在16世纪末期，纬度不再使那些下海的人担心害怕。

然而，经度的确定（经度是纵向的）还是有困难，人们花了两个世纪的时间才将这个问题成功解决。在确定不同的纬度时，数学家们曾以两个固定的点——北极和南极为起始点。因此，他们可以说："这儿就是我的教堂塔楼，北极（或南极）会永远都在这儿。"

但在确定经度的问题上，并没有东极或西极，因为地球的轴也不是那样旋转的。当然，人们可以画出无数条子午线，这些圆圈都绕着地球切都经过极点。但是在这么多的子午线中，要选哪一个成为那个将世界分割为两半的"子午线"呢？只有确定了这个子午线，水手们就可能说："我现在在'子午线'以东或以西100英里的位置。"将耶路撒冷看作是地球的中心的旧观念已深入人心，许多人要求将经过耶路撒冷的子午线作为经度为0°或是垂直的赤道。但是，民族骄傲阻止了这个计划。每个国家都希望0°的经线能够经过自己的首都，甚至在今天，我们自以为在这个问题上会开明些，但仍有0°经线经过柏林的德国地图、经过巴黎的法国地图和经过华盛顿的美国地图。最终，由于在17世纪时（经度的问题在这一时期被最终确定），英国为航海知识的发展上贡献最多，而且所有的航海事务都受英国皇家天文台的管理，该天文台于1675年建在伦敦附近的格林尼治（Greenwich），所以，经过格林尼治（Greenwich）的子午线被确立为0°经线，将世界纵向分为两半。

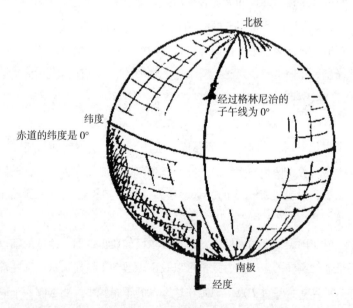

经纬度图

这样，水手就有了纵向的教堂塔楼，但仍有问题要面对。在浩瀚的大海上，他要怎样知道自己在格林尼治（Greenwich）经线以东或以西多少英里呢？为了彻底解决这一问题，英国政府在1713年任命了一个特殊的委员会，"海洋经线发现委员会"，这个委员会的成立是通过提供巨大的奖金鼓励能够想出在"在大海中确立经度"的最好方法的人，以达到解决这一问题的目的。两个世纪之前，10万美金是笔巨款，几乎每个人都为此努力。委员会在19世纪上半叶解散了，截止解散时，它为好的发明者共提供了50多万美元作为奖励。

这些发明者的大多数工作已经被遗忘，他们为此做出的成果也已经被历史淘汰。但是其中有两项发明，虽是在金钱的鼓励下产生的，但它们却经得住时间的检验。其中，第一项发明就是六分仪。

六分仪是一个很复杂的仪器（这是一种微型的、可夹在胳膊下使用的航海观察台），主要用于测量不同的角度距离。六分仪就是在中世纪笨重原始的星盘、直角器和16世纪的四分仪的基础上发明的，当时有3个人都宣称自己才是六分仪的发明者，并为此份荣耀进行了激烈的争斗，其实，当整个世界在同一时间寻找同一个东西时，这样的情况时有发生。

1735年，也就是六分仪出现的4年后，精密计时表问世了，它精准可靠的时间记录，引起了很多人的兴趣，而人们对六分仪出现时所表现出的那份欣喜也不再那么强烈了。精密计时表的发明者是约翰·哈里森（John Harrison），是一个制造钟表的天才（他在成为一个钟表制造师前一直都是一个木匠）。精密计时表之所以能够在世界的任何地方、在任何天气状况下、以任何运输方式准确无误地报出格林尼治的时间，是因为约翰·哈里森使用了他称之为"补偿曲线"的东西。"补偿曲线"可以应对温度带来的热胀冷缩，对平衡弹簧的长度进行调节，在这样的情况下，精密计时器就可以不受天气的影响。

在较长、激烈的争吵后，哈里森终于获得了这份荣誉，并赢得了上万美元的奖金（1773年后的第三年，他便去世了）。现在，不管船在哪里，只要有精密计时器，船上的人总是知道格林尼治的时间。由于太阳每24小时绕地球转一次（事实是地球绕太阳转，我这样表示是为了方便），每1个小时就会经过15°经线，所以为了确定我们与子午线的距离，我们首先需要做的就是确定我们此时所在位置的时间，再将当地的时间与格林尼治的时间进行比较，标出相差的时间。

例如，如果发现（在缜密的计算后，每个船员都能够做到这样的计算）我们所在位置的时间是12点，但是精密计时器显示的时间是2点（即格林尼治的确切时间），又因为太阳每小时走过15°经线（也就是说，每4分钟走过1°），所以，我们实际航行的距离是 $2 \times 15° = 30°$。我们就会在航海日志上（它是一个小册子，在纸张出现前，都是用粉笔在木块上记录这些的）写上：在某某天，中午，我们的船行驶到西经30°。

这个曾在1735年让人们震惊的发明，在今天，已经不再那么重要了。每天中午，格林尼治气象台都会向世界播报准确时间。精密计时器也渐渐成为一种多余的"古董"了。这种情况确实在发生，如同我们相信，无线通信必定会代替那些复杂的表格和费脑的计算。所以，那些在海上寻找出路的时候不再会有。在海上迷路会使得所有人感到无助，即便是那些拥有最好技术和能力的水手，都可能会在要去写下此时的情景前完全迷失方向；而那些需要勇气、耐力和高智商的时候也将不复存在了。那个拿着六分仪的穿着得体的人也会从桥上消失。替代这些的是，坐在船舱，拿着电话问道："嗨，楠塔基特岛（Nantucket）！（或者'你好，瑟堡！'）我此时的位置是哪里？"然后，楠塔基特岛或瑟堡就会告诉他此时的位置。仅此而已。

　　但是，20个世纪所做的所有努力都不是白费的，它使人们在地球表面实现安全、愉悦且有效的旅行又进了一大步。因为它们是全世界合作第一次取得的成功案例。中国人、阿拉伯人、印第安人、腓尼基人、希腊人、英国人、法国人、荷兰人、西班牙人、葡萄牙人、意大利人、挪威人、瑞典人、丹麦人、德国人，他们都为这项有益的工作做出了贡献。

　　历史上的合作这章就到这儿了。还有很多别的章节会让我们忙很久。

# 5. 四季的形成

单词"season"源于拉丁语动词"serere"，意思是"播种"。所以"season"应该只用来表示春天——"播种的季节"。但是在中世纪早期，"season"就已经没有了这层意思。加上另外的三个季节，四个季节将一年划分成四部分：冬季，或湿季；秋季，或增长的时节（"autumn"与"augmentation"或"august"有同样的词根，它的意思不仅是"增加的月份"，还是"重要性增加的人"）；夏季，"summer"在古梵文中也用来表示一整年。

对人类来说，除了它们既实用又浪漫的影响外，四季具有最无聊的天文背景，这是地球绕着太阳转动的结果。我将简单地介绍这部分内容，但内容确实枯燥乏味。

地球每24小时自转一周，每365¼天绕太阳转一圈。为了让日历简单明了，日历中就抹去了那¼天（不，这是不对的，但现在各国能否找到一个达成一致的时间，这非常值得怀疑），所以，我们会有一年是366天，也称为闰年，除了末尾是两个0的年，像900，1100，1300或1900外，每四年有一个闰年。但是那些能被400整除的年份又是这个例外中的例外。上一个例外年份是公元1600年，下一个则是超棒的2000年。

地球绕太阳转的轨迹并不是一个正圆，而是一个椭圆形。但这轨迹并非是个椭圆这么简单，它足以使我们在研究地球轨迹时增加许多困难，如果它的轨迹是个正圆形会简单些。

地球自转的轴与太阳和地球所在的平面的夹角不是直角，而是成66.5°的角。

但在地球绕太阳旋转的过程中，地球的轴总是保持同一个角度，这也就是为什么世界的不同地方会出现不同的季节。

在3月21日，地球与太阳的位置是太阳的光正好能照到一半的地球表面，所以，在这天，地球上的所有地方的白天与黑夜的时长是相等的。三个月后，当地球完成1/4的绕日旅行时，北极点会正对着太阳，而南极点则背离太阳。此时，北极会庆祝每年为期6个月的白昼，而南极则会享受每年六个月的黑夜。当北半球的人们沐浴在长时间的夏日的阳光下时，南半球的人们却围在火旁，手捧着书，度过漫长的冬日的夜晚。所以，当我们在圣诞节滑冰时，阿根廷和智利的人们头上正顶着炎炎夏日。而每年当我们遭受热浪的袭击时，在南半球又开始流行滑冰了。

第二个重要季节性的日子是9月23日，因为在这一天，全球的白天与黑夜又一次一样长了。然后，在12月21日时，南极正对着太阳，而北极则背对着太阳。所以，北半球还在天寒水冷时，南半球则是炎天暑月。

虽然，地球地轴的特殊倾斜角度和地球的公转会引起四季的更替，但这却不是唯一的原因。66.5°的倾斜角会带来五个气候带。赤道两侧是热带，太阳是直射或是几乎直射在那里的地面上。南北温热带是热带与极地地区之间的区域，由于阳光照射的角度成一定的倾斜角，所以，能够照射到的土壤和水域会比热带照射到的地方更多。太阳光一直会照到两极点处，由于照射的角度太大，所以即使是在夏天，每69平方英里①的太阳光所照射到的地表面积要比其自身大一倍。

用文字不能将这些事说得清楚明白。你可以通过行星仪直观地观察到这些，这比你看这些更容易理解。但是，我们的城市中没有几个意识到设置这样一个行星仪的必要性。你可以去市参议院委员会告诉那里的人，你想要一个这样的行星仪当作圣诞节礼物。当他们在字典中查这个令他们费解的词时（这可能会花费他们二三十年的时间），你最好还是找些橙子或者苹果、蜡烛来试试运气，用黑色墨汁标记出气候带，将两根火柴分别代替南北极。但是，如果一只苍蝇落到你自制的地球上了，别再假想了。不要喃喃自语着："假设，仅假设，在地球上的我们就如同现在这只苍蝇一般，在这个大橙子表面，漫无目的地爬着，而这个橙子又被更大的蜡烛照射着——这两个玩意儿都只不过是某个想在午后时间娱乐的人手中的玩具罢了。"

想象没什么不好。

但天文学中，不需要想象。

---

① 1平方英里 =2.59平方千米。

# 6. 地球上的干涸之地

为什么只有一些陆地被称为"洲"

　　所有人，无一例外，都居住在岛屿上。但是地球上的一些岛屿很大，我们决定将其归为一类，称之为"洲"。洲即指"拥有"或"聚拢"更多领地的岛屿，占地比英格兰、马达加斯加、曼哈顿这样的小岛更大。

　　但是现在还没有制定出明确可靠的规定。美洲、亚洲、非洲占有最大面积且绵延不断，它们能成为洲仅仅是因为面积够大。如果天文学家从火星看欧洲的话，肯定会觉得欧洲就像亚洲的一个半岛（或许比印度大一些，但是不会大很多）。但是欧洲也一直自称为洲。要是有人敢说澳洲不够大、人不够多，不足以名列洲榜，澳洲人肯定会因此挑起战争。另一方面，虽然格陵兰岛与新几内亚岛和婆罗洲加起来一样大，后两座是地球上最大的岛屿[①]，但是其岛民似乎很满足于做平凡无奇的爱斯基摩人。如果南极的企鹅没有那么

---

① 目前，格陵兰岛应是世界上最大的岛屿，面积为 2 162 313.54 平方千米。——译者注

谦逊和善，它们可能不费吹灰之力就能说自己生活在大洲之上，因为南极洲的确和北冰洋到地中海之间的陆地面积相同。

我不知道这些混乱是因何而起，但是地理科学在几百年间完全忽略了这个问题。几百年来，错误的观念在地理中开始滋生，两者的关系就像船底附着的甲壳动物和船体一样，这些甲壳动物在港口未被发现。随着时间的推移（我们的蒙昧无知时代持续了1 400年），一些甲壳动物大面积附着在船体上，以至于最终被误认为是船体的一部分。

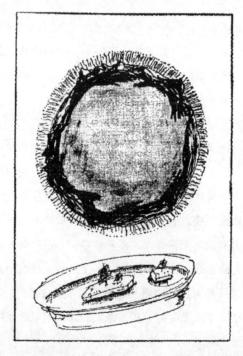

我们为之自豪的大洲有可能是小岛，由较轻物质组成，漂浮在地球的
沉重表面，就像水盆里漂浮的软木塞。这是真的吗？

我不想再添困惑，所以会继续支持大众接受的分割方式，共有五大洲：亚洲、美洲、非洲、欧洲和澳洲[1]。亚洲是欧洲的4.5倍大，是美洲的4倍大，是非洲的3倍大，澳洲略小几百万平方英里。在地理手册上，亚洲、美洲、非洲自然排在欧洲前面。但是如果我们不要只关注占地面积，也考虑世界上各个区域在地球的历史发展中所扮演的角色，就要把欧洲放在第一位了。

岩石岛，顶部半淹没在大西洋北部

首先看看地图。其实应该多看地图而不是打印的单页。你可以试试不通过乐器学习音乐，或者不下水学习游泳，那你就能不用地图而学会地理了。看地图，或者能拿到地球仪更好，你就会注意到北半球土地面积最大，而欧洲半岛由北冰洋、大西洋和地中海环绕，正处于北半球中心，南半球海域面积最大，贫穷、被忽略的澳

---

① 目前，地球应有七大洲，分别是：亚洲、非洲、欧洲、南美洲、北美洲、大洋洲、南极洲。——译者注

洲人碰巧位于南半球正中心。地理位置是欧洲人的第一大优势，当然也还有其他因素。亚洲大概是欧洲的5倍大，但是1/4的地区太热无法居住，1/4太靠近北极，只有驯鹿或北极熊能永久居住。

欧洲还有其他洲所没有的优势，又胜一局。意大利的脚趾，也就是最南端，虽然相对温暖但是大约有800英里不在热带。瑞典北部和挪威虽然贴近北极圈，墨西哥湾流碰巧流经该地，所以并不寒冷，同一纬度的拉布拉多岛是一片冰冻荒原。

欧洲内部的半岛数量和流经海洋也比其他洲都要多。想想西班牙、意大利、希腊、丹麦、斯堪的纳维亚、波罗的海、北海、地中海、爱琴海、马尔马拉海、比斯开湾、黑海，再和非洲或者南美洲比比，后者的水域比例最低。欧洲内陆几乎各个部分都拥有大片水域，因此气候温和，冬暖夏凉[生活既不容易也不艰难，所以欧洲人既不是懒汉（像非洲人那样）也没有成为力畜（像亚洲人一样）]，能更好地融合工作与生活。

但是，欧洲人占领全球大部分区域，一直持续到1914—1918年（四年不幸的内战带来自杀式灾难），气候不是唯一的帮手，还有地质条件。一切都是巧合，并无人力因素。同理，欧洲人也要承受剧烈的火山爆发、冰川侵袭、灾难性的洪水，每一样都塑造了欧洲大陆，使山峰自然而然成为国界，使河流流经每一片内陆，并直抵海洋。河流在发明铁路和汽车之前推动了商业贸易发展。

比利牛斯山脉将伊比利亚半岛与欧洲其他部分隔离开来，成为西班牙和葡萄牙的天然界限。阿尔卑斯山脉对意大利来说也有相同作用。法国西部的巨大平原藏在赛文、侏罗、孚日山脉身后。喀尔巴阡山脉像壁垒一样隔开匈牙利和俄罗斯的广阔平原。奥地利帝国在过去八百年的历史中占有极大分量，大致由圆形平原组成，四周险峻山脊环绕，保护奥地利不受邻居侵扰。没有这些屏障，奥地利绝不会幸存如此之久。德国也不只是政治巧合，由方形领地构成，从阿尔卑斯山脉开始慢慢倾斜到波西米亚山，再到波罗的海。还有英格兰岛和古希腊爱琴海，荷兰、威尼斯的沼泽地，所有区域都是天然堡垒，放在那儿看起来就像是为了发展成为独立政治区。

山脉和海洋构成完美的天然国界

我们常听到俄罗斯被描述为一个人对权力的可怕欲望（罗曼诺夫家族的俄国沙皇）的产物，但是很大程度上，俄罗斯也是由自然和不可抗力因素造成的，而不是我们一厢情愿的想象。巨大的俄罗斯平原位于北冰洋、乌拉尔山脉、里海、黑海、喀尔巴阡山脉和波罗的海之中，简直是建造高度集权帝国的理想之地。罗曼诺夫王朝衰落后，苏联很容易地生存下来，也能表明其地理位置的优势。

但是就像我之前所述，欧洲的河流流向非常重要，为大陆经济发展带来了实际作用。在马德里和莫斯科间画一条线，你会发现无一例外，所有河流都是南北流向，让内陆的每一部分都能接触到海洋。陆地无法缔造文明，文明向来是水的产物，这样幸运的水势排布起着极大作用，让欧洲成为最富有的大洲，在地球上占主导角色。直到1914—1918年，在灾难性、自杀式的战争中，欧洲失去了天然优势。

　　把欧洲和北美洲做一比较。在我们自己的洲内，两座高高的山脊几乎和海洋平行坐落，中西部巨大的中央平原，一整块土地只有一个入海口，即密西西比河及其分支汇入墨西哥湾，而墨西哥湾属于内陆海洋，既不靠近大西洋也不靠近太平洋。或者把欧洲和亚洲做一比较。亚洲地势杂乱无序扭曲，各个山脊坡度不一，河流只能按原有方向流动，最重要的水域流经广阔的西伯利亚大草原，消失在大西洋中，没有任何实际用途，大概只能让几位当地渔民受益。或者比较欧洲和澳洲，澳洲一条河流都没有。或者把欧洲和非洲加以比较。非洲中央是广阔的高原，迫使河流在沿岸高耸的山脊间分流，阻挡了海洋通过天然水路进入内陆。然后你就会明白为什么有了便利的山脊、无阻的河流系统、温和的气候、又位于地球大陆中心，欧洲注定成为大洲第一。如果欧洲像非洲或者澳洲那样齐整，其海岸线只能是现在海岸线的1/9。

　　但是仅有这些天然优势不足以让欧洲称霸一方，还需要人类的聪明才智。这不难。欧洲北部气候宜人，有利于激活大脑。天气既没有冷到让人想要贪图舒适，也没有热到需要日常出行消暑，刚好让人想做点事情。因此，欧洲北部各国刚一建立，国民不受过多法律法规约束，智力活动不再受限，北欧居民就开始投身科学事业，成为其他四大洲的主人和发掘者。

数学、天文学、三角学让他们知道如何横渡世界七大海洋，而无须返回原地。对化学的兴趣使他们获得了内部"可燃机"（那个奇怪的发动机叫作"枪"），有了"可燃机"，就能比其他国家或部落更快更准确地射击人和动物。对医学的追求让他们对各种疾病免疫，此前疾病使全球人口持续减少。最后，土地的相对贫瘠（和恒河平原、爪哇山脉比起来较为贫瘠）和对"精致"生活的持续需求衍生出了根深蒂固的吝啬、贪婪的习惯，以至于欧洲人愿意以任何方式获取财富，如果没有财富，他们的邻居就会鄙视他们，说他们是讨厌的失败者。

神秘的印度罗盘让欧洲人摆脱了对教堂塔和熟悉的海岸线的依赖，获得了自由。当船舵从船侧移到船尾（变化发生在14世纪前半叶，是历史上最重要的发明之一，移动船舵使人能够享受前所未有的掌船快感）后，欧洲人就能够离开小小的内陆海、离开地中海、北海和波罗的海，把广阔的大西洋当作远行的公路，进行商业和军事探索。最终，他们最大限度地利用了这个巧合——欧洲正好处于大片陆地的中心。

欧洲人的这项优势持续超过五百年，后来蒸汽机取代了航海船，而贸易向来和廉价交易有关，所以欧洲能够持续领先。军事家说得对，拥有最大海军部队，就能指挥世界。这条规则体现在以下方面：古代斯堪的纳维亚被威尼斯和热那亚占领，威尼斯和热那亚被葡萄牙占领，葡萄牙作为世界大国又被西班牙占领，西班牙被荷兰占领，荷兰又被英国占领，因为每个国家都陆续拥有过最大的战舰。但是今天，海洋的重要性正在飞速下降。海洋作为商贸公路的地位正在被天空取代。第一次世界大战使欧洲的地理优势降到第二等级，但在空中飞行的飞行器问世的意义更大。

热那亚一位羊毛商人的后代发现了海洋无限的可能性，由此改变了历史。

在俄亥俄州代顿郊区，一家自行车修理铺的店主也同样发掘了天空的可能性。所以，千年来，孩子们可能没听说过克里斯托弗·哥伦比亚，但是他们会对莱特兄弟格外熟悉。

正是莱特兄弟长期和独创的脑力劳动慢慢将文明的中心从旧世界移向新世界。

# 7. 发现欧洲以及生活在欧洲的人

欧洲人口是北美和南美人口加起来的两倍多。大陆人口远多于美洲、非洲和澳洲加起来的总和。只有亚洲人口多于欧洲，亚洲有95 000 000 000人，而欧洲有55 000 000 000人。这些数据取自国际联盟的国际统计机构，相对准确，这个联盟由知识渊博的学者组成，他们客观冷静地处理数据，绝不会为了利益迎合任何国家的民族自豪感。

据该组织称，地球人口平均年净增长为300 000 000人。问题严重。按照这样的增长速度，世界人口会在60年内翻倍。人类还有数百万年的生存时光，我简直不敢想19320年、193200年甚至1932000年的环境状况。在地铁上"只能站立"已经够糟糕了，在地球上"只能站立"完全无法容忍。

但是如果不直面事实采取措施，这就是人类的未来。

上述所说属于政治经济手册的内容。我们面对的是以下问题：欧洲大陆的早期殖民者在历史中如此重要，他们究竟来自何方？他们是第一批出现在欧洲的人吗？我只能遗憾地说答案非常模糊。他们可能来自亚洲，通过乌拉尔山脉和卡普萨海间的缝隙进入欧洲，然后发现其他移民种族和古老的文明形式早就走在了前头。这些入侵者的历史太过模糊，无法写入地理普及手册，我们要等到人类学家收集更多数据，所以后来的入侵者成为我们的主要依据。

为什么他们会到欧洲？理由和上世纪的迁徙相同，过去一百年间，数以百万计的人因为饥荒从旧世界迁徙到新世界——西部能为他们提供更大的生存机会。

早期移民者遍布欧洲，而后来的移民只是零星分布在美洲大平原上。疯狂抢夺土地和湖泊时（早期湖泊比土地珍贵得多），没有人会再遵循"种族纯粹论"。大西洋沿岸，人迹罕至的偏僻山谷，几个衰微部落生活单调，他们以种族的纯粹而自豪。除了这种自豪感，没有什么能慰藉他们与世隔绝的状态。所以今天，当我们谈到"种族"，我们谈的不再是绝对纯粹的人种学。

我们现在用"种族"这个表达，是为了方便描述碰巧说相同、相似语言的一大群人，或者描述有相同或相似历史来源的人，以及在过去两千年的史记中发展出某种特征、某种思考模式及社会行为的人，这种思考模式和社会行为正是归属感的来源。没有更好的表达方式，所以只能用"种族"表示。

根据种族的概念（数学方程式中的 $X$ 只是为了简化难题发明的），今天欧洲有三大种族和六七个较小的种族。

首先是日耳曼人，比如英国人、瑞典人、挪威人、丹麦人、荷兰人、佛兰芒人和部分瑞士人。然后是拉丁人，包括法国人、意大利人、西班牙人、葡萄牙人和罗马尼亚人。最后是斯拉夫人，主要包括俄罗斯人和两极人、捷克人、塞尔维亚人和保加利亚人。加起来占总人口的93%。

剩下的是几百万马扎尔人和匈牙利人、稍少一些的芬兰人、100万土耳其后代（在君士坦丁堡附近的古老土耳其帝国的残余），以及300万犹太人。还有希腊人，其中无法避免地混入了其他"种族"，我们只能猜测混入了哪些种族，很可能和日耳曼人同源。最后是阿尔巴尼亚人，也可能来自日耳曼种族。现在看阿尔巴尼亚人好像落后了一千年，但是他们比第一批罗马人和希腊人到达欧洲还早五六个世纪，早早就建立了农场，使用至今。最后是爱尔兰的凯尔特人、波罗的海的列托人和立陶宛人，以及吉卜赛人，人数不明，来源未知，他们也是历史警示中最有趣的部分，历史告诉我们当最后一片土地已被占领，来得太迟的人要面对什么。

我们已经讲了足够多关于遍布古老大陆山川河流的人群。现在要来看看他们创造出了怎样的地理环境，这样的地理环境又怎样创造了他们。在这彼此牵扯之中诞生了当代世界。没有这样的互相创造，我们和田野间的野兽没有区别。


继续读下去之前，我会告诉你如何使用本书。

读这本书要配图集，从众多优秀的图集中随便选一本就行。图集就像字典，一本不怎么样的字典也聊胜于无。

你很快就会发现，本书中有大量地图，但它们并不能代替常规图集。我画出地图只是想让你们知道有多重方式去理解所讨论的话题（如果必须说实话的话），这也是为了激发大家的欲望，用自己的地理知识画地图。你会看到平面地图不管构思多么精巧，都会有无法控制的部分。唯一接近标准的是地球仪，但是即使是地球仪也不完全正确。因为地球仪应该是椭球体，做成球体只是为了方便。地球接近极地的地方稍稍扁平，但是只有地球仪足够大才能呈现这一点，所以我们可以忽略这样微小的不规则。准备一个地球仪（我就是用一个便宜的石头地球仪做辅助写下这本书的，它其实是个转笔刀），用心使用地球仪，记住它只是"形近物"而非"明确事实"。"明确事实"会出现，当你付出多年努力，学习一门超级难的科学，成为商船船长，你的实力就会非常明确；这本书不是为专家而写，它的受众是想了解地球的普通读者。

告诉你一件事情。学习地理最好最便捷的方法就是绘图。别参考我的图或者别人的图，想看的话可以看看我的图，但是只把这些图当作前菜，主菜当然要自己准备。

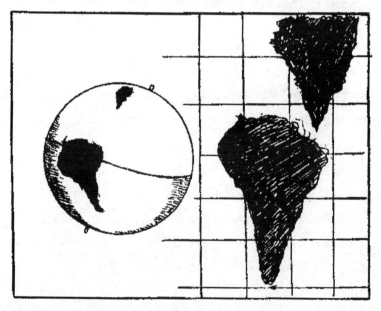

比较地球仪和平面地图中的格陵兰岛和南美洲，观察其中巨大的差异

我努力给大家一些样本，这些样本来自我自己的地理概念。画

的是二维和三维图，三维图要花一点时间习惯习惯，但是只要你看过三维图，就不会再喜欢二维图了。我给的图中有山顶俯瞰图，你可以根据不同角度思考地形。有的是从飞机和齐柏林飞艇的俯瞰图，有的是加入海洋干涸的预计图。有几张地图非常美观，还有装饰物，有些地图只是临摹地形。自己选择吧，然后根据理解画出自己的地图。

拿一个地球仪，大小皆可，再带一本图集。买一支铅笔和一叠纸，然后画属于自己的地图吧。

学习地理只有一种方式，永远不要忘记——画地图。

# 8. 希腊

地中海东部连接旧亚洲和新欧洲的岩石悬崖

巴尔干半岛占地较大，希腊半岛位于其最南端，北邻多瑙河，西接亚得里亚海，亚得里亚海将希腊半岛和意大利分隔开。东临黑海、马尔马拉海、博斯普鲁斯海峡以及爱琴海，这些海域将希腊半岛和亚洲分隔开。南接地中海，使它远离非洲。

我从来没在飞机上见过巴尔干半岛，但是感觉从高空看它肯定像一只手，一只从欧洲伸往亚洲和非洲的手。希腊是大拇指，色雷斯是小指，君士坦丁堡是小指上的指甲盖，其余手指是从马其顿和塞萨利绵延到小亚细亚州的山脉。只有山顶依稀可见，海拔较低的部分被爱琴海波涛掩盖。从高处看，肯定能看成一只手的手指，部分手指被淹没在脸盆的水里。

这只手的皮肤伸展在结实的山脊之中，从西北延向东南。几乎呈对角线。山脊的名字取自保加利亚、黑山、塞尔维亚、土耳其、阿尔巴尼亚和希腊，只需要记几个重要的即可。

迪纳拉山脉从瑞士的阿尔卑斯山延伸到科林斯湾。科林斯湾呈三角形，非常广阔，将希腊分为南北两半。早期希腊人误认为它是小岛（这是个小奇迹，科林斯地峡和内陆连接，只有3.5英里宽）。他们把科林斯湾叫作伯罗奔尼撒半岛或珀罗普斯岛，希腊传说珀罗普斯是坦塔罗斯之子、宙斯的孙子，在奥林匹亚被尊称为"运动之父"。

中世纪时，威尼斯人占领希腊，这些平凡的商人对珀罗普斯并无兴趣，毕竟珀罗普斯曾被当作其父餐桌的烤肉。威尼斯人发现伯罗奔尼撒半岛的地图看起来很像桑叶，于是把它叫作摩里亚半岛，这也是当代图集上该岛的名字。

在这片大陆上还有两座山独立存在。北部是巴尔干山脉，所有半岛都称作巴尔干半岛。但是巴尔干山脉只是北部喀尔巴阡山脉半圆状南端的部分，和其余山脉之间隔着一道"铁门"，"铁门"是一条狭窄的沟壑，途经多瑙河流向海洋；巴尔干山脉作为屏障，迫使多瑙河从西向东直流，最终和黑海汇聚，与爱琴海并无交集。因此，多瑙河一离开匈牙利平原，看起来很像被巴尔干半岛束缚住了。

不幸的是，这道阻隔半岛和罗马尼亚的屏障不如阿尔卑斯山般高耸，所以寒流从广阔的俄罗斯平原袭来时，巴尔干半岛没有得到庇护，导致半岛北部经常雨雪纷飞。云层到达希腊前，会被第二道屏障阻隔——罗多彼山脉。罗多彼山脉的名字意指"玫瑰覆盖的山坡"（这个词汇你会在杜鹃花、独杆蔷薇的英文名字中见到，也会在爱琴海的"玫瑰岛屿"罗德岛中见到），暗示其气候温和。

山脉高达将近9 000英尺。位于巴尔干山脉的山峰附近是有名的希普卡山口，海拔8 000英尺。1877年九月，俄罗斯军队痛苦地进军该地。罗多彼山脉对半岛其他地方的气候调节起着非常重要的作用，此外，还有白雪覆盖的奥林匹斯山，海拔10 000英尺，守护塞萨利平原，希腊就源于此地。

希腊地形图

　　塞萨利的富饶平原曾经是内陆海。皮尼奥斯河（当代地图称之为沙拉门布里亚河）在有名的滕比溪谷处打造了一条车道，丰富的塞萨利湖水流向萨洛尼卡湾，最终干涸，成为陆地。伊斯兰教徒习惯于无视一切，所以他们也无视了塞萨利，倒不是因为傲慢自大，而是因为那令人绝望的惰性。伊斯兰教徒面对一切问题，都只是耸耸肩，然后说一句："有什么用吗？"所以他们刚被驱逐，希腊放债人就控制了农民，在塞萨利这片被忽略的土地上繁衍生息。古希腊起源于塞萨利。今天，塞萨利种植烟草，其港湾沃洛斯据说是希腊英雄乘"阿尔戈号"快船探寻金羊毛的起点，金羊毛的故事源远流长，比特洛伊英雄的故事还要古老。塞萨利还有一个工业小镇和铁路中心拉瑞沙。

要是好奇过去人口分布多么凌乱怪异，就要提及塞萨利这个位于希腊大地中心的城市，这里有一个黑人居住区。土耳其人不在乎谁在为他们打仗时被打死了，他们从埃及殖民地引入苏丹人军团，协助镇压1821—1829年希腊大起义。拉瑞沙是战场总部。战后，可怜的苏丹人就被遗忘了，从此无依无靠，至今仍在拉瑞沙。

但是你总会遇到更离奇的事情。非洲北部有北美印第安人，中国东部有犹太人，大西洋的荒岛上有马。这大都是为了空想者的"纯粹种族论"衍生出的说法。

从塞萨利出发，我们要穿过品都斯山脉进入伊庇鲁斯大区。品都斯山脉和巴尔干山脉一样高，一直是伊庇鲁斯大区和希腊其他地区之间的屏障。这里贫穷又多高山，满是漫步的牛群，没有港口，也没有较好的公路，亚里士多德把品都斯山区当作人类的原始家园，其中的原因依然有待研究。这里基本没有早期人口存留，罗马人在一场战役中将150 000伊庇鲁斯人卖作奴隶（这是罗马建立法律和秩序的知名方式）。但是爱奥尼亚海狭窄的水流阻隔了伊庇鲁斯的两个区域和内陆。这两个区域很有趣，一个是绮色佳，传说中长期受难的奥德修斯的家园；另一个是科孚岛，费阿刻斯人早期的家园，他们的国王阿尔喀诺俄斯是瑙西卡的父亲，在古代文学中，瑙西卡是最可爱的女性，一直以来也是亲和好客的典范。今天，科孚岛（爱奥尼亚岛屿之一，最开始被威尼斯人占领，后来的占领者是法国人、英国人，直到1869年割让给希腊）主要以疗养地闻名，用来给1916年被击败的塞尔维亚军队疗养，几年前也是法西斯海军随意进行打靶练习的靶子。如果作为冬季度假村，科孚岛前景光明，唯一的缺陷就是坐落在欧洲巨大的地震带上。

迪纳拉山脉因为是地震发生地而名声不佳。1893年，邻近的扎金索斯岛经历了最严重的地震，但是险情也许有夸大之嫌，所以从未阻止人们前往这片愉快之地。我们可能会在环球旅行时遇到很多火山，它们坡度平缓，比地球上没有活力的地方人口更加密集。谁能解释一下？不然我要继续从伊庇鲁斯大区往南说了，看，皮奥夏。

皮奥夏像一个大而空的汤盆，位于阿提卡山南部、塞萨利和伊庇鲁斯山北部之间。皮奥夏是自然影响人（卷首提到过这种情况）的典型例子，值得一提。皮奥夏人来自希腊中部山脉，缪斯的故乡，遵照特尔斐神谕还在山坡上建立了神殿。对日子过得不错的普通希腊人来说，皮奥夏人就是乡巴佬，是头脑迟钝的土包子，是小丑，是白痴，是粗人，是笨蛋，是大脑袋蠢人，注定是早期粗俗滑稽剧中廉价的搞笑元素。

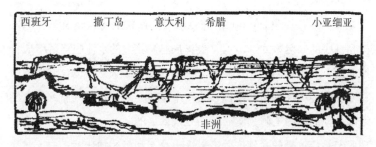

地中海

但是从本质上来看，皮奥夏人和其余的希腊人一样聪明。军事家伊巴密浓达和传记作者波卢塔克都是皮奥夏人，但从小就离乡背井。科派斯湖两岸沼泽毒气肆虐，皮奥夏人饱受折磨。从医学角度看，他们可能患了疟疾，这种病会让人神志不清。

整个13世纪，法国战士统治着雅典，致力于排干沼泽，皮奥夏人的生活环境得到改善。土耳其人又允许这里的蚊子不断繁殖，导致皮奥夏人情况恶化。最后，在法国公司和随后的英国公司的治理之下，科派斯湖的泥水流入尤伯伊克海（Euboic sea），内陆海被转变为富饶的牧场。

今天，皮奥夏人已经不是同雅典或伯克利的擦鞋匠相提并论的人了，天知道他们多么机智，总能从苏格兰人和亚美尼亚人口袋里多赚一些钱。沼泽不再，毒气不再，疟疾蚊虫不再。数百年来，整个皮奥夏一直被嘲笑是乡村傻蛋、蠢蛋、次品，自从几个污浊沼泽被抽干，皮奥夏就正常了。

然后我们说说希腊最有趣的地方——阿提卡。今天我们能坐火车从拉丽莎去往雅典，这条铁路连接着欧洲的干线。但是在过去，想从北部的塞萨利出发到达南部的阿提卡只有一条路线，必经著名的温泉关。当代英语中没有温泉关的名字，它只是两座高山间的狭窄峡谷，宽45英尺，位于埃塔山和哈拉伊湾（Gulf of Halae）的岩石间，也是尤伯伊克海的一部分。公元前480年，就在温泉关，列奥尼达和300名斯巴达人努力阻止薛西斯的军队前进，从亚洲人手中夺回欧洲，最终牺牲于此。200年后，还是在温泉关，野蛮的高卢人也受到阻碍，未能入侵希腊。直到1821和1822年，温泉关依然在土耳其人和希腊人打仗时起到了关键作用。今天温泉关已然不见，海水退至距内陆3千米左右的地方，留下的只有五星级沐浴场所。饱受风湿和坐骨神经痛折磨的人试图在当地的温泉里寻求舒缓（"保温"（thermos）在希腊语中指"热"（hot），从"温度计""保温杯"这些词中就可以看出），战役因此得名。只要人类还在纪念死守阵地的战士，"温泉关之战"就应该被记住。

阿提卡，是一个三角形的多岩石小海角，比邻蓝色爱琴海。山丘山谷交叉错落，直抵海洋，海风使空气清新洁净。古代雅典人说，他们敏捷的思维和清晰的视野都源于呼吸到的愉悦空气。这可能是对的。毕竟雅典没有皮奥夏滋生疟疾、蚊虫的死水，所以当地人生来就健康，而且能一直维持这种状态。雅典人最先表示，人并不能分为肉体和灵魂两个部分，两者合二为一，健康的身体是健全灵魂的重要基础，健全的灵魂又是健康身体的重要组成部分。

有了雅典干净的空气，站在古希腊城堡就能看到潘泰列克斯山，这座山位于马拉松平原，为雅典提供大理石。从古至今，雅典人成就辉煌，气候是因素之一。

阿提卡人凭借海洋能到达任何地方，不管是炊烟缕缕的村落，还是荒无人烟的不毛之地，阿提卡也有自然打造的地理怪象——一座山坡陡峭但山顶平坦的小山，高500英尺，长870英尺，宽435英尺，地处平原中心，四周环伊米托斯山（盛产雅典蜂蜜，质量极佳）、潘泰利克斯山和伊加拉斯山（薛西斯的军队一把火烧了雅典，几天后不幸的雅典逃难者在伊加拉斯山山坡上看到波斯舰队在萨拉米斯海峡被歼灭）。这座平顶山山坡陡峭，最先吸引了北部的移民，在这里他们找到了需要的水和安全。

奇怪的是雅典和罗马（或者说当代伦敦、阿姆斯特丹），这两座古代欧洲最重要的地区，却都不是海上城市，距离海边几公里远。克诺索斯能够解答这个疑点。雅典和罗马建立前的几百年，克诺索斯属于克里特岛，位于地中海中心，饱受海盗突袭，它的存在对于雅典和罗马就像一个警示。雅典比罗马靠海更近。希腊水手抵达雅典港口比雷埃夫斯不久，就能和家人团聚。罗马商人到岸后和家人团聚需要三天，也有点太久了。所以罗马人不再习惯直接回罗马，而是定居台伯河口岸，渐渐减少和公海的接触，失去了公海带来的巨大利益，这些利益正是渴望统治全球的国家所需要的。

但是慢慢地，这些住在"高城"（卫城）平顶山的居民开始移向平原，在山脚下盖房子、立城墙，和比雷埃夫斯堡垒连接起来，安定后以贸易和抢劫为生，生活美好，也让他们在很久以前成为地中海最富有的大都市，无坚不摧。后来，卫城不再被当作住所，而成为圣地，建起白色大理石寺庙，高耸在阿提卡紫罗兰色的天空下。直到今天，即使土耳其火药库爆炸摧毁了圣地一些重要的建筑（事件发生在1645年雅典围攻时），在众多天才设计的完美建筑前，它还是那么独一无二，美得不可方物。

1829年，希腊人获得自由，雅典衰败了，成为仅有2 000人的小村子。1870年，它的人口达到45 000人，到今天已有700 000人，只有几个西方城市的人口增长能与之相提并论。如果希腊人在第一次世界大战后没有和命运打赌，没有愚蠢地抛弃在小亚细亚获得的一切宝贵财富，今天，雅典可能会成为爱琴海强国的中心。不过在不远的未来，一切仍有可能。上帝的磨坊劳作很慢，但从未停歇。雅典被称为宙斯最精明、最富有智慧的女儿，来自宙斯的大脑，已经展示出东山再起的强大力量。

接下来是大希腊半岛最后最遥远的地区，天哪，在那里我们自信的希望预言毫无用处。珀罗普斯邪恶的父亲给珀罗普斯的诅咒从未解除，不幸的王子将自己的名字赐予这片土地。诗情画意的阿卡狄亚就坐落在群山之间，与海洋隔绝。没有不称赞阿卡狄亚的诗人，大家都把它当作淳朴善良可爱的牧羊人夫妇的家乡。诗人习惯放大对陌生事物的热情。阿卡狄亚人不比希腊其他地区的人更诚实。他们不像老于世故的其他希腊人那样玩弄卑鄙的伎俩，这不是因为他们不喜欢这种伎俩，只是孤陋寡闻，还没有学会。阿卡狄亚人确实不偷窃，不过在一个满是枣子和山羊的国家，也没什么可偷的。他们也确实不撒谎，村子太小，根本无可隐瞒。埃莱夫西纳和雅典其他神秘中心供奉着众多神，这些神过着精致而贪图享乐的奢华生活，阿卡狄亚人对这些神弃之不顾，他们有自己的神——潘恩大帝。潘恩大帝会和古希腊诸神打纸牌时讲粗俗笑话和乡下人的蠢事。

确实，现在的阿卡狄亚人能打仗，但是大部分农民讨厌部队纪律，也不想被管理，所以打仗对他们没有一点好处。

多山的阿卡狄亚南部是拉哥尼亚平原，比阿提卡山谷富饶得多，但是那里的人缺乏独立思考和想法，只能紧巴巴地过日子。平原上有一座最为奇怪的、与北部希腊人的一切背道而驰的城市——斯巴达。雅典对生活说"是"，斯巴达就会说"不"。雅典相信才华要有灵感源泉，斯巴达只看工作效率和服务。雅典允许杰出公民拥有民主权利，斯巴达让所有人归于单调可怕的平庸。雅典向外来者打开大门，斯巴达或紧闭城门或杀死外来人士。雅典人是天生的商人，斯巴达人一律禁止经商。通过两种政体的最终成就，我们判断斯巴达做得不够好。雅典的精神渗透到了全世界。斯巴达精神就和斯巴达这座城市一样，消失不见了。

你会在当代希腊的地图上找到斯巴达，一个住着无名农民和谦卑养蚕人的小村庄。这个村庄于1839年建立，由热情的英国人捐钱，德国建筑家画了草图，但是没有人想住在那里。今天，经历了一个世纪的努力，斯巴达人口终于突破4 000人，都怪珀罗普斯的诅咒让斯巴达和半岛其他地区产生巨大差异，这个诅咒在迈锡尼的史前堡垒成为现实。

迈锡尼是伯罗奔尼撒最知名的港湾，位于伯罗奔尼撒港，遗址离纳夫普利翁不远。耶稣诞生5个世纪之前，迈锡尼被摧毁，但是对当代人来说，迈锡尼比雅典或罗马更加重要。还未出现历史记载时，迈锡尼文明就最先影响了岸边野蛮的欧洲人。

为了理解前因后果，我们来看看巴尔干山脉这只大手，三根手指便是三座半淹没的山脊，从欧洲延伸到亚洲。这些手指包含希腊的岛屿，这些岛屿位于爱琴海东部，一直由意大利管辖，其他国家也不想为了远海几块无用的石头打仗。为了方便起见，我们把这些岛屿分成两组，靠近希腊海岸的基克拉迪群岛和靠近小亚细亚海岸的斯波拉提群岛。如同圣保罗岛为大家熟知一样，这些岛屿之间航海距离很短，它们都是桥梁，横跨过去，埃及、巴比伦和亚述文明就能西移到欧洲海岸。与此同时，受爱琴海岛屿早期亚洲移民影响，埃及、巴比伦和亚述文明早就光明正大地"东方化"了。最终，文明触及迈锡尼。迈锡尼本该担任雅典的角色，成为古典希腊世界的中心。

为什么迈锡尼没成为雅典呢？我们不知道缘由，我们也不知道为什么迈锡尼本来应该继承雅典统领地中海的力量，却被迫将此殊荣交给了新新村庄——狂妄的罗马。迈锡尼短暂的辉煌和突如其来的衰落将永远是个谜团。

你可能会说这些都历史，不是地理知识。但是在希腊众多古老的土地上，历史和地理彼此交织，无法分开谈论。从现代的角度来看，只有几处地理特征值得一说。

科林斯地峡被一条三英里长的水道分割，水道浅而狭窄，无法通行船舰。希腊端着高贵的架子，低估了土耳其的战斗实力，经历过一系列战争后（或单挑，或和保加利亚、塞尔维亚、黑山联手），领土扩大两倍，然后又损失了新领土的3/4。今天的希腊就像在古代，整装待发向海洋进发，希腊的蓝白旗（蓝白色是古巴伐利亚州的颜色，希腊在1829年获得独立后，首位君王引入了这个颜色）将会遍布地中海的每个角落。偶尔在北海和波罗的海也看得到蓝白旗，在那里希腊船舰因脏乱差声名远扬，远不像济慈所写的希腊古风。希腊还出产无花果、橄榄、加仑子，向那些喜欢这些美味的国家出口。

希腊会像它的人民热切期盼的那样回到古时的昌盛吗？也许吧。

不过希腊接连被马其顿人、罗马人、哥特人、汪达尔人、日耳曼族人、斯拉夫人侵占，然后又成为诺曼、拜占庭、威尼斯和十字军等的殖民地，人口近乎灭绝，最后由阿尔巴尼亚人重建。土耳其统治希腊长达4个世纪，在第一次世界大战中成为同盟国军队的供给基地和战场。希腊饱经风霜，过往的打击让它很难再回旧日辉煌。生命不止，希望不息。但是这是一个伟大而渺茫的希望。

# 9. 意大利

由于有理想的地理位置，只要有机会，能够发挥海上强国或陆上强国的作用

从地理上来讲，意大利是一片废墟——现在剩下的只有大片山区，此前像西班牙一样呈方形，后来山峰被慢慢腐蚀（最坚硬的岩石也会在几百年间遭到腐蚀），最后消失在地中海水域。今天只能看到古代山脊最东边的亚平宁山脉，从波河河谷延伸到靴子脚趾的卡拉布里亚区。

科西嘉岛、厄尔巴岛和撒丁岛都是史前高原残留物。西西里岛也是其中一部分。第勒尼安海上到处都是小岛，说明古代山峰确实存在过。毫无疑问，整片土地被海水侵蚀是个可怕的悲剧。事情发生在20 000 000年前，地球刚刚经历了火山爆发，没有人了解当时的状况。这对亚平宁半岛的殖民者只有好处，海水侵蚀使他们拥有了气候、土壤和地理位置等方面的天然优势，注定会成为中世纪前的统治强国，同时也是艺术和知识发展传播的重要媒介。

希腊伸向亚洲，获得了尼罗河谷和幼发拉底河的古代文明，又把这样的文明传往欧洲其他地区。但是长期以来，希腊给欧洲献上

了多重祝福，却总是徘徊在欧洲之外。希腊碰巧是个小岛，这没有
任何好处，整个巴尔干半岛群山连绵，将希腊和欧洲人文分割开来。

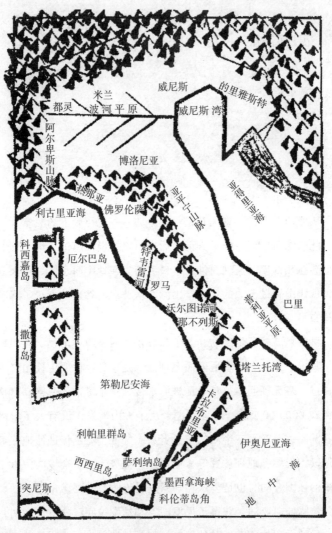

意大利

另一方面，意大利却能享受到作为岛屿的好处，三面环海，同时又是北欧的一部分。我们经常忽略意大利的地理位置，认为意大利和西班牙、希腊似乎一样。西班牙和希腊确实有很多共同点。比利牛斯山脉和巴尔干山脉都是南北不可逾越的分界，但是波河的巨大平原凸起直达欧洲中心。意大利最北边的城市纬度比日内瓦和里昂都高，米兰和威尼斯的纬度高于波尔多和格勒诺布尔，我们不自觉地将佛罗伦萨当作意大利中心，它和马赛在同一纬度上。

还有阿尔卑斯山脉，纬度高于比利牛斯山脉和巴尔干山脉，为南北提供了相对便利的通道。莱茵河和罗讷河河流流向和意大利北部界线平行，将阿尔卑斯山分为两半，小溪流纷纷流入两河，和母河形成90°角，提供了通往波河平原的捷径。这条捷径是由汉尼拔首先发现的，他带着他的将士和战象从这里到达波河平原，毫无提防的罗马人受到重创。

因此，意大利有双重身份，既是海上国度，统治着地中海，又是陆地国家，侵占剥削了欧洲他国。

地中海不再是海洋世界，美洲的发掘使大西洋成为商业和文明中心，意大利优势不再。没有煤炭和铁，意大利无望与西方工业国家竞争。但是从公元前753年罗马建立，到公元后第4世纪，将近1 200年，意大利占领并管辖着整个欧洲、易北河南部和多瑙河。

来自亚洲的日耳曼原始部落一直激烈争夺意大利这块宝贵的"远西"地区，意大利让他们知道了什么是法律和秩序，什么是面对不确定性和卑劣的游牧民族时，半文明的人口所展示的领先优势。当然，意大利通过牺牲别人丰富了自己，但是其繁重的苛捐杂税也让所有欧洲地区改变了未来。即使在今天，观察者随意看看，不管是参观巴黎、布加勒斯特、马德里还是特里尔，都会震惊于各处居民某些相似的外貌和观念。他会惊讶地发现，尽管商店标识可能会用法语、西班牙语、罗马尼亚语或葡萄牙语书写，但是读懂不是什么难事。彼时他会明白："我所在的地方是古罗马殖民地。这里的一切都属于过意大利，就好像现在菲律宾属于我们一样。第一批房子是意大利建筑师建造的，第一条街道是由意大利将军规划的，第一部交通和商贸法规是用意大利中心区语言写成的。"然后他开始欣赏意大利享有的巨大天然优势，曾经意大利也只是一个小岛，是大陆的一部分。

意大利幸运的地理位置让它征服了整个欧洲，同时也带来了显而易见的缺陷。诞生于火山爆发地的国家将会永远受到火山威胁。意大利不止有月光照明、橘子树、曼陀林音乐会、言语生动的农民，还是典型的火山国度。

任何年满70岁的意大利人（在一个欢声笑语、谦和有礼的国家遍地都是花甲老人，就像其他劣势地区满是不满地撇嘴的野蛮人），在进入墓地前，肯定至少参与过一次大型地震，或者几次小型地震。单单1905—1907年之间，地震仪（最可靠的仪器，我希望所有的仪器都这么可靠）就报告过300次地震。1908年，墨西拿被地震摧毁。如果你想要一些关键数据（单纯的数据无疑比图画更有说服力），以下是卡普里岛对面的伊斯基亚岛的数据记录。

单伊斯基亚岛就在1228年、1302年、1762年、1796年、1805年、1812年、1827年、1828年、1834年、1841年、1851年、1852年、1863年、1864年、1867年、1874年、1875年、1880年、1881年、1883年等年份遭受过地震。

千百年的火山爆发，意大利大片土地逐渐覆盖上厚厚的凝灰岩，凝灰岩由火山灰构成，剧烈爆发时从火山口喷出。多层凝灰岩是有孔结构，对整个半岛的地形构成起到了决定作用。将近4 000平方英里和罗马著名的7座山都被凝灰岩覆盖，满是坚硬的火山灰。

当然还有其他的地理特征，史前的火山爆发使意大利土壤变化莫测。亚平宁山脉横跨整个半岛，将其分为两半，主要由石灰石组成，石灰石相对柔和细滑，位于老旧坚硬的岩石之上。古代的意大利人深谙此道，没有火山爆发时，他们也会每二十年就检测一下各个国家的国界线，看看石头上的标记是否还在正确的位置，这样就能知道一个国家和另一个国家财产的分界点在哪里。现在，每当铁路变形、公路被压碎或者另一个村子沿青山边的路堤"摔落"时，他们就会意识到土壤发生了"滑坡"（以一种代价很高很痛苦的方式滑坡）。

参观意大利时，你会惊讶于高山顶上城镇的数量之多。通常会解释为原住民为了安全住进了鹰窝。但是还有一种更主流的说法。山坡满是滑滑的石灰石，和流沙一样，靠近山顶处，古代地理构造的基岩通常会显露出来，为未来的居民提供永久住所。原住民搬到山顶，就是为了避免山体滑坡致死，但是生活并不舒服，也远离了山谷的井水和主要交通路线。所以那些风景如画的村庄从远处看非常壮观，但是一旦进入其中又会让人非常难受。

这让我们不由得思考今日的意大利。意大利和希腊不同，更看重未来的发展，不断勇往直前走向新目标。持续不断的努力会让它摆脱千年来被忽略的损失，重获古时崇高的地位，在众多国家中再创辉煌。

1870年，意大利再次得到统一，独立战争一结束，外来统治者就被驱逐到阿尔卑斯山之后（他们的故乡），意大利人开启了庞大而无望的房屋安置事宜。

首先他们把目光转向波河山谷，波河山谷相当于食物储藏室，能喂饱整座半岛，位于北纬45度，长度仅为420英里，不是很长，比较一下河流长度，就会发现伏尔加河是欧洲唯一的长河。但是从流域面积来看，算上各种支流源头，波河流域有27 000平方英里。这是其他河流所不具备的优势，除此之外还有其他特点。

5/6的波河都可供船航行，是世界上最快的三角洲创造者。每年会有3/4的面积成为三角洲，而且会不断外扩200英尺。如果这种情况持续10个世纪，三角洲就会到达伊斯的利亚半岛的对岸，威尼斯会成为湖上城市，和亚得里亚海其余区域隔着7英里宽的大坝。

波河流向海洋，自然会有部分沉淀物沉到河底，在河底覆盖着一层几英尺厚的坚硬物质。为了防止上涨的河水淹没附近区域，河边的居民必须修建大坝。罗马时期大坝工程就提上日程，到今天这一工程还在继续。波河表面比流经的平原要高。有几个村庄的大坝高30英尺，河流和房屋屋顶平齐。

波河流域还有其他闻名遐迩的特点。从地理的角度上来说，不久之前，整个意大利北部平原都是亚得里亚海的一部分。一到夏季，可爱的阿尔卑斯山峡谷就会受到游客欢迎，过去它只是狭窄的海湾，很像现在挪威两岸的峡湾。以前欧洲和大部分阿尔卑斯山都被冰川覆盖，河谷成为冰川水流的出口。现在冰川被众多石头掩盖，石头在从冰川滚落，水流从石缝间流下。这种石头堆叫作冰碛。两块冰川相遇时，两块冰碛必然会结合成为和原来的一样高的一块两倍大的冰碛，称为"中碛"，冰川最后融化时，把裹挟的石头留了下来，称为"终碛"。

这些终碛属于地质学中的海狸坝，阻隔了最上面和下面的河谷。只要冰川时期还在持续，就会有足够的水让终碛在下游处成为一道微不足道的阻碍。但是慢慢地，随着冰川消失，冰川水流越来越少，终碛比水流水位更高，就产生了湖。

所有意大利北部的湖：马焦雷湖、科莫湖、加尔达湖都属于冰碛湖。古代人在该地灌溉时，这些冰碛湖就是便利的水库。春天，冰雪融化，如果水从河谷中某处倾流而下，冰碛湖的水会漫出来，形成极具破坏力的洪水。加尔达湖水面上升12英尺，玛芝奥湖上升15英尺之多，容纳多余的水。剩下的水会交给简单的水闸系统处理，根据当天的需求利用这些湖泊。

早期，波河居民就会利用这种天赐的环境。他们将流向波河的成百上千条溪流水道连接起来，修建堤坝，今天，每分钟就有千万立方英尺的水流经这些水道。

这里是种植水稻的理想区域。1468年，首批水稻作物经由比萨商人引入，今天，梯田在波河中心平原很常见。其他诸如玉米、大麻、甜菜这样的庄稼也都有，虽然比起意大利半岛其他区域降水较少，但是这块大平原是整个意大利最富饶的区域。

波河平原不止为人类提供食物，还为女性提供服饰。桑蚕养殖需要桑树。九世纪早期，桑树从中国通过罗马帝国东边的拜占庭引入意大利。拜占庭即东罗马帝国于1453年灭亡，土耳其将君士坦丁堡变为帝国首都。桑树养殖需要热量，波河平原伦巴第正是理想之地，易北河入河口的日耳曼部落在此居住许久，也被称为伦巴第人或者大胡子。今天，接近50万人都在从事丝绸业工作，不起眼的小蚕茧为我们提供了最奢华的服饰，多产自中国和日本，但是波河人民的纺织品质量远高于他们。

毫无疑问，整个平原人口密集。但是原始的城镇建造者始终和河流保持安全距离。他们的工程技术还不够先进，不足以建造可靠的大坝，同时每年春季洪水过后都会出现沼泽。都灵是唯一一座直接建在波河上的重要城市，它曾是萨瓦议会早期的所在地，现在统治着整个意大利，也是连接法国和瑞士的通道（塞尼山山口通往法国、圣伯纳德山口因狗和修道院闻名，连接罗讷河河谷）。都灵地处高处，无溺水风险。其他像首都米兰这样的地方，是五条重要贸易路线的汇合点（圣哥达公路、辛普朗、小圣伯纳德、马洛亚、施普吕根山口），位于河流和阿尔卑斯山中间地段。勃伦纳山口的终点是维罗纳，是德国和意大利最古老的连接点，位于阿尔卑斯山山脚下。克雷莫纳位于波河上，以斯特拉迪瓦里、瓜尔内里和阿马蒂家族的故乡闻名，三个家族缔造了小提琴王朝。但是帕多瓦、摩德纳、佛莱拉和博洛尼亚（欧洲最古老大学起源地）这几座城市虽然都依靠波河发展，但是都和波河保持安全距离。

威尼斯和拉文纳这两座古代最具传奇色彩的城市也是如此。威尼斯有157条河道，长达28英里，河道相当于街道，对于觉得内陆比较危险的人来说，威尼斯就是避难所。比起大迁徙带来的危险，他们更愿意接受波河和其他一些小河流冲积而成的泥泞河岸带来的不适感。逃亡者曾在威尼斯发现可供捡拾的盐矿。他们垄断了盐，从此开始致富。他们的稻草棚变成了大理石宫殿，渔船和战舰一样大，整整3个世纪，逃亡者成为文明世界的殖民者，成为傲慢的教皇、帝王和自大而优雅的土耳其王。哥伦布平安归来和印度路线（当然是指当时假想的路线）发掘的消息到达商业区里阿尔托，恐慌随之袭来。资本和债券下跌50个点，威尼斯沦陷在这场浩劫之中，只有这一次，经理人的预言实现了，完好的贸易路线变成无用的投资。里斯本和塞维利亚接替威尼斯，成为国际仓库，为整个欧洲提供香料和亚洲、美洲的产品。18世纪，威尼斯满是金子，成为另一个巴黎。富有的年轻人想接受上流社会的教育，或者参与并不高雅的娱乐活动，只要他们想，就会去威尼斯。狂欢占据了一年中的大部分时间，然后威尼斯就走到了尽头。拿破仑带领士兵攻占了威尼斯。今天还能欣赏威尼斯的水道，20年后摩托艇就会将之摧毁。

波河淤泥的另一个产物是拉文纳。现在拉文纳属于内陆城市，和亚得里亚海中间隔着六英里的淤泥。拉文纳由一个无聊的水潭，变成了一座城市，但丁和拜伦这样有名气的客人也曾在那里喝酒消遣。5世纪时，拉文纳远比今天的纽约重要，它是罗马帝国的首都，拥有庞大的守卫部队，又是主要的海军基地，有最大的码头和丰富的木材供应。

404年，罗马帝王说罗马不再安全。野人的力量越来越大，罗马帝王决定迁居"海上城市"拉文纳，得到更好的保护，不受突袭。在拉文纳，罗马帝王和其子孙后代生活繁衍、统治帝国。如果你静静地站在那些画有一个黑眼美女的精美绝伦的肖像前，想到这个妇女是以君士坦丁堡的舞女开始她的生活的，死时拥有一个圣洁的名字狄奥多拉，她是著名的查士丁尼一世大帝钟爱的王后。想到这一切，你就能理解他们当时的状况了。

后来拉文纳被哥特人占领，成为哥特帝国的首都。当地的礁湖被填满。威尼斯和教皇开始抢夺拉文纳。流放者在佛罗伦萨经历熊熊大火的威胁，他们来到拉文纳，暂时把这里当作家乡，他们在拉文纳周边的松树林里度过了寂寞的余生，然后走进了坟墓。不久后，闻名遐迩的古时帝王驻地拉文纳也消失了。

意大利北部没有煤炭，但是可无限供应水力发电。第一次世界大战爆发后，水力发电刚被利用起来。未来20年，经济实惠的水力发电将迅猛发展。其他国家不缺原材料，但是人力资源不足。而意大利原材料匮乏，但是人民以勤奋闻名，生活理智，需求适度，意大利必将成为其他国家有力的竞争对手。

西侧，波河的巨大平原被利古里亚阿尔卑斯山阻隔，位于阿尔卑斯山和亚平宁山脉连接处，和地中海隔山而望。利古里亚阿尔卑斯山的南山坡完全不受北部冷风侵扰，形成了里维埃拉的一部分，是欧洲的冬日操场，可以进行漫长的铁路旅行，拥有昂贵的酒店。这里的主要城市是热那亚，是当代意大利的主要港口，一座有庄严大理石宫殿的城市。建造这些宫殿的时候，正是热那亚成为威尼斯对迈东进行殖民掠夺的最危险对手的时候。

热那亚南部是一个小平原，隶属亚诺河。亚诺河起源于佛罗伦萨东北方向25英里处的山间，流经热那亚中心区域。中世纪时期，热那亚地处公路段，公路连接基督教中心罗马和欧洲其他区域。热那亚充分利用商业位置优势，成为世界最重要的银行中心。美第奇家族（该家族原来从事医生行业，后来盾徽上的三粒药片变成了三个圆圆的金色当铺）非常独特，在银行业方面天赋异禀，最终统治托斯卡纳，将家乡改造成15、16世纪最恢弘的艺术中心。

1865年到1871年，佛罗伦萨是新意大利王国的首都，后来重要性日渐衰微，但现在依然值得一看。在佛罗伦萨，你会知道富足和品位合理搭配时，生活会是何等美好。

亚诺河流经爪哇岛外部美丽的花园，热那亚和佛罗伦萨都靠近河口处。两座城市没什么历史遗迹。比萨有一座倾斜的塔，建筑师没打好根基，伽利略研究下降物体的惯性时倒是非常方便。

另一个城市是里窝那（Livorno），不知怎么的，英国人称之为"Leghorn"。1822年，雪莱在里窝那附近城镇溺水而亡，里窝那因此被铭记。

从里窝那往南走，驿站马车公路和当代铁路距海岸很近。旅行者只能匆匆瞥到雾蒙蒙的厄尔巴岛（拿破仑逃亡的地方，后来拿破仑意外到达法国，缔造了滑铁卢最终的命运），然后两条路就延伸到台伯河平原。台伯河在意大利语中叫作"Tevere"，是一条流动缓慢的茶色河流，隐约让人想起芝加哥河，但是没有后者那么广阔，也让人想到柏林的施普雷河，却又更加浑浊一些。台伯河起源于萨宾山脉，最早的时候罗马男人就是到萨宾山上抢婚的。史前，台伯河河口距罗马西部12英里，之后这一距离增加了2英里，因为台泊河与波河一样，淤泥众多。台伯河平原和亚诺河平原不同，略显宽广。亚诺河流域土壤健康且高度肥沃，台伯河平原宽阔，却贫瘠而多病。"疟疾"这个词就是在台伯河由中世纪移民创造出来的，他们坚信，"疟疾"（malaria）即"质量差的空气"（bad air），必然和可怕的热病侵袭有关，热病会让人身体发烫。出于对热病的恐惧，只要太阳一落山，台伯河附近的门窗就都紧闭着。但是这种方法有个巨大的缺点，会将所有小蚊子关在屋里，只是我们在30年前才了解到疟疾和蚊虫的关系，所以也不能责怪先人们的无知。

罗马时期，台伯河平原被抽干，人口密集。但是由于平原开放，且沿第勒尼安海岸并无防护措施，台伯河平原成为海盗的理想落点。罗马警察一消失，海盗就开始侵犯地中海地区，城镇摧毁，农田干涸，排水沟无人理会，死水滋生疟疾蚊虫。从中世纪到30年前，从台伯河入河口到奇尔切奥山附近的蓬蒂内沼泽整个区域，骑马经过的人要么绕路而行，要么疾驰而过，一刻都不停留。

问题是，为什么古代最重要的城市建在疾病肆虐的地方？根源在哪？为什么彼得堡被建在沼泽上？为了排掉沼泽里的水，死了数以千计的人。为什么马德里建在阴冷无绿植的偏僻高原？为什么巴黎现在地处大盆地底部，雨水持续不断？我不知道答案。政界有句话：机遇和贪婪无法分割——政治上的远见卓识掩盖了这些失误。或者要么只有机遇，要么只有贪婪。我不知道，毕竟这本书不讨论哲学。

不管那里气候多么不好，夏天炎热，冬天寒冷，不管交通多么不便，罗马还是建在了罗马，仍然成为世界帝国中心，是全球宗教圣地。在这种环境下，不能只考虑单一因素，但是也别想在这本书里找到原因，要得到问题的答案，需要三本这么厚的书才行。

下面我会介绍罗马这座城市。从耶稣诞生50年前到公元后1650年，我们的祖先一直热衷冲突，挑战罗马，非常叛逆，所以虽然罗马是东半球的不朽城，我还是做不到公平地评价它。站在古罗马广场的我本该哭泣，但是只能看到流氓骗子顶着将军和党派领导的头衔用交换公路做借口，掠夺了整个欧洲、大部分非洲和亚洲，其中的残酷无以言表。我本该在纪念圣保罗殉难的教堂前怀着无比虔诚的敬畏之情，但是只能悲叹居然斥巨资在这样的一座建筑上，既不美观也不迷人，就只是比其他同类别的建筑"稍大一些"。我想念佛罗伦萨和威尼斯的和谐一致，想念热那亚匀称的城市比例。我当然知道这一切情感都只是我自己的。无论是彼特拉克还是歌德，以及每一个稍有名气的人，看到布拉曼特的圣彼得大教堂时，都会流下眼泪。这点在此不表，不能破坏你亲自参观的兴致。我清楚地记得，1870年9月，意大利军队进入罗马内部城市梵蒂冈，颁布了宪法，梵蒂冈不再和之前一样有独立主权，1871年起罗马成为意大利首都。

1930年，梵蒂冈城归还给教皇。现在，教皇终于获得自由行动权。

当代罗马几乎没有工厂，只有一些看起来不怎么样的纪念碑，一条让人想起费城的街道，还有很多穿制服的人，制服确实不错。

我们接着要说说另一座城市。近年来，它是整座半岛人口最密集的地方，它也是地理和历史奇妙混合的产物，让我们再一次面对恼火的难题："为什么这座坐落在一条普通小河上干涸的河岸上，具有很多天然优势的城市，没能代替罗马成为统治中心？"

那不勒斯位于重要海湾前方，是海上城市，比罗马更古老，附近领土原本是意大利西海岸最肥沃的。初期，希腊人要和亚平宁部落做生意，但是亚平宁部落太过危险，为了安全起见需要一定距离，所以落足于伊斯基亚岛，然而伊斯基亚岛常有火山爆发，非常不稳定，希腊人随后迁往内陆。移民之间总是发生无法避免的争吵（他们远离家乡，倍感无聊，又遭受着吝啬统治者的无良管理），随即引起民众哄闹，三四个居民区遭到毁坏（听起来很像我们国家的起源）。一群新来的移民决定重新开始，建立了城镇，称为"新城"或新波利斯，后来也叫那波利，最后这座城市成为英语中的那不勒斯。

罗马还是个小村庄，只有牧羊人时，那不勒斯就已经是繁荣的商业中心，但是罗马牧羊人的管理天分过人。4世纪时，听起来，那不勒斯是罗马的"同盟国"，实际是罗马的"臣民"。那不勒斯开始扮演二等公民的角色，后来被成群的野人侵略，最后落入西班牙波旁家族分支手中。波旁家族的规则是进行不公平管理，镇压一切独立思想和行为。

尽管如此，那不勒斯的天然优势，使之成为欧洲大陆人口最多的城市。没有人知道或关心那不勒斯人如何生活。直到1884年，霍乱爆发，迫使这个当代王国开始打扫房间卫生，他们是靠清醒的理智和严厉的措施来做这件事的。

那不勒斯的地理位置，其后是维苏威火山，维苏威火山海拔4 000英尺，四周小村庄环绕，盛产一种特别的烈酒——马拉加酒。这些村庄的祖先在罗马时期就已存在。为什么会有这么多的村庄？维苏威火山不再活跃了，一千多年都没爆发过。公元63年，地球内部有过模糊的轰隆声，但是这对意大利来说不算什么。

16年后发生了举世震惊的事情。不到两天，赫库兰尼姆、庞培和一座第三小的城市被深深埋葬在厚厚的熔岩和灰烬之下，从地球上完全消失。从此以后，至少每一百年，维苏威火山就会发出信号，它仍然活跃着。新的火山口比它原先的升高了1 500英尺，一直喷出浓厚的烟。过去300年的数据显示了它喷发的时间：1631年、1712年、1737年、1754年、1779年、1794年、1806年、1831年、1855年、1872年、1906年。这表明，那不勒斯成为第二个庞培不是不可能的。

从那不勒斯往南，我们进入卡拉布里亚，远离那不勒斯中心（吃了不少亏），铁路可通往北部，沿岸存在疟疾，中心区域有花岗岩，农业发展还和古罗马第一共和国时期一样原始。

狭窄的墨西拿海峡将卡拉布里亚和西西里岛分隔开，墨西拿海峡只有一英里宽，古时因为锡拉岩礁和卡律布狄斯漩涡出名，据说漩涡会吞噬偏离航线半码的船只。漩涡带来的恐惧让我们能够充分了解古代船舰的无助，当代摩托艇轻轻松松地就穿过了漩涡的中心，根本不会留心到水中的骚乱。

西西里的地理位置使之成为古代世界的天然中心，气候宜人，人口密集，土壤肥沃。和那不勒斯一样，生活太过美好，太过简单，太过舒服。西西里人在两千多年中对所有不当的政府管理都采取和平投降的态度，外来统治者乐于利用这个特点。西西里人曾经被腓尼基人、希腊人、迦太基人（距离非洲北海岸只有100英里远）、汪达尔人、哥特人、阿拉伯人、诺曼人、法国人掠夺折磨，或是被120位王子、82位公爵、129位女侯爵、28位伯爵、356位男爵中的任何一个从这片乐土中夺得头衔的人欺凌。西西里人只要不被掠夺和折磨，就会修理被当地埃特纳火山损坏的房子。1908年的火山爆发完全摧毁了西西里重要城市墨西拿，死亡人数超过75 000人，让人难以释怀。

马耳他岛是西西里的水中郊区，值得一提。从政治上来讲，马耳他岛不属于意大利，这里土壤肥沃，地处西西里和非洲海岸的中间，占据了从欧洲通往亚洲的贸易路线苏伊士大运河。十字军失败后，马耳他岛被献给圣约翰骑士，这些骑士称自己为马耳他队，马耳他骑士。1798年，拿破仑途经埃及和阿拉伯半岛，驱逐印度的英国人时，顺路看中了马耳他岛（一个精妙绝伦的计划，但是因为沙漠太大落空了）。两年后，英国人以此为借口占领马耳他岛并驻扎下来，让意大利人懊悔不已。马耳他人却不这么想，比起自己人的统治，他们在英国人的领导下过得更好。


意大利东海岸不太重要，所以我没怎么关注过。首先，亚平宁山脉延伸到水边，很难进行大规模移民。亚得里亚海另一侧坡度太高，无人居住，无法发展贸易。从北部的里米尼到南部的布林迪西（邮船从此地去往非洲和印度），没有任何重要港口。

靴子的脚跟是阿普利亚区，阿普利亚区和卡拉布里亚区一样，离文明世界较远，农业和汉尼拔时期时一样，等了12年也没有等到迦太基的援助。

阿普利亚区有一座城市享有世界最好的天然港口，但是却没有乘客。这座城市就是塔兰托。有种剧毒蜘蛛名字就取自塔兰托，被蜘蛛咬过的人会跳一种叫作塔兰托的舞蹈，这种舞蹈使他们无法入眠，然后进入死亡一般的昏迷状态。

第一次世界大战使地理变得非常复杂。当时意大利的伊斯特拉半岛背叛同盟国，和敌人站在一起，让意大利不再完美；古老奥匈帝国的重要港口的里亚斯特丢失了自然内陆贸易区，发展不佳。阜姆属于哈布斯堡家族，坐落于瓜尔纳罗海湾远端，是德国在亚得里亚海岸的唯一出口。意大利担心阜姆会和的里雅斯特对抗，于是开始争夺该地。政客们签署《凡尔赛合约》时，拒绝让出阜姆。意大利诗人邓南遮是杰出作家，也是伟大的流氓，曾率军侵占阜姆，并进行独裁统治，后被赶出。后来，同盟国将阜姆变成了"自由区"。最终，意大利和南斯拉夫长期谈判结束后，阜姆被割让给意大利。

这本来是本章的结尾，还剩下最后一个地方——撒丁岛。撒丁岛占地面积巨大，远不可及，几乎无人到访。我们有时会忘却它的存在。作为欧洲第六大岛，占地面积约10 000平方英里，位于亚平宁山脉的另一端，背对故国。西海岸港口极佳，东海岸陡峭危险，没有方便的着陆地点。上两个世纪，撒丁岛在意大利历史中扮演着有趣的角色。1708年前，撒丁岛属于西班牙，后来被移交给奥地利人。1720年，奥地利人用撒丁岛和萨瓦公爵交换西西里，萨瓦的首都是位于波河之上的都灵。此后，萨瓦公爵自豪地称自己为撒丁岛国王（从公爵到国王是关键的一步）。这就是为什么现代意大利王国是出自一个岛屿王国的来历，但是十万个意大利人中都没有一人知道这个典故。

# 10. 西班牙

非洲和欧洲的争端之地

伊比利亚半岛人以突出的"种族"特点闻名。西班牙人本来也应该和其他族群在"种族"方面非常不同，不管在哪里、出于何种情况，西班牙人都能因种族带来的高傲、热情、自豪、节制和弹吉他和响板等特征而被识别出来，甚至连音乐都被用来支持"种族理论"。

可能吧。可能辨别一个西班牙人既可以通过他的骄傲自豪，也可以通过他弹吉他和响板的能力，但我对此深表疑虑。西班牙人弹吉他和响板，是因为在干燥温暖的气候里，户外能弹奏乐器。但是论如何将之弹好，美国人和德国人都比西班牙人更胜一筹。如果说美国人和德国人练习量不够，都怪气候。寒冷的柏林夜晚，大雨滂沱，响板难以奏鸣，手生冻疮只能颤抖，吉他也无法发声。西班牙人的自豪高傲热情难道不都源于几个世纪的军队严训吗？难道这样严苛的军队生活不是因为西班牙靠近非洲和欧洲吗？西班牙又怎会不成为欧洲和非洲的战场，直到其中一方分出胜负？最后，还是西班牙人赢了，为之战斗的土地也在西班牙人身上留下了印记。如果他出生在哥本哈根或伯尔尼，会变成什么样子？大概会成为一个极其普通的小丹麦人或瑞士人，不再弹奏响板，在山谷陡峭、回声惊艳的地方，用真假嗓音反复歌唱；不吃干面包，不喝酸酒，不关心、不呵护忽略已久的土地（非洲和欧洲起冲突时土地会再次疏于管理）；他会吃很多黄油，确保身体能够抵抗长年潮湿的气候，会喝利口酒，廉价的谷物让酒成为必备饮品。

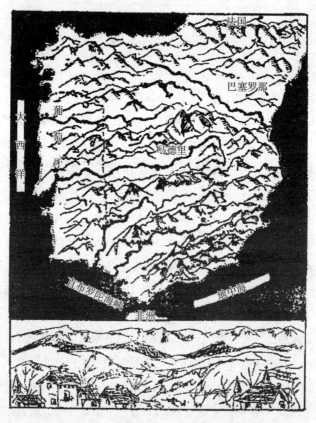

伊比利亚半岛

106

看看地图，你会想起希腊和意大利的山脉。希腊的山呈对角线，穿越整个国家。意大利的山从北到南几乎呈直线，将意大利分为两半，但是两边又留有足够的空间修建公路，能从意大利的一端直接通往另一端，突出的波河平原让亚平宁半岛成为欧洲大陆不可分割的一部分。

西班牙的山则呈水平分布，可以将它看作可视化的纬度线。稍稍看一眼地图，就会明白这些山起源于比利牛斯山脉，曾经一定是屏障，阻碍军队前行。

比利牛斯山脉长达240英里，呈直线型，从大西洋延伸到地中海毫无阻隔，没有阿尔卑斯山高，从山口走应该更容易一些。但事实并非如此。阿尔卑斯山看似高耸，其实表面宽敞，穿行的公路很长但是坡度很低，不管是人还是马走起来都没有特别大的困难。比利牛斯山脉只有60英里宽，山口陡峭，只有山羊和骡子能通过。老练的旅行者表示即使骡子也难以通行。训练有素的登山者（大部分是专业走私者）才能通过，但也只是在夏季的某几个月里。建造连接西班牙和其他地区道路的工程师也意识到了此事，他们修建了两条铁路干线，一条从巴黎到马德里，一条从巴黎到巴塞罗那，沿大西洋和地中海海岸。阿尔卑斯山有六条铁路线，位于两条干线上下，但是比利牛斯山地处西边的伊伦和东边的菲格拉斯，中间没有隧道。毕竟我们无法挖出一条60英里长的隧道，当然也无法让火车攀上坡度40°的轨道。

西边有一个简易但无人不知的山口，龙赛斯瓦列斯山口。在这里，查理大帝的著名骑士罗兰誓死捍卫君主利益，在与撒拉逊人战斗时奋战到最后一刻，最终战死在这里。700年后，另一队法国士兵通过该山口进入西班牙。穿过山口后，占据南边公路的潘普洛纳城成为下一道阻碍。围困中，一个西班牙士兵，依纳爵·罗耀拉，腿部中枪，伤势严重。在恢复伤口时，他看到了这里的地势情况，因此生发灵感建立了耶稣会。

西班牙大峡谷

后来，耶稣会更多地影响了大部分国家的地理发展，影响力远大于其他宗教组织和坚持不懈的方济各会旅行者。就是在这里，他们开始守卫横穿比利牛斯山脉中心的唯一通道。

比利牛斯山脉无法通行，让有名的巴斯克人得到机会，将史前文化保留至今，同时打造了独立的安道尔共和国，位于东边山脉高海拔处。巴斯克人口为700 000，住在三角区，北临比斯开湾，东接西班牙纳瓦拉省，西边的界限是从桑坦德省到埃布罗河上的洛格罗尼奥的一条线。巴斯克这个名字和著名的达塔南队长的好友没什么关系，在英语中，和"吹牛"同义。罗马入侵者称他们为伊利比亚人，叫西班牙伊利比亚半岛。对巴斯克人来说，他们更愿意自豪地称自己为埃斯卡尔杜纳克人，听起来不像欧洲人，更偏向爱斯基摩人。

你的猜测可能会和我的一样可靠，以下是巴斯克种族的起源理论。几位教授从头骨和喉骨中得出种族理论，认为巴斯克人和柏柏尔人有关，几个章节前，我提到柏柏尔人有可能是史前欧洲克罗马努人早期部落的后代之一。其他学者则说巴斯克人是亚特兰蒂斯岛消失于水下时，欧洲大陆的幸存者。也有人说巴斯克人未曾移民，不要刨根挖底自找麻烦了。不管真相如何，巴斯克人始终远离其他地区，他们非常勤奋。10万多巴斯克人移民南美洲，成为只专注自己事业的优秀渔民、航海家、钢铁工人。

巴斯克最重要的城市是维多利亚。维多利亚建于6世纪哥特国王之手，见证了英格兰人阿瑟·韦尔斯利，即威灵顿公爵，打败科西嘉波拿巴，即拿破仑，迫使拿破仑永久离开西班牙。

至于安道尔这个奇怪的国家，共有5 000人口，和外界通过一条马道连接，是中世纪唯一幸存下来的共和国。它所以能保持独立，是因为，作为边界的据点，它能为远方的君主提供宝贵的服务。后来因为离喧嚣世界太远，就离开了人们的视线。

安道尔首都有600人口。我们实施民主政治800年前，安道尔人就和冰岛人、意大利圣马力诺人一样，按照自己的意愿统治国家，值得我们尊敬与爱戴。800年不短，2732年时，我们的国家又会在哪儿呢？

另一方面，比利牛斯山脉和阿尔卑斯山脉大有不同。这里几乎没有冰川。从前，比利牛斯山脉可能覆盖着皑皑白雪，比瑞士山脉的还要厚，但是现在只留下了几平方英里的冰川。所有西班牙山脉都是如此，陡峭，难以通过。即使是安达卢西亚南部的内华达山脉，在10月到3月间也只有山顶有一点雪。

直布罗陀

　　山脉走向对西班牙河流造成了直接的影响。所有河流都起源于贫瘠的高原中心——这是史前山脊的残余，千万年来受到不少磨损。河流奔向海洋，流速之快、瀑布之多，使之无法成为贸易路线。再者，夏季漫长干燥，大部分水会蒸发。你可能会看到马德里曼萨纳雷斯河河底满是沙子，一年中有五个月，首都孩子们都将这里当作海岸。

这就是我不想提及河流的原因。葡萄牙首都里斯本位于塔古斯河之上，是个例外。塔古斯河可供船航行至西班牙与葡萄牙交界处。西班牙北部的埃布罗河也一样，流经纳瓦拉和加泰罗尼亚，可以容纳小一些的船只，大型船只只能在与之平行的运河航行。瓜达尔基维尔河（摩尔人的大河）连接塞维利亚和大西洋，只能通行吃水小于15英尺的船。在塞维利亚和科尔多瓦之间，著名的摩尔首都过去拥有超过900个浴场，后来基督教徒占领该地，人口从200 000减少到50 000，公共浴场从900个减少到0个。瓜达尔基维尔河只能通行小型船只，之后和西班牙其他河流并无差异，成为峡谷河（就像我们的科罗拉多河），阻碍陆地贸易，对水路商业毫无贡献。

总的来说，大自然对西班牙人不太友善。西班牙中心区域有一片高原，低山将其分为两半。北半部称旧卡斯蒂利亚，南半部称新卡斯蒂利亚。分界山脊叫瓜达拉马山。

卡斯蒂利亚是"城堡"的意思，很美，很像西班牙香烟盒，外部标签比内在更吸引人。卡斯蒂利亚就像其他坚硬贫瘠的土地。雪曼将军率部队穿越佐治亚后曾说，一只乌鸦要是想飞过谢南多厄山谷就要带上口粮。不知是有意还是无意，雪曼所言正是2000年前罗马人的观点，罗马人曾说，一只想飞跃卡斯蒂利亚的夜莺必须带好水和食物，不然就会饿死渴死。因为这片高原附近山脉高耸入云，阻碍大西洋和地中海的云朵进入高地。

因此，卡斯蒂利亚要经历9个月的炽热，其他3个月，则暴露在寒冷干燥的风中。冷风无情地扫过贫瘠之地，只有羊能生活下来，唯一茂盛的植物就是草，细茎针茅和哈氏蝇子草，这两种草非常坚韧，可以拿来编篮子。

但是西班牙人称为高地的地区（即"平顶山"，了解新墨西哥州或去克雷泽·卡特探过险的人都不陌生），和普通沙漠非常相似。这样你就能明白，为什么西班牙和葡萄牙比英国大得多，但是人口只有英伦三岛的一半。

要是想了解更多这片土地的贫瘠之处，我推荐米格尔·德·塞万提斯·萨贝德拉的作品。你可能还记得那个"足智多谋的西班牙贵族"，名叫堂吉诃德·德·拉·曼查。曼查是内陆沙漠，卡斯蒂利亚高原所在地，靠近古西班牙首都托莱多，至今土壤贫瘠，不宜居住，毫无用处。曼查这个名字对西班牙人来说并不吉利，原始阿拉伯语指"荒原"。可怜的堂吉诃德是货真价实的"荒野之王"。

曼查自然资源匮乏，环境难以掌控，人类要是不成长为坚韧的劳动力从自然中谋生，就得像普通西班牙人一样，一只小毛驴就能驮起全部家当。国家的地理劣势引发了史上最大的悲剧。

800年前，西班牙属于摩尔人。该地含有宝贵矿藏，被多次入侵。2000年前，铜、锌、银相当于今天的石油。不管哪里，只要有这些金属，敌人都会争夺不休。地中海被分为两大敌对阵营，闪米特人（迦太基人分支，属于腓尼基殖民地，对附属国无情剥削）和罗马人（非闪米特人，但是对附属国的剥削和闪米特人一样无情残酷）开始用掷灌铅骰子的方法（早期铅的主要用途就是灌骰子）算计世界各地财富，西班牙难逃厄运。就像今天，很多地区因为资源丰富而惨遭毒手，西班牙变成了两群唯利是图的土匪争夺的战场。

这些土匪刚刚离开，欧洲北部的野蛮部落就将西班牙当作方便的陆地桥梁，试图借此进入非洲。

后来，17世纪早期，阿拉伯一名骆驼骑手得到神示，建立了众多无名沙漠部落，踏上征途，向占领世界进发。一个世纪后，他们占领了非洲北部，准备入侵欧洲。711年，塔里克驾船驶向猴子岩（欧洲猴子在野外生存的唯一地点），途中没有遇到任何对手，在直布罗陀着陆。过去两百年，猴子岩（和一则著名广告所显示的不同，猴子岩北朝陆地而非海洋）都归英格兰管辖。

在那之后，赫拉克勒斯推开欧洲和非洲山峰挖出来的赫丘力士之柱落入伊斯兰教徒之手。

西班牙人难道未曾成功守护领地抵抗入侵吗？他们尽力了。但是西班牙的地理状况阻碍了合作，山脉平行延伸，河流和深深的峡谷将西班牙分割成众多独立的方形区域。别忘了即使是在今天，西班牙大约5 000座村庄仍然无法和其他区域沟通，他们仅有一条狭窄的小道，行人要在特定时间通行，使人头晕目眩。

也别忘了历史和地理教给我们的事实：西班牙这样的国家会滋生出氏族。氏族确实大有裨益，同宗成员彼此忠诚，且忠于氏族共同利益。但是苏格兰和斯堪的纳维亚半岛也告诉我们，氏族是所有经济合作和国家组织最大的敌人。岛民处于"孤立"状态，除了自己的小岛不关心任何事情。但是他们至少可以偶尔坐在一条船里，花一下午的时间和邻居在一起，或者营救遇难的船员，听他讲讲外面的世界正在发生什么。河谷居民和世界之间隔着无法通行的山脉，他们除了自己和邻居没见过别人。

伊斯兰教徒攻占了西班牙。这些摩尔人住在沙漠，崇敬"部落"，虽然这个观念十分狭隘，后来在强大的领袖领导下，听从国家共同目标，放弃了自己的小算盘。伊斯兰教徒领袖的特点和西班牙不同。西班牙氏族之间彼此斗争，憎恨其他氏族（或者更甚）就像憎恨将其赶出家园的共同敌人一样。

伟大的西班牙解放战争持续了7个世纪，北边基督教小国有说不完的背叛和对立的故事，他们能够幸存下来都是因为比利牛斯山脉屏障，山脉对面就是惹不起的法国，而法国在查理大帝时期模糊地表达过姿态后，就对这些小国置之不理了。

同时，摩尔人将西班牙南部变成了花园。他们知道水是多么宝贵，也爱花草树木，无奈沙漠匮乏绿植。所以，他们修建了大型灌溉系统，进口橘树、枣树、杏树、甘蔗等，利用瓜达尔基维尔河将科尔多瓦到塞维利亚之间的山谷变成巨大的平原或花园，农民每年收成增加了4倍，又利用了流经巴伦西亚最终进入地中海的胡卡尔河，将1 200平方英里的肥沃土地收入囊中。他们还邀请工程师，建造大学，农作物得到科学培育，并修建了西班牙至今拥有的唯一一条公路。他们推动了天文和数学的进步，我们在本书的前几章已经讲过。他们也是欧洲唯一关注医疗卫生的人，耐心促使他们通过阿拉伯翻译将古希腊人的成就带到西方。犹太人也为之工作，其中意义非凡。摩尔人没有将犹太人隔离起来或者虐待他们，而是给他们自由，去发展商业和组织，一切都是为了国家。

后来悲剧还是发生了。伊斯兰教几乎侵占了整个西班牙，基督教徒并不构成威胁。其他的阿拉伯和柏柏尔部落在自己凄惨的沙漠中正经历饥渴，听说了这片人间天堂。穆罕默德的统治是专制的，国家的成功和失败都取决于一个人。在这种环境中，强壮农夫建立起来的王朝逐渐衰败，他们依然辛苦劳作、汗如雨下，嫉妒格拉纳达的阿尔罕布拉宫和塞维利亚的阿尔卡扎宫的欢快生活。内战和谋杀爆发。一个统治家族被驱逐，又有新的统治者涌现出来。同时，西班牙北部出现铁腕人物将氏族结合成小领地，小领地又发展成小国家。于是人们听到了卡斯蒂利亚、莱昂、阿拉贡、纳瓦拉等名字。最终，氏族忘记了世仇，阿拉贡的费迪南德迎娶了城堡之邦卡斯蒂利亚的伊莎贝尔。

这场伟大的解放战争激发了3 000多次激战。教堂将"种族"斗争转变为宗教欲望的冲突。西班牙人成为十字军战士，忠于高尚的志向，要摧毁整个国家，为此西班牙人浴血奋战。摩尔人的城堡格拉纳达被攻占的同年，哥伦布发现了美洲路线。6年后，达·伽马航海驶过好望角，发现了通往非洲之路。因此，就在西班牙人本该夺回家园、继续利用摩尔人用过的潜在自然资源时，天降财富。宗教地位的提升让西班牙人认为自己是神圣的传教士，但其实不过是不寻常（出乎寻常的残忍、贪婪）的强盗而已。1519年，西班牙攻占了墨西哥。1532年，西班牙攻占了秘鲁，随后就迷失了自己。所有远大理想都淹没在滚滚黄金之中，这些黄金由笨重的大型船只倒入塞维利亚和加的斯的仓库。一个人通过掠夺阿兹特克和印加就能晋升为"金领阶级"，当然不会再脚踏实地了。

摩尔人付出的一切辛劳都化作泡影，只好被迫离开。犹太人被成批扔进肮脏的小船，浑身赤裸，财产尽失，船长想把他们扔在哪儿就扔在哪儿。犹太人的心里满是复仇，苦难使他们思维敏锐，对憎恨的西班牙发起反击，插手西班牙每一项事务。甚至连上帝都来帮忙，给这些不幸的受难犹太人一场"黄金梦"，为他们带来一位君主，这位君主一生都没有离开过自己建造的伊斯科利尔宫，宫殿就在荒凉的卡斯蒂利亚平原郊区，在这里，他建立了新的首都马德里。

三大洲的富人和西班牙人都在镇压无信仰者、北边的新教徒和南边的伊斯兰教徒。经历了7个世纪的宗教战争，西班牙人开始相信超自然力量稀松平常，甘愿臣服王室君主，为骤然暴富赔上了性命。

　　伊利比亚半岛塑造了今天的西班牙人。但是西班牙人在几百年间一直无视这座半岛，如今他们能回过头来，放下历史，不过多奢望未来，将伊利比亚半岛变成理想之地吗？

　　他们正在努力，在巴塞罗那这样的城市，人们非常非常努力。

　　工程浩大！多么浩大！

# 11. 法国

一个所有欲望都成为现实的国家

我们经常听说，法国不觉得自己属于世界，法国人民虽然住在大陆，但是比起小岛上经历孤独雨季的英国邻居来说，他们更"具有岛民特性"。简短来说，法国人对一切事务都坚持不懈而又有规划——一概拒绝，不管是地球上多么微小的事情。法国人最自私、最以自我为中心，是所有问题的根源。

要理解这件事，就必须从法国的根源说起。任何民族都起源于泥土和灵魂深处。土壤影响灵魂，灵魂也会影响土壤。二者缺一不可。但是一旦我们掌握了两者的真正内涵，就有了打开一切民族特性的钥匙。

大多数对法国人的控告都是事实。但是第一次世界大战时，法国人也收到了众多赞扬，他们的美德和缺点都是因为地理位置。法国位于大西洋和地中海之间，自给自足，所以以自我为中心。自己家后院就有各种气候和风景变化，有什么出国的必要呢？坐几个小时火车就能从20世纪到达12世纪，从友好苍翠的城堡国到满是沙丘和庄严松树的神秘之地，又有什么必要环球旅行，学习不同语言和风俗呢？自己的吃穿住交流和世界上其他地方提供的一样好，连菠菜都能做成一盘菜（信不信由你），又有什么必要去办护照、信用证，吃糟糕的食物，喝发酸的酒，看阴冷的北方农民呆滞阴沉的脸呢？

当然，可怜的瑞士人除了山什么也没见过，可怜的荷兰人除了有几只黑白奶牛的广阔草地什么也没见过，他们需要出国看看，不然就要无聊死了。德国人迟早会对点缀着不同香肠的三明治和完美的音乐感到无聊，意大利人也不能终身只吃意大利面，俄罗斯人为了半磅人造黄油排6个小时队，肯定也想来顿大餐。

相比之下，法国人真是太幸运了，住在人间天堂，拥有一切，车也很棒，所以法国人会说："我为什么要离开法国？"

有人可能会说地理这个角度可能比较单一，对于了解法国人来说过于片面。我也希望这样的说法合理，但是不得不承认，法国在很多方面都得到了大自然和地理位置的馈赠。

首先，法国气候多变，有温带气候，有热带气候，有居于两者之间的适中气候。拥有欧洲最高的山峰，令人自豪，同时也有多条流经平原的水道，能连接欧洲所有工业中心。如果一个法国人冬天想要滑雪，可以住到阿尔卑斯山西侧分支的萨瓦村庄。如果更喜欢游泳，那就买张票去大西洋的比亚里茨或地中海的戛纳。要是对人感兴趣，想要了解流放的君王，也想知道变成君王的流放者、未来的男演员和过去的女演员、小提琴大师或钢琴家、令君王失望的舞蹈家、聚光灯下渺小而又伟大的人物，法国人只需要搬个椅子到和平咖啡馆，给自己点一杯咖啡和一些奶油饼干，等着就好。早晚会有世界新闻头条中的男人、女人、小孩经过那个角落，不引起任何人的注意。在15世纪，这个场景中帝王或教会最高官员引起的骚乱和大一新生刚进校园一样。

在法国，我们遇到了政治地理学上一个无法解答的谜团。两千年前，欧洲西部平原大部分地区都飘扬着法国的三色旗（国旗日夜飘扬，对法国人来说，一旦升起国旗就不会再取下来，直到岁月和天气使之成为无法辨认的碎布条）。不知为何，大西洋和地中海之间的地区竟然成为全球高度集中的现代化国家之一，当然不是出于地理因素。

有一种地理学理论认为，气候和地理因素对人类命运塑造起到了关键作用。道理都对，只是并非长期定论。大多数时候，事实恰好相反。摩尔人和西班牙人生活在同一片土地上，1200年瓜达尔基维尔河河谷之上的阳光和1600年的一样强烈。但是1200年，水果鲜花得到了照拂，1600年，阳光诅咒般烘烤着荒原，没有水渠灌溉，野草丛生。

瑞士人会说四种语言，但是仍然感觉自己属于同一个国家。比利时人只说两种语言，两个群体却彼此痛恨，周日下午以咒骂对方祖坟为乐。冰岛人在小岛上保持独立，自我治理了一千多年，不受外来者影响，爱尔兰人却从来不知道什么是独立，所以发展成了现在这样。不管医药、科学或者任何事物的标准如何变化，人类的本性始终极不稳定，这一特性对许多奇怪和意外的变化负有责任，世界地图就是这些变化的活生生的证据。我做证，法国就是一个实例。

从政治上来讲，法国似乎是一个国家。但是如果你仔细看地图，会发现法国由两个独立、背对背的区域组成，东南的罗讷河谷面向地中海，北部和西部的坡度巨大的平原面对大西洋。

我们先从这两块区域的历史讲起。罗讷河起源于瑞士，源头距离默兹河只有几英里，和北欧历史的联系就像索恩河（与罗讷河交汇处）与南欧的历史一样紧密。离开日内瓦湖后，其重要性凸显出来，抵达法国丝绸工业中心里昂时和索恩河汇合。罗讷河不宜通航，抵达利翁湾前（地图上的里昂湾名字是错的）宽达6 000英尺，水流湍急，当代蒸汽机难以航行。

尽管如此，罗讷河还是为古代腓尼基人和希腊人提供入口，让他们便于进入欧洲中心。人力和奴隶都很廉价——要将船拉到上游用那些史前的伏尔加河纤夫就好（他们的命运不比他们的俄罗斯同行好到哪儿去），拉到下游也只是几天的事。从罗讷河谷开始，地中海的古老文明对欧洲内陆发起攻击。马赛是该地最早的商业殖民地（目前也是地中海最重要的法国港口），坐落在河口往东几英里处（现在和罗讷河通过水道连接）。虽然没有正对河口，但也是个好地方。马赛成为重要的贸易中心。早在公元前3世纪，马赛硬币就到达奥地利蒂罗尔和巴黎附近区域。很快，整个北部区域都将马赛视为首都。

马赛有过不幸的历史，城民被来自阿尔卑斯山的野蛮部落强烈镇压，于是他们向罗马寻求帮助。罗马人赶到后，顺便驻扎下来。所有沿罗讷河口的区域全部变成了罗马的"省"（provincia）。"普罗旺斯（Provence）"这个名字在历史上有重要意义，无声地表明：是罗马人，而不是腓尼基人和希腊人，认识到这块肥沃的三角区的重要性。

但是在这儿，我们要直面地理和历史谜题。普罗旺斯兼有希腊和罗马文化，气候理想，土壤肥沃，前方正对地中海，后方通往欧洲中部和北部平原，似乎注定会成为罗马继承者，拥有一切天然优势，却将一手好牌打得稀烂。恺撒和庞培产生冲突时，普罗旺斯支持庞培，对手恺撒因此摧毁了马赛。但这只是一件小事。不久后，居民又开始在原来的摊子上做生意，只是文学、礼教、艺术和科学已无法继续发展，都挪向利古里亚海。普罗旺斯变成了一个四周都是野人的文明孤岛。

教皇无法在台伯守护财富和权力（台伯是罗马中世纪的暴民之城，只比狼群略胜一筹，和美国的流氓一样残酷无情），就将王宫搬到阿维尼翁。阿维尼翁曾因修建大型桥梁闻名，是桥梁史上的首次尝试（现在大部分桥都以河底为基座，在12世纪阿维尼翁的举动是世界创举），阿维尼翁还为教皇提供城堡，抵抗了上百次围攻。整整一个世纪，普罗旺斯都是基督教徒首领的家园，这里的骑士踊跃参加十字军，曾有尊贵的普罗旺斯家族继承统治君士坦丁堡。

但是不知出于何种原因，在普罗旺斯，自然馈赠的鲜活、肥沃、浪漫的山谷未得到开发。不少行吟诗人来自普罗旺斯，虽然他们被认为是小说、戏剧、诗歌中行吟诗的创立者，但是也没能让普罗旺斯的方言（奥克语）成为法国通用语。法国北部丝毫没有南部的天然优势，其奥依语（奥克和奥依是法语中"是"的不同形式，仅此而已）却占领了法国，创造了法国，让法国文化的多重祝福传遍世界。但是16世纪之前，没有人预言到事情会这样发展。当时整个平原从南部的比利牛斯山脉蔓延到北部的波罗的海，看起来注定会成为日耳曼帝国的一部分，这是自然造化。然而，当人类忽略了这样的造化，一切都会不同。

恺撒时期，对罗马人来说，法国是欧洲最西部。他们称之为高卢，高卢人是一个神秘的种族，男性和女性都留着金发，希腊人叫他们凯尔特人。那时有两个高卢。一个在波河流域，位于阿尔卑斯山和亚平宁山之间，被称为阿尔卑斯山南高卢，或山侧高卢，金发野人很早就在这里出现。恺撒离开时掷了骰子，然后大胆横穿卢比孔河。另一个是阿尔卑斯山北高卢，或跨山高卢，是其余欧洲人的家园。公元前58—前51年，恺撒远征，和今天的法国关系重大。山北高卢土壤肥沃，当地人不反对税收，是罗马理想的集中殖民地。

北部的孚日山脉和南部的侏罗山脉之间有许多山口，便于大部分步军军队通过。很快，法国大平原就遍布罗马堡垒、罗马村庄、市集、寺庙、监狱、剧院和工厂。塞纳河上的一个小岛是凯特人的家园，他们的房屋建在撑杆上，小岛名叫吕得斯（巴黎西部人首次拥有这块天然堡垒后取名为吕得斯），这座岛成为修建朱庇特神庙的理想之地。这座神庙就矗立在巴黎圣母院的位置上。

从吕得斯出发，通过水路可直达英伦三岛（公元后前400年，英伦三岛一直是罗马盈利最多的殖民地）。在吕得斯，最易观看莱茵河和默兹河之间的骚乱区，是最佳战略中心，慢慢吕得斯发展成为首要中心，管辖罗马最西部。

我曾在地图那一章说过，罗马人如何横穿整座岛屿和内陆地区一直使人好奇，其实没有什么悬念——罗马人选择地点的直觉从未出错，不管是建港口、堡垒还是贸易哨所。随性的观察者经历6周巴黎山谷的雨雾后，可能会问自己："为什么马耳斯人（即罗马人）选择把这个荒凉的地方当作西北部的行政总部？"地理学家会用法国北部地图向我们展示答案。

法国中北部地理状况

千万年前，吕得斯岛正经受连续不断的地震，山脉和山谷都晃来晃去，就像赌桌上的筹码，四层各时期厚厚的岩石被甩掷，彼此交叠，就像用来讨好祖母的中国茶具中的茶托。最低层也是最大的岩石从孚日山脉蔓延到布列塔尼半岛，西边的边沿被埋藏在英吉利海峡水下。第二层岩石从洛林延伸到诺曼底海岸。第三层是有名的香巴尼区域，包围了第四层，称为法国北部，或法国岛。这座"岛"是个模糊的圆，毗邻塞纳河、马恩河、泰韦河和瓦兹河；巴黎就位于正中心，可以说是百分之百的安全地，阻挡了大部分外来入侵者。敌人要想入侵，就要攻占所有岩石层的陡峭外延。巴黎军队虽然没有绝佳防御位置，但是一旦战败可以轻松退避到下一个岩石层，如此反复，直到抵达塞纳河小岛，烧掉几座桥，就能把岛变成无坚不摧的堡垒。

用茶托表示法国中北部

当然，对坚定又全副武装的敌军而言，拿下巴黎也有可能，只是实在太难了。最第一次世界大战就是最好的证明。法国人民和英国人民英勇杀敌，将德国人逐出法国。除却这股英勇，千万年前的地理巧合，也是将东边入侵者全面阻隔的原因之一。

　　大部分国家需要守卫四面边界，而法国只需要集中力量保护好西边国界。法国为了独立奋战将近10个世纪。这或许能解释为什么比起其他欧洲国家，法国能最早发展到高度集权的现代化阶段。

　　法国西部位于塞文山脉、孚日山脉和大西洋之间，天然坐落在群岛和山谷之上，彼此之间阻隔的山脊海拔不高。最西边的山谷位于塞纳河和瓦兹河，与比利时平原通过天然通道相连，这条通道年代久远，很久以前就由圣康坦城守卫。今天，最西边的山谷是重要的铁路中心，1914年，也是德国进军巴黎的主要目标之一。

　　奥尔良在法国历史中扮演着极其重要的角色，塞纳河和卢瓦尔河河谷通过奥尔良（Orleans）衔接。奥尔良位于南北山口，法国的民族英雄圣女贞德又称为"奥尔良的少女"（Maid of Orleans），巴黎最大的铁路站叫作奥尔良火车站（Gare d'Orléans）。中世纪时，装甲部队的骑士为了奥尔良打仗。今天，铁路公司也在争夺该地。世界在变化。但是变化的可能性越大，不变的情况就越可能发生。

　　卢瓦尔河和加龙河河谷之间由铁路线连接，这条铁路线靠近普瓦捷。732年，查理·马特在普瓦捷抵御摩尔人进军欧洲，1356年，黑王子完全歼灭法国军队，此后法国就在英国统治下度过了百年。

　　加龙河河谷宽阔，南部是有名的加斯科涅，精力充沛的达塔尼昂和尊贵的亨利国王四世都来自加斯科涅，加斯科涅和普罗旺斯、罗讷河谷通过加龙河上的图卢兹到纳博讷之间的河谷连接起来，这条河谷过去位于地中海，碰巧成为罗马在高卢最古老的居住地。

莱茵河、默兹河及其三角洲

就像所有史前公路一样（这条河谷在历史撰写之前就被使用了上万年），这条河谷成为收入来源。人类一出现，就有了敲诈勒索投机倒把的戏码。如果你对此有所质疑，去世界的任何一个山口，在那儿待着，找到一千年前最狭窄的路。就在那儿，你会发现数座到数十座城堡废墟。如果你对古代文明有所了解，不同的岩石层会告诉你："公元前50年，公元后600年、800年、1100年、1250年、1350年和1500年，有劫匪给自己盖了堡垒，向所有过路旅行队索要贡品。"

有时你会惊讶地发现那里没有废墟，只有繁荣的城市。众多塔、V形棱堡、外护墙和卡尔卡松防御工事会表明，这样的繁荣得要多坚实的堡垒才能在雄心勃勃的敌人袭击下幸存下来。

这就是法国普遍的地形。我来补充几个关于法国人——这些住在地中海和大西洋中间的人所具有的普遍特性。他们有一个共同特征——平衡感和比例。如果"逻辑"这个不幸的词和干燥、单调、迂腐无关的话，法国人还是很想努力拥有它。

确实，法国拥有欧洲最高山峰。虽然只是巧合，但是勃朗峰峰顶就在法国。普通法国人不关心冰雪，就像美国人不关心彩绘沙漠。他们最喜欢的是默兹河区域、吉耶纳、诺曼底、皮卡第大区的连绵山峰，是种着高耸杨树、供大型平底船航行娱乐的河流，是夜间弥漫在山谷被华托画成画的迷雾。法国人了解最多的是小村庄，这些村庄从未改变（任何国家中最强大的力量）；一些小镇的居民们过着或者试图过着他们的祖先50年或500年以前过的那种生活，巴黎最好的生活、最好的思想1 000年前就一起消失了。

法国人并不像我们在第一次世界大战时听说的那么感情用事，他们也不是梦想家，是足智多谋而又迫切的现实主义者。法国人脚踏实地，知道人生只有一次，70岁是他们所期待的，所以想尽可能舒服地活着，不浪费任何时间幻想美好世界。生活就是如此，充实地活着！既然食物是为文明人准备的，就要用最好的烹调方法来做哪怕是最差的食物。酒从救世主出现就适合基督教徒，所以要做好酒。上帝用智慧在地球上放满悦目、悦耳、悦鼻之物，我们不要沉溺于拒绝，不要高傲地拒绝神的馈赠，要分享，听从大智大勇的上帝给我们的启示。众人拾柴火焰高，所以要和家人相互依存，家庭和个人之间祸福相依，家庭也是构成社会的基本元素。

巴黎

这就是法国生活理想的一面。当然还有另一面，并不温和的一面直接产生于我在前面列举过的那些特征。家庭不再是美梦，而是噩梦。数不尽的爷爷奶奶统治家族，他们的存在就像刹车器，阻碍一切进步。为儿孙储蓄的优秀美德催生出打砸抢偷的恶习，生活节制吝啬，包括在帮助邻里的时候也是如此，没有邻里之间的帮助，文明就会死气沉沉。

但是总的来说，普通的法国人不管等级或身份多么低下，似乎都会带着哲学生活，哲学让他无须远行就了解甚多。第一个原因在于，这样的法国人对世界没有什么雄心。他知道人人生来就不平等。别人告诉他，在美国，每个男孩最终都渴望成为他当职员的这家银行的总裁。这又怎么样？法国人根本不想承担责任。三小时的午餐时间会变成什么样？拿到银行总裁的工资固然很好，但是牺牲的舒适度和幸福感也太大了。所以法国人选择勤奋工作，妻儿也都如此，整个国家都工作、节俭、活出自己而不去迎合别人，这就是一种智慧，不会有人暴富，但是能更好地保证最终获得幸福，而非依靠其他地方传播的成功学。

不管我们什么时候到达海边，我都不会告诉你岸边的人们热衷捕鱼。这是明摆着的事实。不然你还想让他们干吗？喂牛还是挖矿？

但是当我们碰到农业，就要好好探索一下。在大部分国家，过去一百年的人口都被吸引到城市，但是足足60%的法国人还住在乡下。今天的法国是欧洲唯一能抵抗长期包围，无须从国外进口粮食的国家。祖先的耕种方法慢慢让路于当代的科学耕种，如果法国农民能不再像查理大帝和克洛维时期的太祖父那样犁地，法国未来就能完全自给自足。

能让农民留下来的是他对自己土地的所有权。农场可能不太像样，但是总归是农民自己的。英国和普鲁士东部属于旧世界，农田广阔，土地属于不太明确的遥远的地主。法国革命赶走了地主，不管是贵族还是牧师，把他们的财产分给小型农户。这对地主来说非常艰难，但是他们的祖先也是通过掠夺才获得了这些财产，其中又有什么区别呢？事实证明，这一举措对国家来说百利无害，超过一半的法国人开始从国家福祉中获益。不过万事皆有利弊。重新分地可能会激起民族主义，这也是法国人地方主义的源头。每个法国人即使搬到巴黎也依然忠于故乡村庄。所以巴黎满是招待特定区域旅行者的小酒店，我们可以类比想象芝加哥人、卡拉马组人、弗雷斯诺人或者来自马头的纽约人在纽约也只光顾某些旅店。因此，法国人完全不愿去其他国家。在家就能幸福快乐地活着，为什么要去别的地方呢？

除了农业，葡萄酒制作也是让大量法国人依恋土地的原因。加龙河整个河谷都贡献给葡萄文化。波多尔有一座城市靠近加龙河口，位于含有大量泥沙的平原北部，叫作兰德斯，是葡萄酒出口中心，就像地中海的塞特是罗讷河炎热河谷运输葡萄酒的港口一样。在兰德斯，牧羊人走路用高跷，羊群可以一整年都待在外面。勃艮第科尔多省的葡萄酒都集中在第戎，香槟在法国古老的加冕城市兰斯进行勾兑。

谷物和葡萄酒无法供养人口时，工业就开始发挥作用。法国古代君王可不止是傲慢的傻瓜，他们压迫人民，在美丽的凡尔赛女人身上浪费的东西不计其数。这些君王把庭院修建成时尚和文明生活的中心，世界都蜂拥而至学习他们华丽的风俗，学习吃饭和用餐之间的不同。最后一任君王蜷缩着被扔进巴黎墓地的石灰堆上已经一个半世纪了，直到今天，巴黎仍能引领全球的穿衣风格和方式。这些为欧洲和美洲提供重要奢侈品的行业都位于法国北部和中部，满足大部分人的喜好，为数百万女性提供工作。广阔无垠的花海里维埃拉盛产香水，一瓶6到10美元（很小一瓶，对本国无法生产的物品征税真是明智）。

后来，法国发现了煤炭和铁，皮卡第大区和阿图瓦出现乏味恶心的煤渣、矿渣堆，这些垃圾堆在蒙斯战役中发挥了重大作用。当时，英国人奋力抵抗德国入侵巴黎。洛林成为铁工业中心，中部高原生产钢铁。战争结束后，法国人匆匆占领阿尔萨斯，该地为法国提供了更多钢铁，德国统治的最后50年间，阿尔萨斯几乎全部转向纺织业。近代发展让1/4的法国人今天都在工厂工作，他们可以自豪地说法国的工业城市看起来和英国、美国的一样可怕、丑陋且毫无人性。

# *12.* 比利时

种种文件创造的国家，缺乏内部和谐

比利时人的现代王国由三部分组成：北海沿岸的佛兰德平原，佛兰德和东边山脉之间富有铁和煤炭的低地高原，以及东部的阿登山脉。默兹河流经阿登山脉时百转千回，连接北部稍远低地国家的沼泽。

钢和煤炭都集中在列日省、沙勒罗瓦和蒙斯，这些城市富饶多产。未来德国、法国、英国的煤炭和钢消耗殆尽时，比利时也许会为世界提供这两样生活必备品。

虽然幸运地成为德国口中的"重工业"国家，但是比利时至今没有一个好港口。英吉利海峡沿岸水浅，有最复杂的沙洲和浅滩系统保护，没有对应建造英吉利港口。比利时人在奥斯坦德、泽布勒赫、尼乌波特造了人工港口，但是最重要的港口安特卫普距离北海40英里。斯凯尔特河最后30英里流经荷兰，看起来略微荒唐，按照地理，这种流向"并不自然"，但是，庄严的国际会议代表签署了种种文件，无法避免这样的非自然现象，世界的运行方式由此决定。我们应该先了解一下相关的历史，比利时常常召开各种国际会议，议员们面对他们的领导，坐在绿色会议桌前决定世界的命运。

煤的形成过程

罗马的贝尔吉卡居住着凯尔特人（凯尔特人也是英国和法国最早的殖民者）和众多德国小部落，他们被迫承认罗马封建主的地位。罗马往北横跨佛兰德平原，越过阿登山脉，最终到达无法逾越的沼泽之地，就在这片沼泽之地上，荷兰王国诞生。旁边是查理曼帝国的一个小城市。843年，灾难般的《瓦尔登条约》将这座城市划给洛泰尔王国。后来又被分成众多半自立的公爵领地、县城和主教管辖区。接下来，中世纪最具竞争力的地产操控者哈布斯堡家族得到这块土地。但是哈布斯堡家族的目的不是钢和煤炭，他们要的是农地稳妥的利润和贸易的快速收益。所以比利时东边（也是最重要的区域）成为半荒野状态。佛兰德得到机遇发挥潜能，14世纪和15世纪期间，成为欧洲北部最富饶的地区。

中世纪，中型船能航行到佛兰德内陆深处；这里早期的统治者都是杰出人才，鼓励工业化发展，不像其他封建酋长紧抱农业，蔑视资本主义，情感诚挚到就像教堂对贷款赚钱发自内心的鄙夷。这样的地理优势和人才优势让佛兰德发展起来。

有了明智的政策，布鲁日、根特、伊普尔、康布雷富可敌国，其他国家只有得到统治者应允，才能开展相同的工作。这些早期的资本主义工业中心渐渐衰败，是由地理和人为——人为更多些——的综合因素造成的。

地理的贡献体现在北海洋流转向，布鲁日和根特的港口面对北海，正因如此，港口内部有大面积泥沙，两座城市因而成为内陆城市。劳动协会（同业公会）建立之初权力极大，逐步退化成专制的、目光短浅的组织。它们的存在没有什么其他目的，只是为了减缓和阻挠任何已有的工业生产形式。

当地古老王朝结束后，佛兰德暂时被法国人占据，且无人侵扰，海关官员和工会代表将佛兰德变为寂静的小农场，生活愉悦，房屋也都粉刷成白色，到处都有美丽的遗迹，这样的景色可以激励英国老妇人拿起最亮丽的水彩画笔。佛兰德古老住宅区光亮的小石头间，青草从未停止生长。

从人到防波堤

宗教改革补充了剩下的比例。佛兰德曾短暂地追捧过路德教义，之后一直忠于母教。北方邻居获得独立时，荷兰急于关闭旧敌人残留的最后港口，比利时的安特卫普和欧洲其余区域隔绝，整个国家陷入长久的冬眠期，直到瓦特蒸汽机需要原材料，世界才注意到比利时丰富的自然资源，从此比利时崛起了。

外来资本赶往默兹河河谷，不到20年，比利时就成为欧洲工业大国。那时，比利时一部分瓦龙人居住区或法国区（布鲁塞尔西边的一切）才得以正名，虽然只占总人口的42%，但是很快就成为整个比利时最富有的区域，佛兰芒人遂成为一半被占领的农民种族，只能在厨房、马厩里听得到佛兰芒语，文明家庭的会客厅绝不会有人说这种话。

更复杂的是，1815年，维也纳会议本该让世界永久和平（就像一世纪前的凡尔赛会议），但却让比利时和荷兰合并，成为一个独立国家，这样北方就能有足够的力量制衡法国。

比利时人起义反对荷兰人，法国人（正如预期）赶来协助比利时，这场奇怪的政治联姻止于1830年。大国（比通常晚了一些）纷纷干预进来。维多利亚女王的叔叔科堡王子（利奥波得叔叔是一位非常严肃的绅士，对小侄子影响深远）刚拒绝希腊封王请求，后来成为比利时国王，毫无怨言。新王国大获成功。斯凯尔特河河口由荷兰人掌管，安特卫普又一次成为欧洲西部最重要的港口之一。

这些强大的欧洲力量曾经正式公布比利时"中立"。但是利奥波得国王（利奥波得王朝建立者的儿子）十分精明，不相信这样"远离草地"标语式的文件。他努力工作，让比利时不再是第三等级的小国家，只能衬托邻居的高贵。一位名叫亨利·斯坦利的绅士从非洲中心回到比利时后，利奥波得劝说他到布鲁塞尔来，游说中，刚果国际协会诞生了，比利时顺理成章成为当代全球最大的殖民力量之一。

位于欧洲北部最繁华的中心地带，今天的比利时面临的最大问题不再是经济问题，而是种族问题。占多数的佛兰芒人在通识教育、科学、文化等方面都在飞速赶上占少数的说法语的瓦龙人。他们开始索要比利时的部分管辖权。自从比利时独立，佛兰芒人就被区别对待。他们坚持要求佛兰芒语和法语完全平等。

但是我还是先别碰这个话题，我也很疑惑，不知道其中缘由。佛兰芒人和瓦龙人来自同一个种族，共同发展了将近20个世纪。但是他们就像猫和狗一样活着。下一章我们会遇到会说德语、法语、意大利语和罗曼什语（一种奇怪的罗马语，存在于恩加丁山脉之间）四门语言的瑞士人，这四门语言和平共处。其中必然有奥秘，我愿意承认这确实超越了我的认知。

# 13. 卢森堡

激发历史求知欲的地方

谈论瑞士之前，我应该提一下这个让人好奇的独立小国，如果不是因为在世界大战早期中的重要作用，可能没有人知道它的名字。卢森堡（"小"堡垒）只有25万人口，祖先居住时卢森堡还只是比利时的一个罗马省。但是在中世纪，其资本力量非常重要，是世界上"坚不可摧"的堡垒之一。

法国和普鲁士，谁应该拥有卢森堡，和卢森堡的重要性，在1815年维也纳会议上得到答案。维也纳会议让卢森堡独立，受荷兰国王统治，作为对荷兰人失去在德国的祖传领地的补偿。

19世纪期间，卢森堡曾两次引发德国和法国战争。为了防止未来发生此类事件，堡垒都被拆除，卢森堡被正式宣布持"中立"立场，和比利时一样。

战争爆发时，德国要入侵法国，就必须借道北部和东部平原，这样就无须强攻险峭的西部荼托屏障（见法国章节），德国人因此打破了卢森堡的中立状态。1918年以前，卢森堡一直归德国管理。即使到了今天，卢森堡因为拥有大量铁矿，还没有完全脱离危险。

# *14.* 瑞士

一个拥有高耸山峰、优秀学校、说四种语言的统一民族国家

瑞士人习惯叫自己的国家赫尔维西亚联合体。赫尔维西亚人习惯拿着22个独立共和国的硬币和邮票，这些国家的代表聚集在伯尔尼首都，共同探讨故乡事宜。

从世界大战开始，大部分瑞士人（70%的人说德语，20%说法语，6%说意大利语，2%说罗曼什语）多多少少支持德国（尽管都保持严格中立）。维多利亚中期，英国的知名艺术家在英国创作了赫尔维西亚女神头像，这个头像第一眼看起来更像一个英国人。不知怎么的，威廉·退尔，这位理想化的年轻英雄的形象有取代赫尔维西亚女神的倾向。赫尔维西亚硬币和邮票上的神明的矛盾（不局限于瑞士，几乎每个国家都有这样一两个奇怪的问题）清晰地表明，瑞士共和国具有双重属性。对外界来说，这种双重性都不重要。外来人士眼里只有瑞士风景如画的山脉，本章我将讲述这些山脉。

阿尔卑斯山从地中海延伸到亚得里亚海，有大不列颠岛两倍长，占地面积和大不列颠岛相同。山上16 000平方英里都属于瑞士（丹麦就这么大），在这16 000平方英里中，12 000平方英里覆盖

着森林、葡萄园或零星牧场，属于适宜生产区。其中，4 000平方英里要么是大型湖泊，要么是悬崖峭壁，毫无用处；700平方英里都是冰川。所以，瑞士每平方英里人口250人，比利时655人，德国347人。但是挪威每平方英里只有22人，瑞典35人，所以有人认为瑞士只是高山度假区，只有酒店老板和客人居住，这样的观念稍有偏颇。瑞士人除了会做奶制品，还将阿尔卑斯山和图拉山之间的北部宽阔高原变成欧洲最繁荣的工业国家之一。这样的创举离不开原材料。瑞士水资源超级丰富，又享有欧洲中心的有利地势，使这个赫尔维西亚共和国的产品，悄无声息而又持续不断地流入周边国家。

我在前面一章节试图描绘这块多山复杂区域的起源，就像讲述阿尔卑斯山和比利牛斯山一样。我曾说，拿出6条干净的手帕，展开，把它们叠放在一起，然后挤压，看看这样挤压产生的褶皱、折痕、双向圆圈和压痕。放置6条手帕的桌子是花岗岩（数千万年的花岗岩）本来的基底或核心，年轻石层在其上叠放数千万年，成为奇形怪状的山峰，其后数千万年，风吹雨淋、冰打雪飘塑造了山峰的形态和角度。

这种大幅度的折叠从平原上10 000到12 000千英尺的位置开始，慢慢扭曲成一系列平行山脊。但是在瑞士中心（在圣哥达山口的安德梅特村庄位于瑞士中心），这些山脊遇到大量复杂的山峰（所谓的圣哥达山），莱茵河因此流入北海，罗讷河流向地中海，还带来了山间河为北部的图恩湖、卢塞恩湖、苏黎世湖及南部的意大利湖泊提供水源。这片冰川、悬崖、河谷区深不见底，鲜少阳光照射，在经常发生雪崩的地区和不可逾越的山间溪流区，不少冰川融化，水流冰冷，但是绿意葱葱，瑞士共和国就在这里发展起来。

瑞士

　　和其他国家一样,实用政策和地理特性结合让瑞士有机会独立。1 000年来,无法通行的河谷里都是半野蛮的农民,他们被强大的邻居远远甩在身后。没有东西可掠夺,打起骄傲的帝国大旗有什么用呢? 这些野人能得到的最好的东西就是几头牛。但是他们很危险,擅长游击战,巨石从山上滚下足以把一队士兵压成羊皮纸。所以没有人理睬瑞士人,就像大西洋沿岸的殖民者对阿勒格尼山脉附近居住的印第安人视而不见一样。

　　教皇职权越来越大,从十字军开始,意大利商业发展愈加强势,需要德国到意大利更直接方便的路线,不然欧洲北部就要借道圣贝纳尔山口(需要很长一段路,要经过里昂、整个罗讷河河谷及日内瓦湖)或勒伦纳山口,穿过哈布斯堡家族的领地,关税之高令人无法忍受。

140

山口

那时，翁特瓦尔登州、乌里州、施维茨州（州即指瑞士独立共
和国或区域）的农民决定联手，每人拿一点钱（天知道他们本来就
没多少钱）修建公路，从莱茵河河谷修到提契诺河河谷。他们需
要一些岩石，岩石太过坚硬，用镐无法移动（试试不用炸药造一
条山路！），就做好狭小的木头装置，挂在山壁上，作为绕过石头
的路，然后在莱茵河上修建古老石桥。此前，除非在夏季自己游过
去，不然无法通行。4世纪前，查理大帝时期的工程师曾研究过部
分路线，但是并没有完成这项工程。到13世纪末期，已经有商人带
着骡子队经过圣哥达山口从巴塞尔到达米兰，这一趟下来，最多损
失两三头骡子，比起被滚落的石头砸伤腿，算是幸运很多了。

我们听说早在1331年山口上就有救济院。虽然直到1820年才通
行马车，但是这条路很快就成为南北商业最受欢迎的路线。

翁特瓦尔登州、乌里州、施维茨州的这些好人经历了各种麻烦，却只拿到了一点报酬。国际通道带来稳定收入，影响着卢塞恩和苏黎世，这些善良的农民获得了独立感，这种独立感在他们对抗哈布斯堡家族时起到了重要作用。有趣的是，哈布斯堡家族也起源于瑞士农民，不过他们不会在阿勒河与莱茵河交汇点附近的鹰之城家谱中提及。

我对我这种乏味的介绍表示歉意。但是，正是这种从繁忙的阿尔卑斯山商道上获得的有形收入，而不是虚构的威廉·退尔的勇敢，促成了现代的瑞士共和国的创立和发展。今天，瑞士共和国的政体非常有趣，坚实依靠于世界上最高效的公立学校系统，政府运行顺利高效。瑞士由上议院运行——一种经理董事会——共有7位成员，每年由上议院指定一位新主席（通常是前一年的副主席），约定俗成主席这一年来自德语区，下一年就要来自法语区，再下一年要来自意大利语区。瑞士公民回答谁是主席时都需要思考一下。

但是瑞士主席和美国总统截然不同，他只是联邦执行部的临时主席，通过7位议员，传达联邦执行部的意愿，除了主持联邦委员会会议，也是外事大臣，但是职位微不足道，所以没有官方住所。所以瑞士没有"白宫"。需要招待尊贵客人时，就会由外事办公室举办聚会，这种聚会很像小山村的简单聚会，而不是法国或者美国那样半皇室的接待。

行政部的细节太过烦琐，在此不提，但是游览瑞士阿尔卑斯山人经常可以注意到，某个地方有一个机灵又诚实的人在不断地观察，所有工作是否都已明智诚恳地完成。

征服屏障

　　比如铁路建设，其中当然会遇到不计其数的困难。连接意大利和欧洲北部的两条主干道直直穿过阿尔卑斯山瑞士部分。塞尼山隧道连接巴黎和都灵（萨瓦的古代首都），会经过第戎和里昂。勃伦纳线直接连接德国南部和维也纳，虽然横跨阿尔卑斯山，但是途中没有任何隧道。辛普朗线和圣哥达线不只挖了隧道，还可以登山而行。圣哥达线更老一些，建造于1872年，10年后完工。其中有8年时间都在挖隧道，隧道长达9.5英里，最高部分海拔在4 000英尺。

比隧道更有趣的是瓦森和格舍切之间的螺旋隧道。山谷太过狭窄，无法容纳单个轨道，铁路不得不穿山而过。螺旋隧道外部还有95个其他隧道（有几个长达1千米），9座大型高架桥和48座桥。

阿尔卑斯山北第二重要的公路是辛普朗公路，辛普朗公路让我们能通过第戎、洛桑、罗讷河谷布里格端从巴黎直接到达米兰。拿破仑修建了250座大桥和350座小桥，10条长隧道，才算完成辛普朗山口公路的建设。一个世纪后，1906年，辛普朗公路通行，是世界上最伟大的公路建设工程。辛普朗公路比圣哥达公路建造更容易。圣哥达公路前方是缓慢上升的罗讷河谷，直到达到海拔2 000英尺处，隧道才开始修建。这条隧道长12.5英里，双轨，勒奇堡隧道也是如此（9英里长），连接瑞士北部、辛普朗公路和意大利西部。

奔宁阿尔卑斯山山脉狭窄，气候独特，辛普朗铁路运行其间。在这块四方区有不少于21座高达12 000英尺的山峰，140座冰川供应溪水，溪水湍急，有时会在国际快车到达几分钟前冲散铁路桥，令人恼火。但是从未见过水势留下的残骸，大家都对瑞士铁路工人的工作效率有着极高的赞誉。但是我之前说过，瑞士是个有些僵化、官僚式的共和国，没有什么事可以凭运气。生活太艰难太危险，温和的"糊涂"哲学无法盛行。无论在什么地方，总有人正以某种方式永恒地注视着，观察着，注意着。

瑞士人准时高效，但是并未因此获得艺术成就，这是人尽皆知的。在文学和艺术——绘画、雕塑、音乐——领域中，瑞士从未有名扬国际的作品。不过，政治经济发展了百年，"艺术"国度在世界数不胜数，万事顺利的国家却屈指可数。普通瑞士人和他的妻子都能适应瑞士体制。我们又能说什么呢？

# 15. 德国

建立之时已太迟

方便起见，我把欧洲不同国家按照种族或文化进行分组，之前讨论过的那些国家都曾是罗马殖民地，随后才成为独立政体。

罗马也曾攻占巴尔干，至少有一个国家（罗马尼亚）的母语仍是拉丁语。但是中世纪蒙古人、斯拉夫人、土耳其人的入侵完全毁掉了当地的罗马文明，破坏性之大让我们至今难以谈论巴尔干君王，所以我要告别地中海系列影响，继续讲述其他文明形式，比如日耳曼文明，我们要讨论的是以北海和大西洋为中心的文明。

有一块广阔的半圆平原（我在法国章节提到过），从俄罗斯山脉东边一直延伸到比利牛斯山脉，第聂伯河、北德维纳河、涅瓦河、伏尔加河都起源于俄罗斯山脉东部。日耳曼部落开启西部神秘迁移后，半圆平原的南部由罗马掌管。平原东部似乎已被斯拉夫游牧人占领，他们的人数老不见少，被打死了多少，很快就会增加多少，他们和澳洲的兔子一样，战无不胜。所以饥饿的日耳曼入侵者出现时，只剩下一大块方形区域，从东边的维斯图拉延伸到西边的莱茵河三角洲，波罗的海是北部分界线，南边有一排罗马碉堡，提醒新人他们进入了"禁区"。

这块方形区域的西南是山脉。首先，莱茵河西岸是阿登山脉和孚日山脉，然后从东到西依次是黑森山、蒂罗尔山、厄尔士山（矿山，今天的波希米亚）、瑞森格波尔山（Riesengebirge），最后是一直延伸到黑海的喀尔巴阡山脉。

由于地势的原因，这里的河流被迫流向北方。按照从西向东的顺序看，第一条河流是莱茵河。莱茵河最具诗情画意，非常现代化，人们对莱茵河的抢夺远胜于其他水域。亚马孙河是它的5倍长，密西西比河和密苏里河是它的6倍长，连非传统意义上的俄亥俄河都比莱茵河长500英里。然后是威悉河，河口处有现代城市不来梅。再者是易北河，塑造了今天的汉堡。还有奥得河，柏林和内部工业城镇的产品出口港口，诞生了斯德丁。最后是维斯瓦河和维斯图拉河，附近有但泽，但泽现在是自由州，由国际联盟指定委员管理。

千万年前，北部冰川覆盖，消退时在北海留下大量泥沙，波罗的海变成无路可走的泥沼。慢慢地，北边的沼泽变成沙丘边沿，沙丘从佛兰芒蔓延到普鲁士，靠近俄罗斯边界的古都哥尼斯堡。随着沙丘的扩大，沼泽地得到了保护，不再受到海浪的冲刷。随后出现植被，土壤适宜树木生长，森林就出现了。这些远古森林变成炭区，为我们的祖先提供了无尽的优良燃料。

北海和波罗的海是这片平原北部和西部的边界，它们被尊称为"海"，其实只是很浅的池塘。北海平均水深只有60英寻（1英寻等于6英尺），最深处也不超过400英寻。波罗的海平均水深大约36英寻，而大西洋平均水深2 170英寻，太平洋2 240英寻。这些数据表明，我们最好还是把北海和波罗的海当作淹没的河谷。地面一点微小的上升都会再一次让他们成为干涸的土地。

下面我们看一下德国陆地地图。我指的是当代地图，冰川消融，人类开始永久定居在这片古老大陆。

德国

这些早期移民者是野人。他们捕捉野生动物，培育谷物，但是有绝对美感，居住地没有金属装饰物，他们就会外出寻找金银。

下面的论述对很多读者来说可能会形成缓慢的冲击。初期的贸易路线非常奢华，全球种族之间的早期竞争都是奢华的。商人前往波罗的海寻找琥珀，一种石化树脂，有时会出现在牡蛎体内，罗马妇女用作头饰、耳饰或首饰。罗马人借此悉知欧洲北部地理概况。从而，琥珀引发了太平洋和印度洋海航探索，虔诚教徒也想通过海航把福音书传给异教徒，但这个原因远不如前面的重要。

更多船只去往巴西、马达加斯加和马鲁古群岛，不是为了寻找鲱鱼、沙丁鱼或其他有用的食物，为的是龙涎香。不幸的抹香鲸胆病发作，肠管内部产生龙涎香。龙涎香可做香水，闻起来就像花香，具有异国情调，食物只能是食物，远不及龙涎香有趣。

时尚发生变化，17世纪女性在外衣下穿起束胸（束胸由鲸鱼骨制成，12道菜的晚餐会影响身材），这种变化直接影响到我们对北极的了解。巴黎女人用鹭毛装饰帽子，猎人就猎捕白鹭取其头顶羽毛（这种最可爱的鸟类会因此灭绝，但是猎人丝毫不在意），要捕白鹭就要去往南边咸水湖，他们日常谋生从未到过此地。

这样的事我能列举出十几张纸。总有人仰慕昂贵的稀有物，他们挥霍，希望能给贫穷邻居留下印象。历史的起点，奢华，而非日常所需，就是先锋部队探索的动力。仔细学习史前日耳曼地图，就能发现古老奢华路线，大部分和中世纪以及现代路线相同。

来看看3 000年前的条件。南部山脉哈茨山脉、厄尔士山脉、瑞森格波尔山（Riesengebirge）都坐落在距离海洋几千英里处。从北延伸到北海和波罗的海的平原很久以前是一片沼泽，现在覆盖着葱郁森林，随着冰川消融，流向斯堪的纳维亚和芬兰，人类开始占据这片荒原。罗马人占据了莱茵河和多瑙河沿岸，南部山脉之间住着不少部落，他们发现砍树卖给罗马人能得到报酬。早期，日耳曼游牧部落和农民几乎没有人不知道罗马人。曾有罗马远征队试图去往日耳曼中心，但是在黑暗的满是水的河谷里遭到埋伏，全军覆没，此后再无罗马远征队尝试。但是这不意味着德国北部彻底与世隔绝。

史前，从西到东、从伊利比亚半岛到俄罗斯平原的贸易路线紧随比利牛斯山脉到巴黎的路线要穿过普瓦捷和图尔，我在法国那一章曾提到过这两个地方。随后，这条路线环绕阿登山脉，沿欧洲中部高地郊区行进，直到抵达俄罗斯苏维埃联邦共和国占领的北部低地。往东要穿过很多河流，通常会从水浅的方便之地穿行。罗马诞生在台伯河的一个浅滩，而德国北部最早的城市却是由史前时期和有史时期初期的移民村落发展而成的。这些村落的原址就位于今天的汽车加油站和杂货店。汉诺威、柏林、马格德堡、布雷斯劳都是这样发展起来的。莱比锡是原来斯拉夫中心的一个小村子，发展过商业、银、铅、铜、钢这样的矿产在撒克逊山被装箱，送到河边卖给商人，他们用矿物的收入修建欧洲东西走向的公路。

当然，一旦这条公路到达莱茵河，水路就开始和马车竞争，马车主要用来横跨大陆。水路比陆地交通更经济实惠，也更方便，在恺撒看到莱茵河之前很久，肯定就有木筏将斯特拉斯堡（莱茵河在斯特拉斯堡与法兰克尼亚、巴伐利亚州、符腾堡交汇）的货物带到科隆，途经低地国家的沼泽地带，最终到达英国。

虽然柏林和耶路撒冷有着天壤之别，但是两座城市有相同的地理特征——起源于重要的商贸路线交汇处。耶路撒冷位于巴比伦王国到腓尼基、大马士革到埃及的旅行路线上，在犹太人听说之前就是重要的贸易中心。柏林位于从西到东、从西北到东南（用现代话说就是从巴黎到彼得格勒，从汉堡到君士坦丁堡）交汇的水路之上，注定成为第二个耶路撒冷。

中世纪时期，德国由众多半自立州组成，直到300年前，还没有任何迹象表明，有一天这个欧洲西部平原会成为世界领先力量。有趣的是，十字军运动的失败催生了现代德国。亚洲西部没有可侵占的土地后（伊斯兰教徒对基督教徒来说远不只是对手），欧洲无权无势的人开始寻找其他农业财富。自然而然地，他们想起了位于奥得河和维斯图拉河交汇处的斯拉夫，斯拉夫机遇良多，居住的都是野蛮的异教普鲁士人。一支十字军队伍搬迁，带着锁、库存和桶，从巴勒斯坦移到普鲁士东边，商业中心也从加利利的阿卡转移到玛瑞伯格城堡（marienburg），距离但泽30英里。200年来，十字军和斯拉夫人对抗，把西边过来的贵族和农民安置在斯拉夫的农场里。1410年，十字军骑士在坦纳贝格战役中遭受波兰人重创，1914年，德国军队在兴登堡歼灭俄罗斯军队。尽管遭受了巨大打击，十字军骑士幸存下来，在宗教改革时，起到了非常重要的作用。

同一时间，十字军由霍亨索伦王室成员统领。这位骑士团大头领不止加入了新教，还接受马丁·路德的建议，宣称自己为普鲁士公爵继承人，但泽海湾的哥尼斯堡是他的资产。15世纪中期，霍亨索伦王室另一勤奋精明的部落开始处理勃兰登堡的泥沙；17世纪早期，掌管哥尼斯堡。100年后（准确地说是到1701年），勃兰登堡的新来者觉得自己足够强大，渴望得到比"选帝侯"更高的级别，于是发起骚动，自己封王。

神圣罗马帝国君王乐见其成。除了不能损人利己，哈布斯堡家族也愿意给好友霍亨索伦家族提供服务。他们不是同一个俱乐部的成员吗？1871年，普鲁士霍亨索伦王室第七任国王成为联合德国第一位君王。47年后，第九位普鲁士国王，即第三位德国君王，被迫退位，离开国家。霍亨索伦王室由十字军破败残余组成，最终成为伟大的工业资本时代最强大、最高效的力量。

但是现在，一切都结束了，霍亨索伦王室的最后一代在荷兰砍树，我们也许应该对他们客气一些，承认这些蒂罗尔山山民能力极强，或者至少聪明到能使聪明人成为他们的奴仆。要知道他们原来的领地没有任何天然优势。普鲁士在这之前就是农田、森林、沙子和沼泽，没有任何能出口的产品，因此无法得到任何国家的贸易青睐。

德国人发现了从甜菜中提取甜菜糖的方法，事情有所好转。但是蔗糖可以从西印度群岛船运过来，比甜菜糖便宜，普鲁士人和勃兰登堡人赚不到钱。拿破仑在特拉法尔加战役中失去海军队伍后，决定通过"倒置封锁"的方法摧毁英国，此举迅速激起对普鲁士甜菜糖的需求，消耗量稳定。同时，德国化学家确定了钾的价值，普鲁士有大量钾矿，终于能为外来市场贡献一点力量了。

霍亨索伦家族一直都很幸运。拿破仑失败后，普鲁士获得莱茵河流域。工业革命高度重视煤炭和钢铁，普鲁士的价值得以体现。意外的是，普鲁士拥有全球最丰富的矿和煤炭场。前500年的艰难困苦终于开始孕育果实。贫穷在过去教会德国人细致而节俭地过日子，在今天告诉他们怎样比其他国家生产得多，怎样比其他国家卖得便宜。德国人口激增，土地面积不足，他们就来到海边，不到半个世纪，就进入领先国家队伍，从运输业中获取利润。

北海是文明中心时（美洲的发现让大西洋成为贸易主线，北海失去文明中心的位置），汉堡和不来梅一直很重要。现在这两个城市的地位没那么重要了，严重影响了要全面超过伦敦和其他英国港口的计划的实现。波罗的海和北海之间挖了一条运河，可供大型船只运行，叫基尔运河，1895年开放。众多运河连接了莱茵河、威悉河、奥得河、维斯图拉河、美因河、多瑙河（部分完工），在北海和黑海之间提供了直接水路，柏林和波罗的海通过斯德丁运河连接。

人类的聪明才智都是为了赚得一份体面的薪水。第一次世界大战之前，普通德国农民和工人都很贫穷，但是他们向来严于律己，住所和食物都还过得去。比起世界上其他处于同样阶级的人来说，德国人抵抗意外和衰老的能力更强。

第一次世界大战的不幸结局让一切分崩离析，说起来是个悲伤的故事，在此不表。但是作为战败国，德国失去了富饶的工业区阿尔萨斯和洛林，失去了所有殖民地、贸易海军、部分石勒苏益格-荷尔斯泰因州，这个州是德国1864年战后从丹麦手里抢过来的。之前数千平方英里波兰领地（当时已经完全德国化了）再一次被从普鲁士划出来，还给波兰，维斯图拉河后面，从托伦到格丁尼亚和波罗的海之间的一大片区域都成为波兰领地，波兰就此直面大海。西里西亚本来是18世纪腓特烈大帝从奥地利手上抢夺过来的，部分领土后来归德国管辖。但是其中宝贵的矿产却给了波兰，只有纺织业属于德国。

最后，德国失去了前50年获得的一切，在亚洲和非洲的殖民地都被分给了其他国家，这些国家拿到超出份额的领地，也没有多余人口前往定居。

从政治上看，《凡尔赛和约》可能是一份很好的文件。从应用地理学的角度来看，这份合约让欧洲的未来陷入绝望。恐怕那些持怀疑态度的中立者想给劳合·乔治和克列孟梭先生一份基础地理手册，他们一点也没错。

# 16. 奥地利

没有人会感谢的国家，除非它不在了

目前奥地利共和国有600万居民，其中200万居住在首都维也纳。由于这种奇怪的安排，这座城市显得有些头重脚轻。维也纳坐落在多瑙河沿岸（呈现泥泞的灰色，并不是你所期待的著名华尔兹中蓝色梦幻的样子），渐渐衰落成一座死城。在这里，沮丧的老人漫无目的地踱步在昔日辉煌古城的残迹中，然而年轻人却逃至海外，在愉快的环境中展开新的生活或者因无法忍受国内的生活而自杀。再过100年，灰败的都城维也纳（少数几个城市之一，在这里人们通常天真烂漫、无忧无虑，看起来仿佛真的幸福）是古老的科学、医学和艺术的重要中心，将有可能成为第二个威尼斯。从作为帝国都城起便容纳超过5 000万人口，维也纳现在已经成为纯粹依靠旅游交通的村庄，仅剩的一点儿用途就是为从波西米亚和巴伐利亚运送货物到罗马尼亚和黑海的船只提供一个停靠的码头。

现在古老的旧多瑙河帝国（这是奥地利之前所熟知的名字，昭示了这个国家无所不能的本性）的地理是极其复杂的，因为它被肆意分割，几乎无法辨认。但昔日奥匈帝国却是一个自然条件影响中央集权的绝佳例子。让我们在这一刻忘记边境线，看一看奥地利的地图。它曾经坐落在欧洲大陆最中心的位置，从鞋状意大利的脚尖延伸至日德兰半岛的鼻尖。奥地利是一片圆形平原，领土起伏不平，四周环绕着崇山峻岭。西起瑞士的阿尔卑斯山和蒂罗尔山，北至波西米亚的厄兹山和里森格勃山以及喀尔巴阡山（又称"巨人山"），这些形成了一个半圆状保护着匈牙利草原（或平原）免受斯拉夫平原的侵略。多瑙河将喀尔巴阡山一分为二，南部自巴尔干山脉至特兰西瓦尼亚阿尔卑斯山脉，狄那里克阿尔卑斯山脉则是保护平原免遭亚得里亚海寒风侵袭的屏障。

建立奥地利这个国家的人们手持残缺的地图，地理的理论知识更是不值一提。但正如仅随着一些特定的足迹和路线便征服西方的拓荒者们一样，他们并没有潜心研究通往目的地道路的概况，这些中世纪的开拓者们在不断征服的过程中只是遵循"立即执行"的原则，而不考虑问题的理论层面。这些事情自会得到解决。大自然给他们提供了一些不可避免的"后果"，而人类在明智的时候便十分听从大自然的指令。

在公元后的第一个千年期间，匈牙利大平原是一个名副其实的无人区，尽管一些部落沿着多瑙河从黑海向西进行侵略，但未曾建立起政府。在同东方斯拉夫人的毕生争战中，查理大帝做了个小"标记"，或者是我们所说的建立了一个边界岗哨，作为东部的标记，从而催生了最终称霸一方的公国。尽管经常受到匈牙利人和土耳其人（维也纳最后一次受到土耳其人的围攻发生在哈佛大学建立的很久之后）的侵略，这个小"标记"国家奥地利牢牢地掌握在一些王公手中并有效地加以管理：最初是巴奔堡家族，之后是哈布斯堡家族，而我前文所提到的瑞士朋友总是不断获得胜利。最终这些边界小公国的统治者甚至设法当选神圣罗马帝国的国王，但他们既不是罗马人，也不神圣，更不是个帝国，只是一个由所有讲德语的种族组成的松散联盟。他们一直沿袭这个头衔，直到1806年拿破仑将其扔进废物堆，因为他想把王冠戴在自己光秃的头上。

但在这之后，不算聪明却十分顽固的哈布斯堡家族想要染指德意志这个蛋糕——且想瓜分很大一块领土——直到1866年普鲁士将他们赶回老巢并命令他们永远待在那里。

今天，作为古老的"东方边疆领"的奥地利已经衰败成一个七流国家，内部暴乱导致四分五裂，希望渺茫，未来堪忧。它大部分由山地组成，是瑞士阿尔卑斯山的延续，包括著名的蒂罗尔山的残迹。蒂罗尔山在《凡尔赛条约》中移交给意大利，依据是有一段时间这座山是古罗马帝国的一部分。这片山地包括两个重要的城市，一个是因斯布鲁克——古代经过布伦纳山口后又跨越莱因河通往意大利的道路，这里的一切都会引起人对中世纪的遐思；另一个是萨尔斯堡——莫扎特的诞生地，是欧洲最美丽的城市之一，时至今日仍然通过一些音乐演出和戏剧表演保持其活力。

这些山脉和北部的波西米亚高原都无法生产任何具有价值的东西。可以说所谓的维也纳盆地也是如此，古罗马人在此建立了一座被称为多波纳（或维也纳）的军营，一些名声不太好的人住在这里，因为著名的哲学家国王马库斯·奥里利乌斯于公元180年在其中一场与北部日耳曼的战争后死于此地。而维也纳这个城市直到一千年以后才粗具规模。当时出现了称之为"十字军东征"的中世纪移民大潮，移民者离开家乡，沿着多瑙河到达乐土，而不是饱受热那亚和威尼斯船主的敲诈勒索。

公元1276年，维也纳成为哈布斯堡家族的领地及广阔疆域的中心，并最终囊括了前文列举的山脉之间的所有陆地。公元1485年，匈牙利人占领维也纳。公元1529年和1683年土耳其两次围攻维也纳。然而这个城市历经战乱幸存下来，直到18世纪初，因为一次政策性失误而分崩离析，这一政策规定君主国内无论重要与否的职位都必须由纯血统的日耳曼裔贵族担任。权力过大对所有人来说都是严峻的考验，即使温和的奥地利骑士其实也不例外。可以说他们其实不只是温和，可以说是软弱可欺了。

在古老的奥匈帝国里，47%的人口是斯拉夫人，日耳曼人仅占25%；然而剩下的人口由匈牙利人（19%）、罗马尼亚人（7%）、约60万意大利人（1.5%）和约10万吉卜赛人组成。吉卜赛人紧靠匈牙利地区居住，在那里他们或多或少可以受到尊重。

日耳曼的统治者显然从不吸取教训，而余下的欧洲人却慢慢将这些教训谨记于心。君王和贵族只有心甘情愿肩负起领导的责任才能得以存活。在他们开始津津乐道于"服务"而不是"领导"时，便是国家灭亡之日。奥地利军队在与拿破仑的战争中屡战屡败，维也纳人民怒火中烧，将那些高高在上的公爵男爵们驱逐出城，让他们回到自己的领地过单调呆板、与世隔绝的生活。

正是那时，地理环境向维也纳这座城市伸出了援助之手。没有贵族当道，商人和制造商开始回到他们的家乡。维也纳，从古老的防御工事（数量众多，这些防御工事所覆盖的土地足够城市不同的扩建工程使用）快速地发展成东欧最重要的商业、科学和艺术中心。

然而世界大战突然终结了这样的繁荣和辉煌。现在这个叫作奥地利的国家几乎与几年前的帝国相比没有任何相似之处。它前途渺茫，只是徒具国家之名。法国拒绝奥地利并入德国是压倒这个国家的最后一根稻草。

或许它应该被公开出售，可是谁又会买它呢？

# 17. 丹麦

小国胜过大国

丹麦是一个袖珍国（约有350万人口，其中75万居住在首都），按照现代国家的标准，若是人的数量重于质量的话，我们完全可以将之忽略不谈。但是如果作为一个将聪明才智和合理的美好生活（即希腊人所宣称的最高级的智慧是"万物适度"）结合起来化腐朽为神奇的典范，丹麦以及其他斯堪的纳维亚国家都值得尊敬。

丹麦国土面积仅有1.6万平方英里，自然资源匮乏，没有陆军、海军，没有矿藏、高山（全国没有一处高于600英尺，也就是说只有帝国大厦的一半高），但却可以与数十个国土面积更广阔、自命不凡以及军国主义野心更大的国家一较高下。如果有必要，我会提及这些国家。丹麦人完全通过其自身的努力，将文盲率降为零，并成为整个欧洲人均财富排名第二的国家。此外，正如世界上其他国家所了解的那样，他们已经消除了贫富差距，建立起一种无可比拟的平衡发展、适度小康的模式。

在地图上乍一看，丹麦是由半岛和其他一众独立的小岛组成。

岛屿之间海峡宽阔，火车都需轮渡才可运送过去。丹麦的气候极其恶劣，强劲的东风在整个漫长的冬天里肆虐着陆地，并带来一阵阵寒冷的雨。这些使得丹麦人与荷兰人有着很多共通之处。他们长时间待在室内，恶劣的自然环境反而造就了一个读书量很高的国家。故而他们知识非常渊博，人均持书量高于其他国家。

然而冷雨和强风也滋润了丹麦人的牧场，这里青草茂盛，牛群肥壮，因而仅丹麦就可提供世界所需30%的黄油。鉴于大多数国家的土地都归富豪或无所事事的地主所有，本质上民主（是社会和经济层面上的民主，而不是政治层面）的丹麦人从来不鼓励朝拥有大量地产方面发展，而这些在大多数国家是很常见的。

今天的丹麦有15万独立的小农场主，拥有的农场面积从10英亩到100英亩不等，并且超过100英亩的农场仅有2万个。丹麦出口的乳制品都是根据最科学的方式生产配置的，而这些都是当地的农业学校所教授的。农业学校在丹麦仅仅作为中学义务教育体制的延续。而黄油生产中的副产品乳酪被用作喂猪，反之猪肉又为英国市场提供绝大多数的咸肉。

由于黄油和咸肉的贸易获利远高于种植谷物，丹麦人宁可进口粮食，这样既便捷又便宜。因为哥本哈根到但泽只有2天的船程，而但泽自古以来又是波兰和立陶宛这两个大粮仓的出口港口。一部分的粮食用来饲养家禽，每年数百万个鸡蛋同样会出售到大不列颠岛。但不知道是什么神秘的东西在作怪，英国就无法生产出比球芽甘蓝更美味的东西。

为了巩固在农产品上几乎垄断的地位，丹麦人对他们国家出口的一切东西都实行最严格的管控措施，从而建立了绝对诚信的信誉。他们的品牌也得到了绝对的认可。

丹麦与挪威、瑞典的关系

正如所有日耳曼种族一样，丹麦人也是不可救药的赌徒。在过去几年里，他们在银行和股市进行投机买卖亏损了一大笔钱。但是银行倒闭了，他们的孩子、牛和猪还在，丹麦人便再一次投入工作当中。他们害怕的唯一困境是大多数邻国急速增长的破产率导致火腿和鸡蛋这样简单的菜肴成为一种奢侈，不再是普通人所能触及的食物。

丹麦大陆上没有什么重要的城市。西海岸的日德兰（一个古老半岛的名字，早期的英国移民便从这儿过来）位于埃斯比约，这是所有这些农产品的主要出口港；东海岸的奥尔胡斯是最古老的基督教中心之一。在发现美洲大陆4个世纪以前，那里的人们仍然信仰着英勇的异教神（包括欧丁神、雷神和光明之神）。

小贝尔特海峡（我相信现在计划在海峡之间建一座桥）将日德兰和菲英岛分割开来，而菲英岛是波罗的海群岛中的第一大岛屿。在菲英岛（这里有牛、猪以及孩子）中心是欧登塞市（纪念欧丁神的地方），汉斯·克里斯蒂安·安徒生便出生在这里。这个贫穷体弱的鞋匠的儿子是人类最伟大的恩人之一。

接下来我们穿过大贝尔特海峡来到了古丹麦帝国的心脏——西兰岛。在这里开阔的海湾坐落着美丽的首都哥本哈根，在中世纪时期被称为"商人之港"，而首都的"蔬菜园"——阿迈厄小岛保护着首都不受波罗的海的海浪侵袭。

在公元9世纪和公元10世纪，丹麦人统治的帝国包括英格兰、挪威和一部分瑞典。当时的哥本哈根只是一个小渔村，往里大约15英里的罗斯基勒则是皇家住所，丹麦便是在这里管理着遥远的领地。但今天的罗斯基勒已不再重要了，哥本哈根面积扩大，变得日益重要。时至今日，它为全国1/5的人口提供娱乐。

哥本哈根变成了皇家住所。当国王游泳、垂钓或者散步去买包香烟时，一些身着帅气制服的护卫队员会举枪敬礼。但除此之外，你不会再看到任何展示军事力量的行为。这个小小的国家也曾经历过艰苦卓绝的战争岁月，甚至最近的就发生在1864年抵抗普鲁士的持久战。为了保持中立，丹麦自动解散了军队，取而代之的是小型联邦警察队，以期在欧洲大战爆发之时可以幸免。

这是所有关于丹麦的故事。这个国家和平地走着自己的路。丹麦皇室一直远离敏感报纸的头条新闻，这个国家很少有人有三件外套，但也没有人外出时没有外套；这个国家只有一小部分人有汽车，但每一个男人、女人和孩子都至少有两辆自行车。这一点你在午餐前穿过丹麦城市的街道时便可以发现。

在一个崇尚"大"的世界里，丹麦几乎没有存在感；但在一个致力于伟大理想的世界里，丹麦可以占据相当重要的位置。因为如果绝大多数人的幸福是每一个政府致力于达成的终极目标，丹麦所做的一切已经足够证明，它能够作为一个独立的国家继续存在下去。

# *18.* 冰岛

北冰洋趣味政治化实验室

在古老帝国的辉煌岁月里，丹麦便获得了几块土地，其中包括第六大陆——格陵兰岛。格陵兰岛看起来似乎有着珍贵的矿产资源（铁、锌和石墨），但完全被冰川所覆盖（整个格陵兰岛只有约1/30没有被冰川所覆盖）。除非地球的轴线可以稍微倾斜一点，可以让格陵兰岛享受到几百万年前盛行的热带气候（我们也是这样推断出一些大煤田的出现），否则这些资源对任何人来说都没有价值。

丹麦帝国其他的殖民地有法罗群岛（其字面意思是"绵羊群岛"），坐落在设得兰群岛向北200英里处，拥有2万人口，首府是托尔斯港。哈得孙河正是从这里流经大西洋到达曼哈顿的。另一个殖民地就是冰岛，这个国家非常有趣。不仅仅是因为它的火山地质使其成为一个名副其实的充满奇怪现象的仓库，让我们经常联想到古老伏尔甘火神火炉里神奇的火焰，而且还与它的政治发展有关。冰岛是世界上最早的、有自治政府记录的共和国。这比我们美国建立共和国还要早800多年，且延续至今仅有几次短时间的中断。

第一批来冰岛的定居者是来自挪威的逃亡者，他们在公元9世纪找到了这片遥远的家园。

尽管冰岛4万平方英里的国土上有5 000英里被冰川和雪地永久覆盖，且岛上仅有1/14的土地真正适合农耕，但冰岛的生活条件却比其宗主国挪威宜人多了。所以在公元9世纪初就有4 000块由独立的自耕农耕种的田地了。这些自耕农延续了几乎所有早期日耳曼部落的习惯，随即建立了一个松散的自治政府。这个自治政府由议会组成，而议会又是由当地的不同的会议所集合而成。当时的议会每年的仲夏时节于辛格韦德利举行一次。辛格韦德利是一个火山平原，坐落在距现冰岛首都雷克雅未克7英里处，而雷克雅未克仅有几百年的历史。

冰岛

在独立之初的200年里，冰岛人展现了无穷的能量，谱写了有史以来最美的诗篇。他们探索发现了格陵兰岛和美洲（比哥伦布还早500年），并将这个冬天里白日仅4个小时的北部小岛建设成一个比其宗主国挪威更加重要的文明中心。

但是所有日耳曼民族的通病——过分突出的个人主义，让政治或经济合作化为泡影——伴随着原始居民前往西部。公元13世纪，挪威人占领了冰岛，但当挪威成为丹麦的殖民地时，冰岛也随之臣服于丹麦。丹麦人却完完全全忽视了这个岛屿，任由法国甚至阿尔及利亚的海盗支配，直到所有古老的财富被掠夺一空。异教时期文学和建筑也随之被遗忘，古老的贵族和自由人的木质建筑被泥炭小屋所取代。

然而，19世纪中叶迎来了古代繁荣的复苏和要求完全独立的呼声。虽然对外仍需承认丹麦国王的统治，但今天的冰岛再一次像11世纪前一样实现了自治。冰岛上最大的城市是雷克雅未克，虽然只有少于一万的人口，但却坐拥着一座大学。冰岛全国人口未超过10万，却创作了属于自己的杰出文学作品。冰岛没有村庄，只有独立的农场，这里的孩子们通过男教师巡回授课来接受良好的教育。

总的来说，这是世界上一个最有意思的角落。像很多其他的小国家一样，冰岛展现了聪明才智以及与恶劣的外部环境对抗的力量。然而，冰岛绝不是人间天堂。虽然冬天受墨西哥湾流支流的影响不是非常冷，但夏天对于种植粮食和水果来说过于短暂，并且一直在下雨！

在冰岛29座火山中最著名的是赫克拉火山，历史记载中共喷发了28次，大片的熔岩覆盖了冰岛，有些甚至覆盖了1 000平方英里。地震时有发生，会摧毁数以百计的农场并形成巨大的裂纹和裂缝，中间滚动着固体熔岩，硫磺泉水和沸泥塘使得岛上的交通十分困难。间歇泉或热水喷井反而让冰岛因有趣而闻名，而不是危险。虽然其中有名的大间歇泉有时会喷出高达100英尺的热水，但它们的活动也逐渐在削弱了。

然而冰岛人不仅现在生活在这里，而且想永远生活在冰岛。在过去的60年间，超过2万人移居美洲，主要居住在马尼托巴。但许多人又返回故里。冰岛常年下雨并不舒适，但却是他们的家园。

# 19. 斯堪的纳维亚半岛

一岛两国

中世纪斯堪的纳维亚半岛的人们生活在童话故事般的快乐王国，他们清楚地知道这里为何是如此奇怪的形状。在善良的上帝完成创世之作后，魔鬼撒旦来到人间查看在他不在天堂的7天里上帝做了什么。当他看见地球上绽放了第一丝生机时勃然大怒，举起石头砸向人类的家园。这块石头落在了北冰洋，并就此形成了斯堪的纳维亚半岛。这里贫瘠不堪、荒凉无比，看起来完全不适宜人类生存。但是善良的上帝想起创造完其他的大陆后还留下来一小撮沃土，便将这剩余的沃土撒向了挪威和瑞典横亘的山脉。但显然是不够覆盖整个半岛的，这就是为什么挪威和瑞典两个国家的大部分地方都有洞穴怪、小矮人和狼人安家。没有人类想要在如此荒凉贫瘠的土地上生活。

现代人对此也有自己的故事版本，但这一版本是相对科学的，建立在一些眼见为实的事实基础上。根据地质学家的研究，早在煤炭形成以前就有一个非常古老广袤的大陆，起始于欧洲，横跨北冰洋，终至美洲，而斯堪的纳维亚半岛正是这块大陆遗留的一部分。

我们都知道地球上现有大陆的形成年代并不久远，并且看起来持续在运动，如池塘上漂浮的树叶一般。而一些陆地现在虽然被海洋分割开来，但曾经却是一大块坚固的大陆。当形成挪威和瑞典的大陆从人们视线里消失的时候，只有最东边的山脊——斯堪的纳维亚山脉仍然在海平面之上。同时还有冰岛、法罗群岛、设得兰群岛和苏格兰岛，其余现都沉睡在北冰洋海底。或许有一天这些会颠倒过来，那时北冰洋会成为干旱的大地，而瑞典和挪威则是鲸鱼和小鱼嬉戏的海洋。

挪威人却并未因为他们的家园或许有一天会沉入海底的威胁而夜不能寐，他们担心的是其他事情。比如说如何谋生，你要知道这绝不是简单的事情，因为挪威总面积里只有不到4%的土地（4 000平方英里）可用作农耕。瑞典稍微好一点，也仅有10%的可耕地，并不乐观。

当然，上帝也给了他们一些补偿。瑞典一半的土地被森林覆盖，而挪威也有四分之一的面积被松树和冷杉林覆盖。这些森林正在被慢慢砍伐，但却不是美国那种破坏性的伐木。因为瑞典人和挪威人都知道他们的国家不适合发展普通的农业生产，所以他们的砍伐科学而有计划地进行。这里不便于从事农业，是由于曾经冰川自北角到林德斯奈斯覆盖整个斯堪的纳维亚半岛所致。冰川将山脊上的土完全侵蚀，像狗舔盘子一般干净。冰川不仅剥离了山脉上极不容易形成的土壤（经过了数百万年土壤才完全覆盖这片广大的陆地），而且裹挟着这些土壤洒向北欧大平原，这点我在德国那一章内容中讲到过。

400年前亚洲大规模入侵欧洲时领先部队的侦察兵一定知道这一点。当他们最后跨越波罗的海后，发现一些芬兰血统的游牧民族定居在斯堪的纳维亚半岛上。他们轻而易举将这些游牧民族驱逐到最北端的拉普兰要塞。但是驱逐之后，新的定居者又将如何谋生呢？

山上贫瘠的土地

这里有几种谋生的方法。首先，他们可以外出打鱼。当时冰川漂向海洋时在岩石上冲出一道道深沟，形成数不尽的海湾和峡湾。如果挪威的海岸线绘成一条直线，像荷兰和丹麦的海岸线一样，那现在这些海湾和峡湾所造就的海岸线是其6倍长。如今，挪威人依旧打鱼为生。墨西哥湾暖流照顾着挪威的所有港湾，甚至最北边的哈默弗斯特港也全年开放。罗弗敦群岛的凹角和缝隙位于那些冰冷纯净的北极水域边缘，鳕鱼非常喜欢在这里繁殖，养活了超过10万的渔民。而拖网渔船回岸时，又会有10万人投入罐头制造中。

再者，如果挪威人不想打鱼，他们可以当海盗。挪威的沿岸坐落着众多的岛屿和小岛，其面积占挪威总面积的7%。地理情况复杂的浅湾、沙地、海湾和海峡将这些岛屿分割开来，汽船从斯塔万格到瓦尔多需要两个领航员每6个小时轮班才能成功抵达。

在中世纪时期，这一带没有灯标、浮标和灯塔（林登斯纳是挪威沿岸最早的灯塔，不过也是近代才出现的），没有外来者可以进入这个危险海岸的12英里内。虽然罗弗敦群岛间著名的大漩涡有些言过其实，但如果没有至少6个当地人带路的话，新手船长是不敢冒险进入这个水上迷宫的。因此这些海盗将他们熟悉的峡湾占据为行动基地，他们知道只要在山脉纵横的家园内，他们就无所畏惧，并很好地运用了这一自然优势去劫掠。海盗们改造船只，提高作战技术，直到他们可以去英格兰、爱尔兰和荷兰冒险为止。一旦他们探索出去往这些相对近的地方的路线，他们便逐渐扩展自己的航行范围。终于，法国、西班牙、意大利甚至遥远的君士坦丁堡的人们都开始恐慌，因为一些返回的商人说曾在邻近的某地看到过海盗的轮船。

挪威

公元9世纪上半叶，这些海盗至少洗劫了巴黎3次。他们溯莱茵河而上，最远抵达了科隆和美因茨。至于英格兰，挪威人的不同部落为争夺这个国家的所有权而杀伐不断。正如今天的欧洲为了一块尤为诱人的油田而征战不断。

几乎在同一时间，冰岛被发现了，挪威人在此建立了第一个斯拉夫民族国家，并统治该国长达700年之久。再后来，他们又带领一个由200艘船只（是在必要时可带上岸的小船只）组成的掠夺远征军，从波罗的海直达黑海，给君士坦丁堡的人民造成了恐慌。于是，东罗马帝国的国王急忙将这些野蛮人收入麾下，组成一支特别护卫队。

这些海盗向西进入地中海，在西西里岛以及西班牙、意大利和非洲海岸建立国家，并不断向教皇征服其他国家的战争提供最有价值的服务。

所有这些古挪威的荣耀现如今怎么样了呢？

今天只剩下一个备受尊敬的小王国，捕捞并出口大量的鱼，开展货运贸易，为国民应讲何种语言而进行政治口水战。如果挪威当政者没有每两三年更改其最重要城市和火车站名称的致命习惯，世界上其他国家绝不会注意到他们的争吵。

说到挪威的城市，大多数不过是过度扩大的村庄罢了，每个人养的狗互相之间都认识。特隆赫姆（以前叫尼达罗斯，后来称之为特隆杰姆）是古挪威王国的首都，是一个优良的港口。一旦波罗的海结冰，特隆赫姆就成为瑞典运送大量木材到世界各地的港口了。

挪威现在的首都——奥斯陆，建立在一个被焚毁的古挪威人定居点附近。奥斯陆是由丹麦国王克里斯蒂安四世所建，因此当时被称为克里斯蒂安娜。后来，挪威人决定消除所有丹麦人在其语言上所留下的痕迹，才有了现在的名字。奥斯陆坐落在奥斯陆湾的顶端，这是挪威农业最发达的地方。奥斯陆延伸至斯卡格拉克海峡，这个宽阔的海峡是大西洋的一个岔湾，正是这个分支将挪威与丹麦分割开来。

像斯塔万格、阿尔桑德和奥斯陆这样的城市，在早上9点汽船的汽笛声中才会苏醒。卑尔根，古汉萨同盟的所在地，负责当时整个挪威海岸的商业需求，现在通过铁路与奥斯陆相连。同样特隆赫姆的铁路也通往瑞典的波罗的海沿岸。再往北，纳尔维克正好在北极圈的上方，瑞典的铁矿石就是通过这个港口从拉普兰运过来的。特罗姆塞城和哈默费斯特永远都能闻到鱼腥味。之所以在这里提及这些城市的名字是因为在纬度高达70°的地方人民还生活得如此惬意是很少见的。

这是一片不可思议的陆地。这片土地冷酷无情，迫使成千上万的儿女背井离乡，下海谋生，尽最大的努力改变自己的现状。然而不知为什么他们都努力保持着对这片陆地的爱与忠诚。如果有机会你可以乘只小船向北驶去，所到的每一处都是一样的——一些凄凉的小村庄，靠着一点儿仅够一只山羊吃的草，五六间房子，几条破败不堪的小船和一周来一次的小船。每当居民再一次看到汽船出现时都会激动得潸然泪下，因为这是家园，这是他们的家园，已融入他们的血肉。

国际兄弟会是一个崇高的梦想。

博德和瓦尔德呈现出奇怪的景象，汽船行走10天都看不到人。

瑞典，这个与挪威截然不同的国家，在北冰洋大高原消失于大西洋的惊涛骇浪之下时，仍屹立在斯堪的纳维亚山的另一端。人们经常问：为什么这两个国家不合二为一呢？这将意味着省掉一大笔管理费用。从理论上来说，这样的安排看起来十分可行。但是它们的地理环境使其难以实现。挪威由于受到墨西哥湾暖流的影响，气候温和，多雨少雪（在卑尔根，连马儿看见没有带雨伞或雨衣的人都会吃惊）。而瑞典是大陆性气候，冬季寒冷漫长，降雪量大。挪威的峡湾深入内陆数英里，而瑞典海岸线低，几乎没有天然港口，而且都没有卡特格特和约斯伯格重要。挪威没有什么自然资源，而瑞典拥有世界上一些最具价值的矿床。但遗憾的是瑞典煤炭资源匮乏，不得不向德国和法国出口大量的矿产。在过去的20年里，众多开发的瀑布使得瑞典逐渐减少对煤炭的依赖。同时由于瑞典王国被大面积的森林所覆盖，所以拥有很多的火柴托拉斯以及声名远扬的瑞典造纸厂。

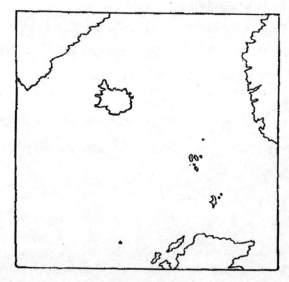

这是北极你所能看到的一切

瑞典人，像挪威人和丹麦人一样（有些人或许会说除了英格兰人，所有的日耳曼民族都一样），无比地信任人类智慧的潜力。因此瑞典的科学家自由地发挥他们的潜能，化学家在木材加工的废料中发现并开发了大量的副产品，比如说电影胶片和人造丝。然而瑞典的农业尽管远远比挪威发达，却仍然遭受着恶劣气候条件的影响，这是由于高山将斯堪的纳维亚半岛截然一分为二，而瑞典正好位于寒冷而暴露在外的一侧。大概这也是为什么瑞典人如此钟爱花朵的原因之一吧。这里冬天如此漫长漆黑，所以每一个瑞典家庭都用花朵和常绿灌木装饰，点缀一些色彩。

　　在其他很多方面，瑞典也与挪威不同。挪威古代的封建制度随着黑死病的灭绝而消亡——这场中世纪晚期可怕的瘟疫刹那间磨灭了挪威人的雄心壮志。而瑞典一直以来保护大地主的利益，使得贵族的地位存留至今。虽然现在瑞典是由社会党（正如绝大多数的欧洲国家一样）统治，但首都斯德哥尔摩仍然是一个贵族气息浓厚的城市，奥斯陆和哥本哈根形成鲜明的对比，在那里，最高程度的民主与瑞典首都的宫廷礼仪都严格地保留下来。

　　也许这一发展同样是瑞典奇特的地理位置的直接产物。挪威面向大西洋，而瑞典实际上面向的是一个内陆海。它整体的经济民生以及它的历史，都与波罗的海相互交织。

　　只要斯堪的纳维亚半岛还是一个不适宜人居住的蛮荒之地，在西海岸的挪威人和东部的瑞典人中间几乎没有什么可选择的。在外界看来，他们都是"斯堪的纳维亚人"。正如那句著名的古祷告文所说，"仁慈的主啊，请把我们从斯堪的纳维亚人的怒火中解救出来吧"，谦卑的祈求者们颂唱时并没有特别指出是哪一国的斯堪的纳维亚人。

但是公元10世纪以后发生了变化。瑞典北部的斯维兰人和南部的哥特人或哥特兰人之间爆发了一场艰苦卓绝的内战。当时斯维兰的首都位于梅纳伦湖畔，也就是现在都城斯德哥尔摩的所在地。这两个部落曾经关系密切，在共同的神殿上帝之城里供奉着他们的神，上帝之城建立的地方正是今天乌普萨拉崛起的地方。这场持续了两百多年的战争极大地巩固了贵族的地位，削弱了王权。同时在这段时期，基督教传入斯堪的纳维亚半岛，神职人员和修道院也恰恰站在贵族一边（在大多数国家他们是站在国王一边的）。最终，瑞典王权日益衰弱，以至于在之后的150年里瑞典被丹麦所统治。

欧洲几乎遗忘了瑞典的存在。直到1520年，发生了一起骇人听闻、不可饶恕的谋杀事件震惊了西方国家且让人类历史蒙羞时，欧洲才想起了瑞典这个国家。在这一年，丹麦国王克里斯蒂安二世邀请所有瑞典贵族首领参加一场盛大的晚宴———种可以长久解决国王和他所深爱的瑞典臣民的友好聚餐。在晚宴结束的时候，所有的客人都身陷囹圄，或斩首或溺毙。只有一位重要人士逃脱此劫。那个人就是古斯塔夫斯，一个名叫埃里克·瓦萨的人的儿子，埃里克·瓦萨几年前被克里斯蒂安二世下令斩首，于是古斯塔夫斯逃至德国。听到大屠杀的新闻后，他返回自己的国家瑞典，并在当时的自耕农之间开展了一场革命。最终他将丹麦人赶回了他们的老巢，也因此自己加冕为瑞典国王。

这是瑞典杰出的海内外冒险活动的开端，这些活动不仅使这个一贫如洗的小国成为欧洲新教最有力的捍卫者，并且是抵御威胁日益严重的斯拉夫侵略的最后壁垒。因为湮灭了几个世纪的俄罗斯最终踏上了战争的道路，并开始了著名的海洋扩张，直至今天都没有结束。

显然，瑞典是唯一认识到这一威胁的国家。在整整两个世纪间，瑞典的所有军队都集中在一个目标上——抵御俄罗斯扩张并远离波罗的海。最终，瑞典还是不可避免地失败了。这场挣扎耗尽了瑞典的国库，但也仅仅只是让俄罗斯压倒性的扩张延缓了几十年。战争结束以后，曾经拥有波罗的海大部分海岸，曾经统治过芬兰、英格尔曼兰（即今天的圣彼得堡）、爱沙尼亚、利夫兰和波美拉尼亚的瑞典变成了一个二流小国，国土面积仅173 000平方英里（大小和美国亚利桑那州和得克萨斯州差不多），人口比纽约还要少一些（瑞典人口有6 141 671，而纽约有6 930 446人）。

瑞典国土面积的一半被森林所覆盖，因而供给了欧洲大陆近一半的木材需求量。人们在冬天砍伐树木，并在春天到来之前放置于原地。开春以后，他们会将树木从雪地上拖拽到就近的河里并扔进河谷。当夏天到了，内陆高山的冰雪开始融化，河水迸发出急流，携带着原木冲进河谷。

因此，这些河流同样起着铁路运输的作用，并为锯木厂提供动力。锯木厂收集原木并把它们加工成任何想要的东西，小到一根火柴，大到四英尺厚的木板。这时的波罗的海冰雪消融，船只可以再次抵达东海岸的任意地方。而这些完工的木制品，成本很低，除了伐木工人和锯木工人的薪酬外，就只有蒸汽船的运输费用了。而运输又没有时效，方式也是最廉价的。

这些船只有着双重用途。如果没有拉运返程的货物，他们只能空着返回。他们当然也不会对返程的货物要价太高，故而瑞典大部分进口税十分合理。

瑞典的铁矿石也遵循着这一制度。瑞典铁矿石品质优良，即使在自己出产铁矿石的国家也需求很高。因为瑞典没有一处地方宽于

250英里，所以到达海岸相对容易。在瑞典北部，基律纳和耶利瓦勒附近的拉普兰，蕴含着大量的铁矿石。造物主出于一种神秘的动机，恰好在拉普兰陆地表面以山丘的形式掷下了两座铁矿山。夏天，铁矿石被运往波的尼亚湾的吕勒奥（位于波罗的海北部）；而冬天，当吕勒奥快速封冻，则会运往挪威的纳尔维克。由于受墨西哥湾暖流影响，纳尔维克全年开放。

距这些铁矿资源不远处，坐落着瑞典的最高峰凯布讷峰（约7 000英尺高），同时欧洲最重要的发电站也建于此。发电站正好在北极圈内，但由于电力似乎不受地理纬度的影响，所以发电站可以同时为铁路和地面的矿山机械提供相当廉价的动力。

瑞典的南部得到了一小部分冰川从北部刮走的土壤，因此自然成为整个斯堪的纳维亚半岛上最富庶、人口最稠密的地方。这里湖泊众多。事实上，瑞典是世界上仅次于芬兰的多湖国家，湖水面积达14 000平方英里。瑞典人开凿运河连接这些湖泊，从而为整个国家提供了廉价的运输方式。这不仅让诺尔彻平这样的工业中心极大受益，也为哥德堡和马尔默这样最重要的海港造福多多。

有的国家听命于大自然的法则直到成为她低声下气的奴隶；有的国家肆无忌惮地破坏大自然以至于与伟大的造物主母亲失去联系，这种情况多数是在开头和结束的时候。在有些国家，人们和大自然学会相互谅解、相互欣赏，并为彼此的利益达成和解。如果你想要看看后者，去吧，年轻人，去看看斯堪的纳维亚半岛上的国家吧。

# 20. 荷兰

一个成为帝国的北海边上的沼泽国

"Netherlands"（尼德兰）一词指荷兰，但仅用于非常正式的场合，本意泛指比海平面低2~16英尺的地方。如果出现一次史无前例的大洪水，阿姆斯特丹和鹿特丹这些最重要的城市就会从地球表面消失。

然而，这一显著的自然劣势却成为荷兰这个国家日益强大的动力。在北海沿岸的沼泽地里，人类无法开辟疆土，建设家园。于是，人类不得不创造一片新天地。在这场人类的智慧和大自然无情力量之间实力悬殊的较量中，荷兰人民赢得了胜利。这教会他们奋斗不息并时刻警醒。在我们生活的世界，这些品质并不是毫无价值的。

当罗马人来到欧洲这个偏远而人迹罕至的地方时（大约在公元前50年），这里遍布沼泽和湿地，一条狭长的山丘带从比利时延伸到丹麦，抵御着北海的惊涛骇浪。这些山丘被众多的河流和溪水截成一段一段，其中最重要的河流是莱茵河、默兹河和斯海尔德河。这3条河流完全背离了河道，也不受堤坝的约束，随心所欲地改变

177

了每一眼泉水的路线，并冲出了许多小岛。这里之前并没有岛屿，河流席卷了大片像曼哈顿岛一样看似坚固的土地。我并没有夸张，13世纪便有这样难忘的场景：70个村庄和近10万人在一个夜晚消失得无影无踪。

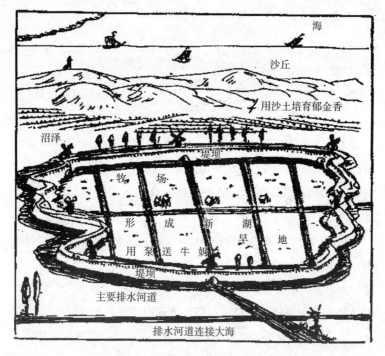

海

沙丘

用沙土培育郁金香

沼泽

堤坝

牧　场

形　成　新　湖

旱　地

用泵送牛奶

堤坝

主要排水河道

排水河道连接大海

一个堤围泽地

与他们居住在坚固大地上的芬兰邻居相比，这些早期的荷兰人在生活中饱受苦难。但是，不知是波罗的海海水的温度还是盐的浓度发生了奇妙的变化，他们的机会来了。在一个完全出乎意料的早上，一种称之为鲱鱼的鱼类从波罗的海涌向了北海。当时，所有的欧洲人都约定俗成地要在周五吃鱼，并且鱼是人类的主食，相较于现在而言重要得多。而这意味着波罗的海有许多城市必然的衰败，相应的荷兰多数村镇的突然崛起。荷兰便开始向欧洲的南部供应鱼干，并取代了我们今天的罐头制品。鲱鱼产业的出口带动了粮食贸易，而粮食的出口拉动了与印度岛香料的贸易发展。这并没有什么奇怪的，只是商业国家的正常发展过程罢了。

但是命运之神却不顾现实的发展，将所有的低地国家纳入哈布斯堡帝国的统治下，并颁布法规让这些国家健壮粗鄙、奉行铁拳主义和追求实际的农民和渔夫受管于在专制君主宫廷里受训过的哈布斯军官。这些军官常年独自居住在荒无人烟、狂风肆虐的西班牙城堡中。这注定会带来麻烦。这个"麻烦"便演化为持续了80年的自由之战，并最终以低地国家人们的彻底胜利而告终。

这个新国家的统治者，万事讲求实用主义，坚信"自己生活同时也要让他人生活"，尤其在利益问题面前。因此，他们为那些不幸国家中因信仰、宗教或其他问题受到迫害的人们提供住所和庇护。大多数逃难者（只有一小部分鲜为人知的英国政见持异议者是例外，他们并没有在荷兰待很久）成为荷兰忠实的臣民，在这里他们得以开始新的幸福生活。而一般情况下他们的前任统治者都会剥夺其流动资产并将存款充公。但是能力没办法没收，无论他们走到哪里都会带着他们的能力技艺。他们十分慷慨地将这些奉献到第二祖国的商业和文明发展中。荷兰的独立战争一结束，住在湖地或内陆湾上建立起来的小城镇里的100万荷兰人，勇敢地承担起欧洲和亚洲的统治，并持续了约300年之久。

在之后他们进行投资——购置大型庄园和国外名画（这些画当然要比国内的好很多），过着养尊处优的生活。荷兰人费尽心力想让其邻国忘记他们财富的来源，于是不久之后这些财富也忘记光顾他们了，因为这个世界上没有什么东西是可以不坐吃山空的。那些不努力把握自己所得的人很快就会失去所有，思想和金钱也不例外。

19世纪初，荷兰走向衰败。地理知识仅够打赢战役的拿破仑宣称：低地国家只不过是三条法国河流，即莱茵河、默兹河和斯海尔德河冲积形成的三角洲，所以从地理角度来看应该属法兰西帝国所有。他大笔一挥写下一个"拿"便将荷兰3个世纪的霸主地位一笔勾销了。荷兰这个国家便从地图上消失了，变成了法国的一个省。

然而，荷兰于1815年重新获得了独立，步入了正轨。荷兰的殖民地是其自身的62倍之大，成功地保证了阿姆斯特丹和鹿特丹作为印度货物的集散中心。荷兰从来都不是一个工业国，除了最南边一些劣质的煤之外没有任何原材料。所以荷兰向所属殖民地提供的原材料不到殖民地进口额的6%。但是爪哇、苏门答腊、摩鹿加、婆罗洲和西里伯斯等地发展茶叶、咖啡、橡胶和奎宁种植需要大量资金，这一需要造就了阿姆斯特丹成为首要的股票交易场所，以及世界各地人们和政府筹措资金的重要中心。而需要运送货物来往欧洲使得荷兰运输总吨位稳居世界第五。

荷兰国内贸易所用的轮船总吨位在当时位列世界第一，便利的水路如蜂巢状遍布荷兰。直至今日，在荷兰这个国家，无论男人还是女人，无论牛、马还是狗，时间在他们的日常生活中都不是很重要。因此运输成本低廉的小船便成为铁路最大的竞争对手。

从一般意义来看，荷兰1/4以上的领土面积都不是陆地，只不过是一块鱼和海豹曾经生活过的海底低地罢了。荷兰人通过巨大的人工劳力将这些海底低地排干海水填成陆地，他们也因此时刻警觉。这样看来，荷兰大多数的运河其实是排水的沟渠。自1450年开始，荷兰通过排干沼泽以及围湖造田的方式增加了几千平方英里的国土面积。如果你知道方法的话，围湖造田真的很容易。首先，在选中的水域中建造一条堤坝，在堤坝外围挖一条宽且深的运河，并与最近的河流相连，这样可以通过一个复杂的水闸系统排出日常废水。当这些竣工之后，在堤坝的高处建几个风车，用一个水泵提供动力。接下来的工作就交给风和汽油发动机了。当所有的水从湖里排进运河，在新的堤围泽地里挖几条平行的沟渠，保持风车和抽水机一直运转，运河就会完成必要的排水工作。

梯形运输河

荷兰的一些堤围泽地面积很大，可以容纳两万人口居住。如果艾瑟尔湖被抽干（这项工程花费巨大，如果实施，世界上的所有国家都会濒临破产），至少可以容纳10万人。荷兰整整1/4的国土面积由这样的堤围泽地组成，这也就很好理解为什么荷兰河流、运河以及堤坝部门每年的支出比政府下设的任何机构都要高了。

与西部低地的繁荣富庶形成奇怪反差的是，荷兰东部的高地却几乎毫无开发利用的价值。在莱茵河、默兹河和斯海尔德河冲击成这片大的湿地三角洲之前，东部曾是欧洲大平原与大海的接壤处。数千年来，北欧冰川的冰砾和卵石沉积在此。所以在某些方面，这里的土质和新英格兰相似，只不过含沙量更多一些。荷兰王国的统计数据十分怪异，在这样一个国家人口密度却高达每平方英里625人（法国只有191人，俄罗斯17人），并且其25%的土地根本无法进行农业生产（法国这样的土地低于15%，德国则低于9%）。

正是荷兰西部的富庶与东部的落后之间这种强烈的反差使许多的重要城市崛起在这片堤围泽地中心的小三角区。阿姆斯特丹、阿勒姆、莱顿、海牙、代尔夫特以及鹿特丹紧挨着彼此，事实上就像一个大城市一样，并且它们紧靠着那些著名的防御性沙丘。正是在这些山丘脚下，三百年前的荷兰商人从波斯和亚美尼亚买回来花种种植培育，将这种小巧可爱的花朵命名为"郁金香"。

雅典城只有纽约的八个街区大。任何一辆老爷车几个小时之内就能把你从一端载向另一端。然而，与阿卡提相连的这块狭长地带位于莱茵河、北海和艾瑟尔湖之间，它所孕育的科学家和艺术家比同样小比例的国家都要多。雅典城是遍布石头的荒蛮之地，而荷兰是水汪汪的沼泽之地。但当他们闻名于世时却有两个共同之处：一是国际贸易中得天独厚的地理位置，二是极强的如动物般的探索精神和好奇心。这是他们在长期处于要么进行战争，要么被消亡的岁月中所习得的，并因此铸就了他们的辉煌。

# 21. 英国

荷兰对面的海岛，负责全球1/4人口的幸福

仅仅几年前，这一章应该会称之为"大不列颠和爱尔兰"。但人类改进了大自然的工艺品，将这一地理单位分作两个独立的实体。而所有顺从听话的作者都会遵照这一划分，用独立的章节描述这两个国家，如若不这样可能会导致影响深远的麻烦事，而我是不愿意看到爱尔兰海军驶入哈德河对这种"爱尔兰共和国国家荣誉无法容忍的侮辱"要求道歉的。

恐龙没留下地图，但留存的石头却讲述着它们的故事。各种石头都在那里——火成岩，火山喷发之后在地球表面冷却形成；花岗岩，重压之下产生；沉积岩，湖底和海底深处慢慢沉积而成；还有类似于板岩和大理石的变质岩，其实是由石灰石和黏土在地球深处微妙的化学反应之下演化成贵重材料的。

各种石头都在那里，大量杂乱地堆积在地球表面，就像被旋风侵袭后的房间中的家具。它们为我们人类提供了一个极其有趣的地质实验室。它们或许可以解释为什么比起搜集科学数据，对捕猎兔子兴趣更高的英国可以诞生如此多世界一流的地质学家。当然也可

能情况相反：正是有了这些杰出的地质学家，我们对于英国地理的了解比其他国家都多。不过，这看起来不太可能。正如游泳冠军一般都出自临近水域的地方，而不是卡拉哈里沙漠的中心。

因而是这样的地质环境孕育了这些地质学家。那么他们之间是如何谈论他们国家陆地的起源的呢？

试着忘掉你现在所熟知的欧洲地图，设想这样一幅画面，想象我们的世界只是最近出现在海平面之上，在新生的努力中颤抖着。巨大的陆地拔地而起，苍凉地高耸在海面之上，火山爆发，岩石碎裂，就像纽约街道因地下水管爆裂而四分五裂一样。与此同时，大自然的实验室仍在耐心地继续发力。不间断的大风从海底挟裹着大量的水汽从西方吹向东方，滋润着大地，为大地铺上了一层青草和蕨类植物的地毯，日后便会长成灌木和大树。日复一日，年复一年，不知疲倦的海浪拍打着、撞击着、研磨着、锉击着海岸直到海岸衰退、粉碎，正如太阳光持续照射下消融的雪一般。突然间，冰层——这堵缓慢而无情的死亡之墙，在最高山脉的悬崖峭壁边哀鸣着，在宽阔山谷的斜坡隆隆作响，深邃的山谷和狭窄的沟壑中填满了冰块和废弃山顶的碎石。

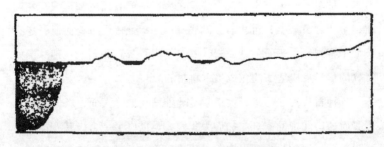

大西洋、冰岛、爱尔兰、英格兰和欧洲

阳光普照——大雨倾盆——冰块碎裂——海浪侵袭——四季更迭，当人类最后出现时，看见的便是这样的世界。一条狭长的陆地带被洪水泛滥的山谷所切断，与世隔绝，一路从北冰洋延伸至比斯开湾。另一座高原从海浪中上升，由变化莫测、波涛汹涌的大海分割开来，与狭长的陆地带隔海相望。只有孤零零的几块石头伸出海平面，这更适合海鸥栖息，而非人类居住。

这就是英格兰形成的大致过程。

从设得兰群岛到兰兹角的距离与美国的哈得孙湾或南阿拉斯加至北部边境相当，或者为了让欧洲人更好理解，可以说与挪威的奥斯陆到波西米亚的布拉格距离相当。这意味着，英国作为世界上人口最稠密的国家之一，总人口达4 500万，与堪察加半岛（在阿拉斯加对面）所处纬度相同，在北纬50°~60°之间。而堪察加半岛仅仅有不到7 000人，为了免遭饥饿，他们只能吃鱼为生。

英国东靠北海，北海原本只是一块洼地，之后随着不断灌入水而形成海。英国右边（即东部）是法国，接着我们看到像道路上的一条深沟一样的英吉利海峡和北海。伦敦坐落在英格兰中部平原中最深的山谷里。再过去就是威尔士的高山，以及另一片洼地、爱尔兰海、爱尔兰山脉，西边是几座孤零零的浅海岛屿。最后是圣基尔达岛（由于极难抵达，直到一年前才有人定居）。随后，地势突然不断下降，我们看到海洋真正起始的地方，以及亚欧大陆的尽头，它们若隐若现或者被全部淹没。

至于环绕英国的不同的内海、海湾和海峡，我最好还是讲述得详细一些。虽然我竭尽所能不在本书中堆砌一些不必要的地名，以免你们读到下一页时就会忘记，但在这里我还是采用传统的讲述方法。因为英国这个奇特的小岛影响了这个地球上所有的人——无论男女老少——至少400年之久。然而，这并不是完全因为机缘巧合或者种族优越。不可否认，英国人确实充分地把握了机会。造物主给予了他们一个巨大的优势，她把这个可爱的小岛正巧放在了东半球大陆群的中心。如果你想要弄明白这意味着什么，看看可怜的澳大利亚，迷失在无尽的水域中，完全倚靠自身，没有邻国，没有获取新思想的渠道。再把澳大利亚的位置和英国的位置做个对比，英国就像是蜘蛛网上的蜘蛛，可以平均地到达世界的四面八方，但又不像蜘蛛危险，它又被咸咸的海水组成的护城河安全地保护起来，不受其他种族的侵扰。

当然，只要地中海仍然是世界文明的中心，英国这一得天独厚的位置并没有什么意义。上溯到15世纪末，英国只是其中一个偏远的小岛，在人们眼中和今日的冰岛位置所差无几。"你去过冰岛吗？""没有，我有一个姨母去过一次。非常有趣，是个十分有意思的小岛，但是太远了，要坐船晕上5天才能到。"

这正是公元10世纪时人们对于英国的印象——晕三四天船才能到的地方。要知道乘坐当时罗马的帆船比现在乘坐700吨的汽船从利斯到雷克雅未还要难受。

然而，人们对于这些文明边缘地区的了解逐渐加深。那些画着图腾的野蛮人住在半埋在地下的圆拱形小屋中，被矮矮的泥巴墙所包围，最终被罗马人驯服了。罗马人听着他们说话，认为他们与北高卢的凯尔特人属同一种族。罗马人发现他们整体看来非常温和，愿意朝贡且不会谈论太多自身的"权利"。不管怎样，他们是否对这片土地享有权利也是值得怀疑的。因为几乎可以确信，他们也是新来者，从一个古老的入侵种族手里抢夺了这片土地，而这个种族只能在东西部偏僻的地方找寻到一些踪迹。

粗略来讲，罗马占领英国的时间约400年，几乎和白人统治美洲的时间相当。突然间，罗马的统治便走向了终结。在此之前近500年的时间里，罗马人都将饥肠辘辘的条顿人拒于欧洲领土之外。但之后，他们防守失利，野蛮人如潮水般涌向西欧和南欧。罗马便召回了国外驻防。当然，这种抵御也是暂时的，因为除非不复存在多年之后，不然没有哪个帝国会承认自己的失败。罗马留下了几个团守卫着东部的高墙，抵御大不列颠平原不受苏格兰野蛮部落的入侵，这些野蛮部落定居在难以跨越的苏格兰山脉中。其他的城堡则守卫着威尔士的边界。

　　然而有一天，定期供给的船只没能跨海抵达。这意味着高卢人输给了敌人。从此刻起滞留英国的罗马人与母国切断了联系，并且再未恢复。不久之后，沿海城镇传来消息称在亨伯河和泰晤士河的河口看见了外国船只，达勒姆、约克、诺福克和艾塞克斯等地的村庄被袭击抢劫。罗马人做梦都没有想到构筑东部防御工事，因为他们觉得完全没有必要。但是现在在一些神秘原因的推动下（是饥饿所迫，还是热衷流浪，抑或是后有敌军我们无从得知），条顿人的前卫跨过了多瑙河，穿过了巴尔干和阿尔卑斯山口，带领着撒克逊强盗的突击队一路从丹麦和荷尔斯泰因杀到大不列颠海岸。

　　罗马的当政者、罗马的驻军和罗马的妇孺孩童当时一定都住在那些漂亮的别墅里，虽然我们现在不断发现了它们的残迹，但当时却消失在了人们的视线里——神秘地消失且悄无声息，正如弗吉尼亚州和缅因州早期的白人居民在地球上蒸发一样。他们就这样溶解在了宇宙中。他们中有一些罗马人被奴仆所杀害，妇女则被好心的当地人娶了回去——这是一个骄傲的征服民族奇特的命运，但这种命运也比那些错过了搭乘最后一艘船回去而被杀害的殖民者要好。

接着是暴乱——来自苏格兰和喀里多尼亚成群的野蛮"斧头帮"肆意杀害邻居凯尔特人，他们在罗马担任国内和国际警察时软弱顺从。在这样悲痛的氛围中凯尔特人犯下了一个经常性的错误——他们自诩聪明的主意却正是灾难的象征："让我们从其他地方召集一些壮士雇佣他们为我们打仗吧。"这些壮士来自艾德尔与易北河之间的沼泽和平原，归属于一个叫撒克逊的部落，其起源无从得知，因为日耳曼北部到处是撒克逊人。

为什么他们会被认为是盎格鲁人也是至今悬而未决的问题。盎格鲁–撒克逊这个词语是他们出现在英格兰数个世纪后才产生的，现在却成为一个激发人们去战斗的标语：盎格鲁–撒克逊血统——盎格鲁–撒克逊传统。好了，神话故事总是一个比一个动听，如果因此可以让他们认为自己优于其他种族，又何乐而不为呢？然而历史学家不得不遗憾地宣布盎格鲁其实是古以色列王国失踪的十个部落中较小的一个种族——他们经常在过去一些虚假的编年史中提及，但没有人可以找到其相关踪迹。至于撒克逊人，可能就是30年前人们在远洋轮船的大船舱中见到的北欧移民部落。但是他们非常强壮，热衷于工作、战斗、娱乐和掠夺。他们用了500年时间才统一了这片现今可以世袭统治的土地。这500年间，他们迫使可怜的凯尔特人讲自己的语言，将那些在罗马贵族妇女厨房工作时所认识的几个拉丁单词很快忘却了。之后，这些撒克逊人却同样被移民潮中的条顿人驱逐出家园。

公元1066年，英国成为诺曼的属国，这是英格兰群岛第三次被迫承认海外主权。然后，很快形势就完全逆转了。事实证明，英格兰殖民地比他们自己的祖国法国更容易获得投资收益，因而诺曼人离开法国大陆，在英国永久定居了下来。

诺曼人最后一次战败并失去了法国的财产，这对于英国来说仿佛是一种祝福。英格兰人不再一直盯着大陆，而是开始意识到大西洋的存在了。即使这样，如果不是亨利八世与一位名为安妮·博琳的女士坠入爱河，英格兰可能依然不会开始它的海洋事业。当时安妮告知亨利八世到达她心里的路程中需穿过一座灯火辉煌的教堂。这意味着亨利八世需要与其法定王后——"血腥玛丽"[①]之母离婚。这导致了英格兰与臣服于教皇至高无上权威的罗马的最终决裂。自西班牙站在教皇一边以来，英格兰必须学会如何航海保卫家园，否则将失去国家独立成为西班牙的一个省。正是这样一场离奇曲折的离婚闹剧教会了英格兰人如何成为航海专家。掌握了这一新的贸易方式，他们得天独厚的地理位置便发挥得淋漓尽致。

然而，这一变化是在国家异常残酷的国内斗争中发生的。没有人可以理性地期待一个社会阶级会为了另一个社会阶级的利益而自取灭亡。自诺曼征服以后，握有最高统治权力的封建主试图阻止国家放弃农业生产而开展世界范围的商业活动是再正常不过的了。封建主义和资本主义历来都是宿敌。中世纪的骑士认为商业活动完全不配自由人开展。商人在他们的眼中就像私酒贩子，你可以用他们，但是却不允许他们从正门进入。因此商业贸易几乎都是外国人在做，尤其适合德国人和来自北海和波罗的海的有名的"伊斯特利斯人"，正是他们第一次给英格兰人灌输了钱币绝对的价值。而今天的英镑就是"伊斯特利斯钱币"演化而来的。犹太人被驱逐后严禁他们入国。甚至莎士比亚描写夏洛克只能通过道听途说。英国的

---

① "血腥玛丽"的原型为玛丽一世，成长于欧洲宗教改革的汹涌大潮之中，其时英国也成为天主教和新教进行殊死搏杀的场所。

沿海城镇开展一部分渔业，但这个国家几个世纪以来的主业还是农业生产。大自然非常眷顾这片土地，尤其是畜牧业，因为这里的土地通常多石头，难以种植谷物，但是却能为牛羊供给大量饲料。

工厂征服了农场

英国全年2/3的时间刮西风（并且持续地刮），带来了大量降雨，如果有人冬天曾在伦敦度过一段时间一定会记得这一点。正如前面章节我介绍北欧国家时所说的那样，现在的农业已经不是1 000年以前甚至100年以前一样完全依赖于大自然。我们虽然没有办法降雨，但是化学家可以教我们如何克服众多自然灾害。而同时代的乔叟和伊丽莎白女王却将其看作上帝的旨意，既无法补救也无法挽回。事实再一次证明，英格兰群岛的地理结构对于东部的地主来说是巨大的恩惠，其横切面看起来像一个汤盘，西高东低。这正是前面所提及的一个事实：英格兰其实是一个古老大陆的一部分，东部最古老的高山在风吹雨打的侵蚀下消失殆尽，而西部年轻的岩层山脉则直立在此，再过1 000万年或1 500万年都不会消失。这些年轻的山脉占据在威尔士（古凯尔特语言中留存的词汇之一）领地上，如栅栏般削弱了到达东部的大西洋的狂风暴雨，使其成功地缓和下来，为东部大平原营造一个种植谷物和饲养家禽的最理想气候。

英国是"灯塔之乡"

汽船的发明让我们可以从阿根廷和芝加哥采购谷物；冷冻储藏设备的引进可以将冻肉从世界的一端运往另一端。任何支付得起费用的国家都不再只依赖自己的农场和农田养活国内的人口了。但是直到100年前，食物供应商都还是衣食父母。如果他们决定锁上粮仓的门，那么数以百万的人将会慢慢死于饥荒。英格兰大平原南临英吉利海峡，西至塞文河（这条河横穿威尔士和英格兰并流向英吉利海峡），北部是亨伯河、墨西河，东部是北海，因而这一大片平原是古英格兰最重要的区域，因为它生产了国家绝大多数的粮食。

当然，我说到的这片平原并不是习惯意义上的平原。英格兰中央大平原并不像堪萨斯大平原一样，似一块扁平的薄饼，而是呈现出高低起伏的地势。泰晤士河（全长215英里）从平原中间流过。泰晤士河发源于科茨沃尔德山，该山因盛产山羊以及巴斯城而闻名。自罗马时期开始，饱受英格兰饮食折磨的人为了强健体魄会一同前往这里洗钙钠水浴，之后接着吃半熟的牛排和水煮的蔬菜。

然后，泰晤士河会从奇尔特恩山和白马山之间流过，为牛津大学的划船实验提供方便的用水，最后注入低洼的泰晤士峡谷，该峡谷位于东英吉利山和奔宁山之间的丘陵中。如果不是多佛峡谷的白垩土质模糊了河道要将大西洋和北海连接起来，泰晤士河会一路流向法国。

泰晤士河畔坐落着世界上最大的城市伦敦。正如罗马和其他大多数城市一样，伦敦的起源在时间的洪流中无法追踪。伦敦城的出现并非偶然，也不是君王的一时兴致所建。伦敦之所以屹立在此完全是经济发展的产物。为了从英国南方到达北方而不受制于恶意敲诈的摆渡者，泰晤士河上需要建座桥。伦敦的崛起源于其恰好处于航运的终点位置，由于河面不宽，对于两千年前的工程师来说修建一座安全的桥梁是完全可行的。这座桥可以运送人和商品到对岸而不打湿他们的鞋子。

当罗马人离开之后，英格兰群岛发生了巨大的变化，伦敦却依然如故。现今伦敦人口有8 000多万，比纽约多了整整100万，但其面积比古老世界中最大的城市古巴比伦大5倍，比巴黎大4倍。伦敦都是低层楼宇，由于英国人注重隐私及坚持独立管理自己的事务，他们拒绝住在像鸽子窝般的高楼中，故而伦敦的发展呈水平方向，而美国的城市建筑却是线性发展。

伦敦的中心城区现如今仅仅是个工厂。公元1800年，伦敦中心城区有13万居民，而后人口数量缩减，现在仅有1.4万人。但是财富积累过剩的英国大量投资海外企业，每天有50万人前往伦敦管理数十亿的资本流通并监管着来自殖民地数量惊人的货物。从伦敦塔延伸到伦敦桥长达20英里的货仓满是货物。

为了让泰晤士河一直开放运输，唯一的方法就是在河流沿岸建造众多的码头和货仓。那些想要了解国际商业活动的人只需看一看伦敦的码头便知道了。这会让那些美国人自叹不如，他们会难受地感觉到纽约只是个地方行省的村庄罢了，远远不是一个重要的国际贸易通道。但是，情况会随着时间变化，看起来国际贸易中心在向西移动，但伦敦的贸易知识仍然处于领先地位，而纽约才是刚起步的阶段。

我所讲的有些偏离主题，我们还是回到公元1500年前的英格兰大平原吧，其南部边缘地带由山峰组成，西部是康沃尔郡。从地理角度来看，康沃尔郡是布列塔尼的延伸，只不过被英吉利海峡隔开。康沃尔郡是个古怪的地方，这里的凯尔特人直到200年前仍保留着自己的语言和奇怪的石碑。无论从什么角度看，这些石碑都和布列塔尼的石碑十分相像，这也佐证了以上地理学说。也就是说，曾经有段时间，这两个地区居住的人民属于同一种族。顺便提到的是康沃尔郡也是地中海水手发现的第一块英格兰土地。腓尼基人为了寻找铝、锌和铜（不要忘了他们在金属时代初期十分繁荣）曾涉足远至锡利群岛。在那里，他们遇见了被大雾所困的野蛮人并以货易货。

这一整片地区最重要的城市是普利茅斯，该城市是个军事港口，几乎没有其他船只的出现，除了来自大西洋的汽船偶尔驶入。与康沃尔相对的布里斯托尔海峡是17世纪地图上的"错误海峡"，因为从美洲返回的船只很容易将其误认为英吉利海峡。这里船只会被40英尺的巨浪掀翻侵吞。

大不列颠

英国因正处于地球的正中心而享有极大优势

　　布里斯托尔湾的北部坐落着威尔士山，在其附近的安格列斯岛发现铁矿、煤矿和铜矿之前，这里并不为人所重视。这个地区因这些矿产的发现成为整个英格兰王国最繁荣昌盛的工业区之一。加的夫，一个罗马军事要塞，现已成为世界上最大的煤炭中心之一。加的夫因一条从塞文河穿过的铁路而与伦敦相连。这一铁路线在工程圈中被赞誉有加，与连接威尔士大陆与安格列西岛以及霍利黑德岛的大桥一样名震四海。从霍利黑德岛出发可抵达爱尔兰首都都柏林的港口金斯顿（今名丹莱里）。

古英格兰状似四方形，每个城市和村庄都历史久远，以至于我不敢提及它们的名字，唯恐把这本世界地理写成英国地理。时至今日，这个国家地主阶级仍然是中流砥柱。在法国，大地产并不是没有但非常稀少，地主的数量是英国的十倍。在丹麦，这个比例差异甚至更大。这种乡绅阶级不再举足轻重，但现如今却只是一个教其他人如何正确地穿高尔夫裤的社会团体，并只能通过教女人如何在家里当家来消磨时光。这并非因为他们缺失美德，而是詹姆斯·瓦特发明了实用的蒸汽机推动我们的经济生活发生巨变所造成的。当这位格拉斯哥大学的机器制造热爱者摆弄他祖母的茶壶时，蒸汽机还带着笨拙的泵运作得十分缓慢。瓦特去世之后，蒸汽机占据主导地位，土地不再是财富的唯一来源了。

那时，也就是19世纪的前40年，英国的经济中心从历来的南方向北移动至兰开夏郡，这里用水蒸气驱动曼彻斯特的棉花机运作；移动至约克郡，蒸汽机推动利兹和布拉德福德成为世界纺织工业的中心；移动至"黑城"伯明翰，蒸汽机动力十足，生产出数百万吨的钢板和钢梁。这些钢材是建造船只的必需材料，船只可将英格兰群岛制造出的成品运往世界各地。

这场由蒸汽机代替人力带来的巨变是人类从未经历的最大变革。当然，机器无法思考，需要一定数量的人类参与者维护和操作它们，告诉它们什么时候开始、什么时候结束。同时，机器会对这种简单的服务有所回馈，那就是让农场的工人变得富裕。乡村人听到城市的诱惑之声后，城市跨越式增大。出租房屋的合约商暴富，于是在很短的时间内80%的乡村人口涌向城市。在这期间，英国积累了大量的剩余财富，即使其他资产消耗仍可以坚持很久。

直到今天，很多人仍然不停地自我反问：英国真的已经发展到这种地步了吗？时间会告诉他们答案——这个时间就是接下来的10年或20年。目睹接下来会发生什么也是很有意思的事情。大英帝国的崛起是在一系列的偶然事件下催生的，这一点与古罗马帝国非常相似。古罗马帝国曾是地中海文明的中心，不断征战邻国只是为了不丧失独立。英国成为大西洋文明的中心之后，也不得不走上古罗马的老路。现在，全球范围的掠夺看起来最终落下帷幕。商业和文明开始进军海洋，这个几年前的帝国中心正迅速地沦落为一个人满为患的岛屿，人口密度有的地方比荷兰还大。

这似乎很糟糕，但我们的地球就是这样。


## 苏格兰

古罗马人获悉苏格兰的存在就如我们大西洋沿岸的祖先知道"五个开化部落"一般。在北部的某个地方，远至大英帝国的碉堡和诺森波兰人的茅屋，那里荒无人烟的山上居住着由牧羊人和牧主组成的野蛮人部落。这就是苏格兰人。他们的生活如传说中般简朴。苏格兰人由母亲而不是父亲管理着他们的孩子，这与世界上其他地区一样。除了几条连马都走起来陡的弯曲小路外，再没有其他的道路可行走。苏格兰人激烈地抵制文明教化，因此对待他们的最佳方式就是任其隔绝。但是，他们也是偷盗牲畜的可怕强盗，可以突然冲下山来偷走切维厄特丘陵上的羊和坎伯兰的牛。因此，保卫这个区域的最明智的方法就是从泰恩河到索尔威修建一堵高墙，如果被抓就让他们在匕首下或者钉在十字架上痛苦死去。

在这种情况下，罗马帝国统治英格兰的400年里，这里除了在几次进犯中遭受惩罚外，几乎没有受到文明的恩惠。他们只和爱尔兰岛的同族凯尔特人继续保持古老的贸易关系，但他们的物质需求极其稀少，几乎与世隔绝。古罗马的城墙已无踪迹，但现在的苏格兰人却保持自我，并发展出他们自己的文化。

事实上，苏格兰这片赤贫的土地也有助于他们保持自己的独立性。苏格兰大部分地区是山区。在人类出现的很久很久之前，这些高山与阿尔卑斯山相当。之后，高山被风雨渐渐侵蚀，且地壳动荡。接着，覆盖斯堪的纳维亚半岛的冰将山谷中沉淀下来的薄土冲刷干净。所以仅有10%的苏格兰人居住在高地，而剩下90%的人生活在低地地区也不足为奇。

这些低地地区是一条不超过50英里宽的狭长地带，西起克莱德湾，东至佛思湾。这个山谷是火山爆发形成的断裂带（大多数的城堡都建在死火山之上），坐落着苏格兰两大城市——古都爱丁堡和现代城市格拉斯哥，后者是钢铁、煤炭、造船业和制造业的中心。这两大城市被一条运河连接起来，而另一条运河穿过洛恩湾到达马里湾，船只可通过这条运河从大西洋直达北海，不须经过约翰·奥格罗茨群岛、奥克尼群岛、设得兰群岛与爱尔兰和挪威北角古大陆遗迹之间的危险水域了。

但格拉斯哥的这种繁荣昌盛却无法带来一个国家的富强，普通的苏格兰农民平日里依旧在饥饿边缘挣扎徘徊，并不曾感受到真正的生活。大概是因为这一点，他们对千辛万苦挣来的几个钱显得格外"谨慎"，也因此学会了不去理会其他人的说法，而完全依靠自己的奋斗、智慧和勇气生存。

在历史的偶然作用下，伊丽莎白女王去世后让其苏格兰表兄弟斯图亚特王朝的詹姆士继承王位，此举将苏格兰纳入英格兰王国的版图。自那时起，苏格兰人便可以随心所愿地进入英格兰王国了。事实证明，苏格兰岛对于实现他们的抱负来讲过于狭小，这时他们可以纵横在英格兰的土地上。然而事实证明他们人穷志短，他们只注意勤俭节约，对事业缺乏总体热情，使他们只适合于成为偏远地区的领导者。

## 爱尔兰——自由之地

接下来就是一个完全不同的故事了。这是个令人费解的人类命运悲剧：一个拥有无限智慧和潜力的民族，似乎是故意放弃了原本的目标，转而浪费精力去追求一份注定失败的事业，付出了无谓的努力。与此同时，附近的死敌却始终保持警惕，对于这些没有意识到对自身利益清醒的认识是生存第一法则的民族，他们会进行残酷的羞辱和无情的奴役。

这又怪谁呢？我不知道，也没人知道。怪地质情况吗？不见得。爱尔兰作为史前北冰洋大陆的残余大陆，如果那时的中心大陆没有发生变迁，没有下沉致使整个爱尔兰地貌像个汤盘，那么为数不多的几条河流就不会蜿蜒曲折才能入海，导致船只无法航行，那么爱尔兰就会更加富裕。

怪气候吗？也不行，因为爱尔兰的气候与英格兰相差无几，只是更加湿润，雾天更多而已。

怪地理位置吗？答案也是否定的。因为在发现美洲大陆以后，爱尔兰是与新大陆进行商业贸易最近也最方便的地方。

那么应该怪什么呢？恐怕还是要怪人。人打破了所有的期望，将自然优势转化为物质劣势，将胜利转化为失败，将勇气转化为麻木地接受枯燥而悲伤的命运。

怪氛围吗？我们都知道爱尔兰人多么热爱他们的神话故事。每一部爱尔兰戏剧、每一个民间传说中都会提到精灵、狼人和地精。说实话，在现在这样无聊的生活中，我们真的对于地精、精灵和他们奇形怪状的亲戚觉得有点厌倦了。

*爱尔兰*

也许你会说我又跑题了。这些跟地理有什么关系呢？如果地理指的是无数山脉河流、城市、煤炭出口量和羊毛进口量的话，那确实没什么关系。但人类活着不能仅仅只是觅食，人类有大脑，还有想象力的天赋。但在爱尔兰这个国家，却有着不寻常的地方。当你远远遥望一个国家的时候，你会自言自语："这是一片大陆，看起来高耸或平坦，颜色也许是棕色、黑色或绿色。那里也许生活着一些人，正在吃喝，他们也许英俊或丑陋，幸福或悲惨，去世的时候或许有牧师的祝福，也可能没有。"

但在爱尔兰并不一样。爱尔兰有一种与世隔绝的气氛，或者说是超凡脱俗的气氛。孤寂的气氛遍布每一个角落。孤独几乎无处不在。曾经真实的事情转眼饱受质疑。几小时前非常简单的事情突然变得复杂。人们脚下的土地比爱尔兰西部宁静海洋的深渊更加神秘莫测。

爱尔兰人民，意识到民族曾经的苦难以后变得怨天尤人，因为他们曾经被奴役的时间比任何民族都长。但是他们的精神中一定有某种特质，或者说是一种轻微的认知偏差，才能使这种人类历史上非常独特的情况一直完好地流传下来。而据我所知，这一缺点正是出自爱尔兰这片土壤，人们随时准备死亡，却很少有人做好活下去的准备。

诺曼征服者们前脚在英格兰安寨扎营，后脚就将贪婪的目光看向了爱尔兰海。爱尔兰海和北海一样，其实是山谷下沉，并不是海洋真正的一部分。对于诺曼征服者们来说，情况非常有利于实现他们征服富裕的爱尔兰的野心。当地的部落首领有争吵不完的矛盾，所有想要统一大陆建立政权的尝试都以失败告终。对于当时的征服者威廉来说，爱尔兰就像是"颤抖的草地"。这个国家到处都是野心勃勃的神父，渴望将基督的福音传递给世界各地的异教徒。但是这里没有道路，没有桥梁，没有任何交通设施。那些能够将日常生活变得更加便利和谐的设施，是如此的重要，却一直被忽视。城市中央曾是一片沼泽，由于缺乏治理一直都是一片沼泽。可惜沼泽有个缺点，就是不能自动排干。当人的灵魂充满诗意，那他的双手就会忽视清洗碗盘。

当时英格兰和法国这样的强国统治者们，与当时世界上其他强国的统治者保持着不错的关系。比如教皇英诺森三世，急于支持自己溺爱的儿子约翰，宣布《自由大宪章》无效，诅咒那些胆敢逼迫国王签署离谱协议的贵族。在一次内战中，一位爱尔兰首领请求亨利二世来帮助他对抗比他更加强大的敌人（我已经彻底忘了当时到底有多少敌人）。罗马也进行着隐形的操纵，教皇安德里四世积极签署文件，任命英格兰国王陛下为爱尔兰世袭君主。一支拥有两百名骑士和不到一千名军人的诺曼军队占领了爱尔兰。强迫那些与世隔绝，一直以来过着简单快乐的部落生活的人们实行封建制度。这揭开了一切纷争的序幕，直到几年前才落幕。甚至直到今天，这种火山喷发一样突然的暴力仍然会占据报纸的封面头条。

爱尔兰的地貌如同爱尔兰人的灵魂一般，是进行谋杀和埋伏的理想地点，在这里，崇高的理想和低下的背叛交织得如此紧密，甚至好像只有把当地居民全部赶尽杀绝才能解决问题。这话可不是信口开河。侵略者们曾经有几次想要对爱尔兰人民进行大规模屠杀和驱逐，随后没收他们的财富上缴给国王和其亲信。比如，克伦威尔在1650年一次对爱尔兰人反叛的镇压中就这么做过。当时，爱尔兰人凭借着过度良好的自我感觉和在错误的时间做错误的事情的神奇天赋，选择支持毫无胜算的查尔斯国王，发动起义。几个世纪之后，这场罪行仍然留在人们的记忆中。由于克伦威尔想一劳永逸地解决爱尔兰问题，结果导致爱尔兰人口减少到80万，饿死的人数持续上升（这里的出生率一直不是很高），那些能够乞讨、借钱甚至偷窃到一点路费的人们，都匆忙逃到了其他国家去。那些留下的人们，怀着怨恨，埋葬了亲友，靠着几个土豆和支撑他们的希望活下去。直到第一次世界大战，他们才迎来了彻底的解脱。

从地理层面来说，爱尔兰一直是北欧的一部分。但从精神层面来说，它直到不久之前都属于地中海的中心。即使今天，爱尔兰已经实现自治，享有与加拿大、澳大利亚和南非同样的自治权，它仍然保持着与世隔绝。爱尔兰人民不仅不为统一的家乡努力，反而自己划分成两个独立对立的区域。南方或者是天主教一方，占全国总人数的75%，享受"自由之州"的地位，以都柏林为首都。北方通常被叫作阿尔斯特，包括六个郡，几乎都是新教徒移民的后裔。仍然是英国的一部分，有地区代表参加英国议会。

　　这是在本书装订前的情况。没人能预知1年或10年以后情况会如何。但是这是过去一千多年以来爱尔兰人第一次掌握自己的命运。他们现在可以自由地发展港口，将科克、利默里克和格尔威建成真正的海湾。他们可以试验那些在丹麦已经取得成功的农业合作社系统。他们的乳制品可以和世界上其他国家的产品在同一平台上竞争。爱尔兰民族可以和世界上其他国家的民族一样，享有自己独立自由的身份。

　　但是爱尔兰民族是否能够彻底忘记过去，理智应对未来呢？

# 22. 俄罗斯

难辨亚欧

在美国政府看来，俄罗斯并不存在。因为美国认为俄罗斯的统治者不合法，禁止俄外交代表进入美国国境，美国公民受到警告，如果他们去俄罗斯，就必须自己承担风险，如果他们遇到困难，也无法指望美国政府提供帮助。但是，从地理位置上来说，俄罗斯的面积占地球陆地总面积的1/7，是整个欧洲面积的2倍，是美国面积的3倍，其居民数等同于欧洲四个最大国家的居民总数。然而，我们美国虽然往蒙罗维亚和亚的斯亚贝巴都派遣了驻外使节，但却没有派遣使节驻扎莫斯科。

对于这一切的情况，背后一定有原因。从表面上看，这个原因是政治方面的；但实际上，它的根源在地理方面。因为与我所能想到的任何其他国家相比，俄罗斯都更能称得上是自然背景下的产物。它从来没有完全决定好，究竟是应该属于欧洲还是属于亚洲。这些复杂的情感导致了文明的冲突，而正是这种文明的冲突造成了它当前所面对的国际形势。我希望借助一张非常简单的地图来阐述这些问题。

但是，首先让我们试着回答这个问题，俄罗斯是欧洲国家还是亚洲国家呢？为了弄清这个问题，不妨假设你是楚克奇部落的一员，生活在白令海峡的岸上，但是你不喜欢这样的生活（因为在西伯利亚东部那样冰封的角落里，靠采集为生的生活十分贫苦，所以我不会责怪你的这种想法）而且你决定接受霍勒斯·格里利的建议向西迁移。再假设你不擅长登山，而且决定像你童年时代那样继续生活在平原。如果是这样的话，你可以徒步向西走几年都不会遇到什么障碍，除了不得不游过十几条非常宽阔的河流。最终，你必然会来到乌拉尔山脉的面前。虽然所有的地图都将该山脉标为亚洲和欧洲的分界线，但是它却算不上什么屏障，因为第一批进入西伯利亚的俄罗斯探险者（他们本是一群逃犯，但是一旦他们发现了有价值的东西，就立刻获得了"探险家"的荣耀）扛着船只跨越了乌拉尔山脉；你可以试试能不能扛一艘船穿过落基山脉或者阿尔卑斯山脉！

　　穿过乌拉尔山脉之后，再经过半年左右的跋涉，你就可以到达波罗的海。你不必离开俄罗斯这一相当平坦的国家，就能从太平洋直达大西洋（因为波罗的海毕竟是大西洋的一个分支）。这个国家全部的土地都属于一个巨大的平原，这个平原几乎占据了亚洲的三分之一和欧洲的一半（它连接德国大平原，而德国平原一直延伸到北海），而且这个平原存在一个非常不利的地形条件，因为它向北冰洋敞开。

　　这就是古老的俄罗斯帝国所承受的诅咒，数百年间，这个帝国耗费了大量的劳力和财富企图到达"温暖的水域"，但是这样的努力耗资巨大却成效甚微；而且，它是已经倒台的古老的罗曼诺夫家族的政治继承者苏维埃社会主义共和国联盟（U.S.R.R.）的最大障碍之一，它不同于一座有八十层楼和八千间房间的建筑，而是像这样的一种构造：除了有两扇连接三楼后方消防通道的小窗户，再没有其他入口或出口了。

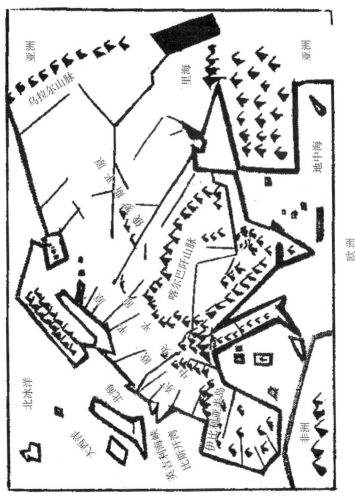

与法国或英国这样的小面积国家相比，你已经习惯性地将我们的共和国视为一个地域广大的国家了。但是这座四处插满俄罗斯国旗的平原的面积是法国的40倍，英格兰的160倍，欧洲的3倍，而且它占据了地球总陆地总面积的1/7。俄罗斯的主要河流鄂毕河（the Ob）与亚马孙河（the Amazon）一样长。它的第二大河勒拿河（the Lena）和密苏里河（the Missouri）一样长。在俄罗斯的湖泊和内陆海中，位于西部的里海（Caspian）的面积与苏必利尔湖（Superior）、休伦湖（Huron）、密歇根湖（Michigan）和伊利湖（Erie）的总面积一样大。位于中部的咸海（the Aral Sea）比休伦湖（Lake Huron）大4 000平方英里，而东部的贝加尔湖（the Baikal Lake）面积几乎是安大略湖（Lake Ontario）的2倍。

　　南部的山峰将这片平原同亚洲的其他地区分隔开，而且高度与我们所在大陆的最高峰相当。其中阿拉斯加的麦金利山峰（Mt. McKinley）高达20 300英尺，而高加索（Caucasus）地区的厄尔布鲁士峰（Mt. Elbruz）高达18 200英尺。地球表面温度最低处位于西伯利亚东北部，而该平原位于北极圈内的部分的面积与法国、英国、德国和西班牙的面积总和一样大。

　　该地区以各种可能的方式鼓励极端。因此，难怪居住在这片草原地带和苔原地区的人们的性格受到自然环境的影响，并且他们思考和行动的体系和模式在世界上的任何其他地方看来都是怪诞的。也难怪他们能够以极为虔诚的形式遵从信仰长达几个世纪，却在突然间抛弃对上帝的所有认识，甚至把他和他的名字从学校的课程中除去。也难怪他们愿意臣服于在他们看来是完全正确且无比神圣的一个统治者长达数百年，而有朝一日却发动起义推翻他的统治，随即接受一种冷酷无情的经济理论的糟蹋，这种理论可能未来会为他

们带来巨大的福祉，但是现在却像所有沙皇那样对他们显露出无
情、残酷和专制。

俄罗斯地形

罗马人显然从来没有听说过俄罗斯。和今天的我们一样，
希腊人前往黑海寻找谷物（还记得金羊毛的故事吗？），他们
在那里遇到了一些野人的部落，他们称之为"挤马奶者（mare-
milkers）"。从遗留给我们的花瓶上的几张图片来判断，"挤马奶
者"很可能是现代哥萨克人（Cossacks）的祖先。但是当俄罗斯人
真正地出现在历史的地平线上时，他们生活在由南边的喀尔巴阡山
脉和德涅斯特河（Dniester）、西边的维斯杜拉河（Vistula）、北
面的普里皮亚特（Pripet）沼泽和东面的第聂伯河（Dnieper）所围

成的正方形区域。他们的同族立陶宛人、列特人（Letts）和普鲁士人就居住在他们北方的波罗的海平原上，其中，普鲁士人早期是一个斯拉夫部落，后来成为现代德国的统治者。在俄罗斯人的东边生活着芬兰人，这些芬兰人今天被限制在北极圈、白海和波罗的海之间的那片领土上。而在南方，居住着凯尔特人、德国人以及这两个人种的混血。

不久之后，日耳曼部落开始在中欧游荡，只要他们需要仆人，便会袭击北方邻居的营地，他们认为这非常方便。因为他们在北面的邻居是温顺的种族，无论命运给予他们怎样的安排，他们都会耸耸肩，沉默地接受一切，"哎，生活就是这样啊！"

这些北方近邻似乎给自己取了个在希腊人听起来像"斯克拉维尼（Sclaveni）"的名字。人口贩子袭击喀尔巴阡山地区以储存活生生的商品，因为他们常说自己抓住了许多斯拉夫人或奴隶，所以"奴隶"这个词逐渐成为一种商品名称，指那些成为另一个种族的合法财产的不幸之人。认为这些斯拉夫人或奴隶最终能够发展成为当今世界上面积最大、国力最强的高度集权的国家，是历史上最大的讽刺之一，但不幸的是，这个讽刺应验了。如果我们的直系祖先稍微有点远见，我们就永远不会陷入目前所处的窘境之中。我将试着用几句话来做解释。

斯拉夫人原本在他们面积不大的三角区域里和平地生活。他们因为大量地繁衍后代，不久便出现了对更多的土地的需求。然而通往西部的道路被强大的日耳曼部落阻断了，通往富庶之地地中海的门户也被罗马和拜占庭关闭了，唯一剩下的只有东部了，所以他们蜂拥向东进发，开疆拓土。他们越过德涅斯特河和第聂伯河后继续向前，最后抵达伏尔加河，这条大河是俄罗斯农民所赞扬的"众河之母"，因为河中的渔产丰富，能够供养数十万人口。

伏尔加河是欧洲最大的河流，它发源于位于北方的俄罗斯中央高原的低矮群山之中。正是这些小山为建造堡垒提供了绝佳的条件，俄罗斯早期的大多数城市都位于那里。伏尔加河必须绕过这些山脉并向东盘旋一个很大的弧度才能流进大海。它沿着这条山脊的轮廓如此小心翼翼地前行，造成了右岸高而陡而左岸低而平的现象。河流因那些小山而造成的盘旋是相当壮观的。从伏尔加河源头附近的特维尔（Tver）到里海的直线距离只有1 000英里。但河流实际流经的长度达到了2 300英里。这条欧洲最大河流的流域面积达563 000平方英里，它比密苏里州的面积（527 000英里）还要大40 000平方英里左右。伏尔加河覆盖土地面积等同于德国、法国和英国的面积总和。但是，这条河流一定也像俄罗斯的其他东西一样，有些许怪异之处。伏尔加河是一条非常适合航行的河流（在世界大战之前，一支由40 000艘小船组成的舰队在伏尔加河流上行驶），但是当这条河流至萨拉托夫市（Saratov）时，它的水面已达到海平面同一高度。因此，该河流的最后数百英里是低于海平面的。这听起来虽然不可能，但是确实存在。它流入的位于盐质沙漠中部的里海面积已经大幅缩小，现在位于地中海水平面以下85英尺处。再过数百万年，它将会与死海不相上下，而死海保持着低于海平面以下1 290英尺的纪录。

顺便说一句，伏尔加河应该是我们吃的所有鱼子酱的"母亲"。我特意使用"应该是"的表达，因为伏尔加河只是鱼子酱的"继母"，而且与鲟鱼相比，金枪鱼才更能称得上是远近闻名的俄罗斯美食。

俄罗斯古代的贸易通道

在铁路得到普遍推广之前，河流和海洋是人们进行贸易或者外出劫掠资源的通道。因为西面的敌人条顿人和南面的竞争对手拜占庭人阻断了与远洋连接的途径，所以俄罗斯人一旦被迫要寻找更多的自由的土地，就不得不依赖各条河流。从公元600年到如今，俄罗斯的历史一直与两条大河紧密相连，一条是我前面提到的伏尔加河，另一条则是第聂伯河。但在这两条河中，第聂伯河更为重要，因为它是从波罗的海到达黑海的主要路线的一部分，而且它无疑与贯穿德国大平原的大篷车路线一样古老。请对照地图随我去那里吧。

首先看最北边，我们发现芬兰湾通过涅瓦河与拉多加湖（面积大约相当于安大略湖）相连，而列宁格勒（今名圣彼得堡）坐落在涅瓦河的河畔。然后我们看到有一条小溪从拉多加湖向南流去，它是沃尔霍夫（Volkhov）河，连通拉多加湖和伊尔门湖（Lake Ilmen）。在伊尔门湖的南侧，我们看到的是洛瓦季（Lovat）河。洛瓦季河与杜纳（Duna）河之间的距离不是很远，而且此间的地形足够平坦，人们可以进行水陆联运。来自北方的旅行者一旦克服了这个困难，就可以乘船沿着第聂伯河悠闲地漂流而下，最终到达距克里米亚半岛以西几英里的黑海。

贸易不受国界限制，商业也对没有多少种族歧视。商人将商品从古斯堪的纳维亚人的领地运送到拜占庭境内有利可图，正是因为这样的原因，他们才来到这些地方定居下来。在本纪元头五六百年间，这是完全是一条贸易路线，它沿着一块地质拗陷前进，一侧是加利西亚和波多利亚（喀尔巴阡山脉的外围地区）的群山，另一侧则是俄罗斯中央高原。

但是斯拉夫移民逐渐充斥这一地区后，情况发生了变化。因为这个时候的商人变成了政治上的霸主，并且结束了无休止的漂泊生活，定居下来，成为一个王朝的奠基人。俄罗斯人就算拥有卓越的聪明才智，也没能成为非常优秀的统治者。其近邻条顿人拥有更为严格的思维精确度，而他们缺乏这点。俄罗斯人太爱怀疑了，而且他们经常把心思放在其他事情上。他们善于高谈阔论，也喜欢低头沉思，这种性格对需要集中精力快速做出决定是非常有用的。因而，他们相对来说比较容易就能找个地方定居下来并很快成为当地首领。当然，起初他们没有向外大肆扩张的野心，但是他们需要土地以供居住。他们建好能充当皇室住所的地方后，便需要为他们的臣民提供住所，俄罗斯大多数的古老城市正是以这种方式形成的。

然而，年轻而朝气蓬勃的城市往往会吸引外界的注意。君士坦丁堡的传教士们得知了这个拯救灵魂的新机会之后，就乘船沿着第聂伯河向北进发，就像几个世纪以前古斯堪的纳维亚人乘船南下一样。这些传教士与当地统治者联手后，修道院就成为宫殿的附属物了。俄罗斯的罗曼诺夫家族登上历史的舞台。南部的基辅以及富裕的商业城市大诺夫哥罗德（与今天位于伏尔加河畔的下诺夫哥罗德无关，奥卡河在这个城市所在地与伏尔加河相通）变得着实富裕和著名，乃至西欧也听说了它们的辉煌。

　　与此同时，和过去的一万年间一样，农民的人口继续增加，所以他们再一次发现自己需要更多的农场。他们的家园位于乌克兰的肥沃山谷，那里是整个欧洲最富庶的粮仓，而他们打破了自己家园的桎梏，开始进入俄罗斯中央高原。他们到达该地区的最高处之后，就沿着向东奔腾的河流继续向前。他们悄无声息地缓缓（对俄罗斯农民来说时间算什么呢？）沿着奥卡山谷走下来，最后到达伏尔加河，并建立了另一个新城镇诺夫哥罗德，希望凭借此处世世代代统治这个平原。

古俄罗斯

但是至少在历史上，"世世代代"似乎永远不会持续太久。在13世纪初期，"黄祸"这样的大灾难突击考验了他们的野心。成千上万的身材矮小的黄种人穿过乌拉尔山脉和里海之间的巨大间隙——乌拉尔河附近的盐碱荒地，他们骑马西行，最后似乎整个亚洲的人口都迁到了欧洲的中心地带。西部的小斯拉夫公国完全手足无措。鞑靼人用不到3年的时间就掌握了整个俄罗斯平原、河流、海洋和山地，而有幸的是（鞑靼人的小马爆发了流行病），德国、法国以及西欧的其他地区没有遭受这次劫难。

鞑靼人养出一批新马后，就要再次尝试了。但是因为德国和波希米亚的堡垒坚不可摧，入侵者便绕了一个大圈，一路烧杀劫掠，穿过匈牙利后在俄罗斯的东部和南部驻扎下来，享受着战利品。在接下来的两个世纪里，每当遇到可怕的成吉思汗的后裔，信仰基督教的男女老少就不得不跪在尘土中并亲吻他的马镫，否则等待他们的就是即刻处死的惩罚。

虽然欧洲了解了这样的情况，但是却并不担心。因为斯拉夫人依照希腊人的仪式祭拜天神，而西欧则是遵从罗马人的仪式。因此，对于入侵者的暴行，他们置之不理，即使俄罗斯人沦落为最卑微的奴隶，颤抖地挣扎在外国人的鞭子抽打之下，他们依旧袖手旁观，因为在他们眼里俄罗斯人是异教徒，没有什么更好的宿命。最后，这种听之任之的态度让欧洲付出了沉重的代价，因为在鞑靼人长达两个半世纪的统治下，慢性子的俄罗斯人默默忍受着"统治者"的各种沉重压迫，养成了愚昧地屈服强权者的习惯，这个习惯是灾难性的。

俄罗斯人自己永远无法摆脱那种可怕的枷锁。莫斯科的小公国是斯拉夫人在东部的一个古老的边防哨所，其统治者成功地争取到了国家自由。1480年，约翰三世（俄罗斯历史上的伊凡大帝）拒绝向金帐汗国的统治者上交岁供。这标志着公开抵抗的开端。半个世纪后，外来侵略结束了。但是，虽然鞑靼人消失了，但是他们的体系保存了下来。

新的统治者天生就对生活的"现实"有着良好的感觉。大约30年前，土耳其人占领了君士坦丁堡，东罗马帝国的末代皇帝在圣索菲亚大教堂的台阶上遭到杀害。但是他还留有一个远房亲戚，那是一个名叫佐伊·帕莱奥洛戈斯（Zoe Palaeologa）的女人，她碰巧是天主教徒。教皇看到有机会将希腊教会这只迷路羔羊牵回自己院子，便要促成伊凡和佐伊的婚事。婚礼完成后佐伊改名为索菲亚（Sophia）。但是教皇的精心策划并没有获得他想看到的结果。相反，伊凡变得比以往任何时候都更加独立了，他意识到他有机会充当以前由拜占庭的统治者所充当的角色了。他采用了君士坦丁堡的盾形纹章，这是代表东罗马帝国和西罗马帝国的著名的双头鹰。他把贵族贬为奴仆，他将自己变得神圣不可侵犯。他将拜占庭式的古老而严格的礼仪引入了莫斯科的小宫廷里。他认为他现在是世界上现存的唯一的"恺撒"，而他的孙子依靠其家族不断取得的功绩，最终宣称自己是其所征服的俄罗斯所有地区的皇帝或"恺撒"。

1598年，古斯堪的纳维亚入侵者，即鲁里克（Rurik）家族的最后一个后裔去世了。经过15年的内战，莫斯科的一个并不是非常显赫的家族——罗曼诺夫家族的一名成员成为沙皇，从那时起，俄罗斯的地理位置最为直接地反映出了这些罗曼诺夫家族人的政治野心，他们虽然有过多次失败，但他们的光辉事迹要远远多于劣迹，所以我们大可忽略他们的一些失败。

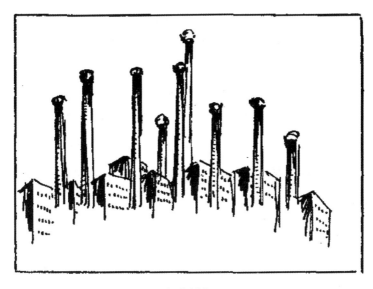

新俄罗斯

　　他们所有人在一件事情上，都秉持一种根深蒂固的观念，即找到可以使他们的臣民直接出海的途径，无论付出多大的代价都在所不惜。他们在南部进行了尝试，并一路进攻到了黑海、亚速海和塞巴斯托波尔，却发现土耳其人切断了他们通往地中海的道路。但是通过这些战役，10个哥萨克部落的皇室宣誓效忠他们，这些哥萨克部落是古哈萨克或自由民、冒险者或逃跑奴隶的后裔，他们在过去的5个世纪中为了躲避波兰或鞑靼统治者逃到了荒野。他们曾与瑞典人进行过一场战争，自从那些瑞典人成功参与三十年战争以来他们几乎占领了波罗的海周围的所有领土。最后，经过半个世纪的战争，沙皇彼得（Czar Peter）得以命令他麾下的数十万人进入涅瓦河沼泽地为他建造新都城圣彼得堡。但是芬兰湾每年冻结时间长达四个月，"出海"仍旧遥遥无期。他们沿着奥涅加河（Onega

215

River）和德维纳河（Dwina River）穿过苔原地带的中心——北极圈内的苔藓平原——他们在白海旁建造了一座新的城市，并且以大天使米迦勒给该城命名；但是卡宁半岛距离欧洲与哈得孙湾的冰冻海岸距离欧洲同样遥远。所有荷兰和英国船长都小心翼翼地避开了摩尔曼（Murman）海岸。因此要达成目标毫无希望。除了尝试开拓东边的路线之外别无他法。

东西伯利亚

1581年，一支约有1 600人的队伍越过乌拉尔山脉，他们由来自6个欧洲国家的逃跑的奴隶、冒险者和战犯组成，迫于必要，他们在向东行进的过程中袭击了遇到的第一个鞑靼可汗，这个可汗统治着一个叫西伯利亚的地区。这支队伍击败了这个鞑靼可汗，瓜分了他的财产。但是因为他们知道莫斯科的势力辐射范围很远，所以他们把这片领土献给了沙皇，而不是等着将来的某一天小国王的军队追赶着他们，把他们当作逃兵和叛徒处以绞刑。因为他们为沙皇俄国的荣耀增光添彩，所以他们享受到了爱国者的荣誉。

这种奇怪的殖民方式维持了将近一个半世纪。在这些"坏人"面前的是一大片广阔的平原，人烟稀少，却土壤肥沃。北半部分是草原，但南半部分是树林。很快他们就离开了鄂毕河，接着到达了叶尼塞河（the Yenisei）。早在1628年，这支令人讨厌的入侵军的先锋部队就到达了勒拿河，并于1639年抵达鄂霍次克海的海岸。他们继续向南，1640年以后不久，在贝加尔湖畔建造了最早的堡垒。他们在1648年发现了阿穆尔河（在中国称为黑龙江）。同年，一位名叫德日耐夫（Dejnev）的哥萨克人沿西伯利亚北部的科雷马（Kolyma）河顺流航行，经过北冰洋海岸，最后到达了将亚洲与北美洲分隔开的海峡（白令海峡），归来后，他把这个故事讲述给别人听，然而几乎没有引起任何人的注意。直到80年后，一名受雇于俄罗斯的丹麦航海家维特·白令（Vitus Bering）再次发现这一海峡时，他获许用自己的名字给这一海峡命名。

从1581年到1648年经历了67年的间隔。想想我们的祖先，他们花了大约两个世纪才能从阿利根尼山（Alleghenies）走到太平洋沿岸地区，所以很明显俄罗斯人并不总是像我们有时所想象的那样磨蹭。俄罗斯人不满足于将整个西伯利亚纳入其原始版图，他们跨越亚洲进入美洲，早在乔治·华盛顿去世之前，曾经有一个繁荣的俄罗斯殖民地位于一座以大天使加百列（Archangel Gabriel）命名的要塞，这个要塞在今天成了名为锡特卡（Sitka）的小镇，1867年，正是在这个小镇上，阿拉斯加由俄罗斯正式交接给美国。

俄罗斯的这些先驱者无论在精力和个人勇气方面，还是在无所畏惧的气概上，与我们的祖先相比都更胜一筹。因为莫斯科和彼得堡的统治者对亚洲帝国的观念根深蒂固，阻碍了一个地区的正常发展，在这个地区，各种各样的财富都在等待有识之士的开发。然而俄罗斯没有开发牧场、森林和矿山，而是将西伯利亚变成了一座巨大的监狱。

17世纪中叶，第一批犯人来到了这里的时候正值耶马克（Yermak）越过乌拉尔山脉50年。这些犯人由神甫组成，他们因为拒绝依照东正教的仪式做弥撒所以被押送到阿穆尔河畔受罚，并且在饥寒交迫中死去。从那以后，一直有男男女女（有时会有儿童）被遣送到这处荒地，原因是这些人的欧洲个人主义意识与亚洲的从众观念二者间产生了冲突，而后者正是古俄罗斯政府机构的基本法则。这种驱逐的顶峰发生在1863年，时值波兰的最后一次大革命后不久，当时有超过50 000名波兰爱国者被从维斯杜拉河流放到托木斯克（Tomsk）和伊尔库茨克（Irkutsk）附近。这些被迫迁移者的总数没有确切的统计数据，但从1800年到1900年，当这种模式在国外的巨大压力下略有改进时，年平均流亡者人数为20 000。然而，这还不包括普通的罪犯、杀人犯、小偷和扒手，这些人通常不在那些要经受心灵净化者的行列，而后者的唯一错误在于他们对于同胞的爱超过了同胞应得的。

当他们的实际惩罚期结束时，幸存者会得到他们曾经流亡过的一个村落附近的一小块土地，获许进入自耕农的行列。理论上说，这个绝妙的方案能够让白种人在这个国家居住下来，帝国政府凭借这个方案向欧洲的利益攸关者显示自己实际上并非像有时候被描述的那么糟糕——这种西伯利亚式的疯狂举动背后有着一定的机制——"罪犯"通过接受教育从而能成为一个对社会有用的成员。然而，在实践中，它运作得相当良好，最终这些所谓的"自由定居者"中的大部分都从地球上消失得无影无踪。也许他们与当地的某个土著部落生活在一起，脱离了基督教而成了穆斯林或异教徒。也许他们试图逃跑却被狼吃掉了。我们无从知晓。俄罗斯警方的统计数据表明，总是有数量在3万~5万的囚犯在逃，他们躲避在森林或山区中，与卑鄙的白人统治者的监狱相比，他们情愿承受其他的一切苦难。但是，现在飘扬在西伯利亚领土的上方的不再是帝国国旗，而是苏联的旗帜。形式变了样，但是本质却一样，因为他们依旧是鞑靼人的后裔。

古老的以物易物和农奴制的农业体系结束后，取而代之的是资本主义和工业主义，这时俄罗斯经历了什么？这是大众知识能够解答的问题。在林肯签署解放黑人奴隶宣言前的几年，俄国农奴已经获得自由。为了让他们存活，他们得到了一小块土地，但这是远远不够的，而这些给予奴隶的土地是从奴隶主手中夺走的。这样的话，无论是奴隶主还是他从前的奴仆都无法支撑日常开销。一直以来，外国资本在觊觎着广阔的俄罗斯平原的背后所隐藏的矿藏。铁路建成了——蒸汽轮船的航线开通了——欧洲的工程师穿过围绕着巴黎大剧院的复制品的泥泞的小亚细亚村庄时，会怀疑，这样的事是否真实？

原始的蛮力使俄罗斯王朝的创始人有勇气尝试不可能的事情，而这种蛮力已经消耗殆尽了。现在坐在彼得大帝宝座上的是一个软弱的男人，他被神甫和女人成群地包围着。他把自己的权力拱手让给伦敦和巴黎的债主并接受他们的条件，而且被迫加入了一场在他的大多数臣民眼中令人憎恶的战争，他也因此自绝生路。

一个从西伯利亚流亡归来的个子矮小的光头男人，夺回了这片废墟后便开始对它进行重建。他摒弃了传统的欧洲模式以及亚洲模式。他抛弃了一切旧传统。他着眼于未来，但是他的视角仍旧是鞑靼人的视角。

未来是什么样？我们100年以后才能知道。如果我们向你简单介绍现代苏维埃国家的情况，仅仅是笼统地介绍就足够了，因为这个体系一直处于不断的变化中。布尔什维克主义者正在进行一项实验，就像一名化学家突然意识到他一直在使用的是错误的配方那样，他们毫不留情地摒弃了那些不切实际的做法。此外，因为该体系与我们自己在过去500年间已经习惯的任何事物完全不同，所以很难将其归结为欧洲或美洲常见的治国方略术语，这些术语包括"代议制政府""民主"和"少数派的神圣权利"。这些术语对于在布尔什维克的学校长大的年轻人来说毫无意义。他从未听说过这些，除非将其作为他们祖先愚昧行动的一个例子。

首先，布尔什维克对于政府的概念并不是基于政府是民有、民治和民享的，而无论我们自己相信与否，我们将这些原则作为最崇高的政治家理想教给我们的孩子们。布尔什维克主义只承认一种社会阶级，即无产阶级，也就是工薪者、工人，尤其是出卖苦力的劳动者。这个阶级本应该拥有这个世界的一些美好事物，但是早已被剥夺了去，为了重获世界上美好的事物，这个阶级于1932年针对拥护旧资产阶级或中产阶级政府的所有人无情地发动了一场战争，这种旧政府正是建立在财产和获利私有化基础之上的。

到目前为止，一切都好。现在，暴动在这个世界上并不是什么新鲜事。早在列宁出生前，英格兰的查尔斯和法国的路易已经人头落地。他们的死亡，与其是个人的死亡，不如说是一个制度的终结。尼古拉二世遭到杀害也不仅仅是一个人的死亡，更标志着这个人曾经所代表的整个制度的倒台，这个制度也被强行从俄罗斯人的意识中移除。旧账户已经冻结了，页面底部也绘制了两小条红线。崭新的一页开启了，"俄国共产党"的公司名称出现在了页面顶部。

现在，共产主义作为一种经济体系并不新奇。作为共产主义机构的旧时的隐修会，反过来却依赖早期的基督教会，后者对贫穷和富裕都不认可，对私人财产也不认可。朝圣者来到美洲后，曾意图组建一个共产主义社区。但是，这些所有的努力只能在一个相对较小的范围内试着公平分配这个世界上的货物。他们从未触及大多数人的生活。但是，布尔什维克的实验与任何其他的实验之间有明显区别。它将从波罗的海到太平洋的整个俄罗斯平原设定为一个巨大的政治经济实验室，这里的每个人都应该只为一个目的而工作——群众的幸福和福祉，而忽视眼前个人的幸福和福祉。由于俄罗斯一部分在亚洲，一部分在欧洲，这一地理的双重性质导致了以前的俄罗斯人不可能摆脱因此形成的双重性格，同样，新俄罗斯人也心生矛盾，因为自己的满腔热情频繁地损害了自己的目标。

新苏维埃社会的基本结构起源于欧洲，但是这个社会却按照亚洲的方式在运作。卡尔·马克思和成吉思汗一起创造了太平盛世，然而我却不知道这一不同寻常的实验会有什么结果。预言毕竟只是预言。

然而，布尔什维克主义已经取得了一定成果，其他的人不得不谨慎地处理这些成果，防止布尔什维克粉碎他们自身的文明成果。

以前，俄罗斯的统治者只是为少数地主和沙皇的拥护者谋福利的，就像鞑靼人统治的时期一样。现在它仍然只是由少数人统治，只不过这些人属于共产党的核心圈。他们在数量上少于旧式贵族，但是他们却对专制独裁的原则更加死心塌地。

然而，沙皇的独裁统治与布尔什维克派的专政有很大的不同。现在统治着俄罗斯的一小群人，他们的工作并不是为了自己的利益。如果说这些人有工作并且领工资，那么他们的工资会低得连任何英国水管工或装卸工人都会嗤之以鼻。

这些新的暴君（他们绝对比沙皇的大臣们更加无情）发动一切力量追求唯一的一个目标——确保世界上人人有工作，靠工作所得的报酬能够吃饱饭、有地方住，而且其中更有智慧的人能够获得休闲放松的机会。

用西方思维模式来看，所有这些都与爱因斯坦的四维或五维宇宙的概念一样上下颠倒。但是，这种制度现在统治的这个国家占地球陆地总面积的1/7，是美国面积的3倍，世界各地正在感受到这种制度带来的影响。鼓吹这种制度的不是挪威或瑞士这类的贫穷小国，反而是拥有各类财富的世界上最富裕的国家之一。虔诚的祈祷和愤怒的批评很难颠覆它，因为俄罗斯人民与世界其他地方完全隔绝，他们很少读外国书籍，很少阅读任何经过严格审查的外国报纸。提到他们的邻国时，他们就仿佛生活在火星上一样对这些国家所知甚少。当然，国家领袖对自己受到的批评心知肚明，但是他们却漠不关心。他们在忙着做其他的事情，即管理他们的白俄罗斯苏维埃社会主义共和国、乌克兰苏维埃社会主义共和国、外高加索苏维埃社会主义联邦共和国、吉尔吉斯苏维埃社会主义共和国、巴什基尔苏维埃社会主义自治共和国以及其鞑靼苏维埃社会主义自治共和国，并且成天担心西方国家的排斥和抵制。西方世界费了许多时间考虑他们的赞成或不赞成，因为他们宁愿把俄罗斯看成是历史悲剧的再现。一年前在沙皇曾经居住的宫殿里举行过一次反宗教的展览。

时间会证明这一奇怪的实验将会有什么结果，该实验体现了亚洲神秘主义与欧洲的现实感的结合。但是俄罗斯大平原已经一片生机勃勃，世界的其他地方都在密切关注，因为布尔什维克主义只是一个梦想，但俄罗斯却是一个事实。

# 23. 波兰

曾经作为别国通道的国家如今有了自己的通道

波兰面临着两个很不利的自然条件，而最不利的属其地理位置，另一个就是同最近的邻居俄罗斯人一样，波兰人属于斯拉夫族。对于个人来说，手足情深这是事实；可对于国家来说，同宗族的两个国家却难得有"手足情深"这回事。

波兰人的起源我们无从考证。同爱尔兰人一样，波兰人也非常爱国，他们随时准备为国捐躯，但是他们却不愿意为祖国生活、为祖国工作。关于波兰人祖先英勇事迹的记载，据其权威历史学家考证，波兰人最早的英雄事迹要追溯到藏在诺亚方舟里的波兰英雄。但是，据可靠历史文献记载，波兰人第一次被提到，已经是查理大帝及其勇士死去两百年以后的事了。波兰这个词变得清晰是在黑斯廷战役50多年以后，人们不再认为它只是远东荒原上的一个地名。

据我们现在的了解，波兰人最初生活在多瑙河河口，由于受到东方入侵者的侵略，不得不背井离乡，一路西向到达喀尔巴阡山下。而那里正好是斯拉夫族——俄罗斯人，所遗弃的一块空地。因此，他们终于在沼泽和原始森林之间，也就是坐落于欧洲的奥德河和维斯瓦河之间的大平原上找到了立足之地。

然而，这个选择对于他们而言却是差得不能再差。生活在这片土地上的农民，就像坐在中央火车站出口正中间的人一样，难以得到安宁。事实上，这块土地是欧洲的前门，从西面攻占欧洲、北海，从东面掠夺俄国，都需要经过波兰。由于需要随时做好在这两条线上战斗的准备，渐渐地，每个波兰农民都锻炼成了专业的士兵，每座城堡也成了堡垒。这样一来，军事生活重于一切，战争成了生活的常态随处可见，商业活动为此难以存在。

波兰的城镇不多，但是都集中在国家中心维斯杜拉河河畔。南方的克拉科夫建在喀尔巴阡山下的加利西亚平原上，华沙位于波兰平原中部；位于维斯瓦河河口的旦泽，主要通过与外国商人贸易的方式为生。然而，波兰内陆却一无所有，只有一条河流与俄国的第聂伯河相通。古都城立陶宛不过是王族曾经居住过而已。

为了神圣的信仰，十字军在莱茵河流域的一些著名犹太地区大肆杀戮，因此，犹太人逃向欧洲的边缘地区，这样一来，波兰的必需品贸易就都掌握在犹太人手中。一些吃苦耐劳的斯堪的纳维亚人，比如说发现了俄国的斯堪的纳维亚人，为波兰做出了巨大贡献，但是绝对没有把波兰拉入世界范围。为什么呢？因为没有便利的商道也没有像君士坦丁堡那样的城市来犒劳他们他们一路跋山涉水所经历的艰辛。

因此，波兰人在中间两头为难，德国人仇恨波兰人，因为，虽然波兰人是他们的罗马天主教兄弟，同时还是斯拉夫民族；俄国人蔑视波兰人，因为，虽然他们是自己的斯拉夫兄弟，他们却不是希腊天主教徒；土耳其人仇恨波兰人，是因为，波兰人既是天主教徒，又是斯拉夫人。

如果在中世纪时期为波兰这个国家做出重大贡献的立陶宛还存在的话，情况也许就会好很多了。但是，贾吉兰斯于1572年驾崩，接着最后一个国王也死去了，那些在长年边境战事中大发战争横财的人在荒原、广袤的庄园里横行独裁，成功地将波兰变成了一个选举制的君主政体，这种政体从1572年一直延续至1791年。在这个政体被推翻之前，它就已经是一个令人哭笑不得的笑话了。

波兰人将王位卖给出价最高的人，并且对此毫无顾虑。法国人、匈牙利人、瑞典人相继成为其统治者。而波兰只是他们横征暴敛的地方，等到统治者遗忘给他们的波兰走狗分宠时，这些波兰贵族们就像一千年前的爱尔兰人那样，请求邻国帮助他们"得到他们的权利"。这些邻居，如普鲁、俄国、奥地利，对这样的请求则是大喜过望。作为一个独立的国家，就这样，波兰再也不存在了。

在1795年的最后三次瓜分过程中，俄国瓜分到了波兰18万平方英里的领土和600万的人口；奥地利瓜分得4.5万平方英里的领土和370万的人口；普鲁士瓜分得5.7万平方英里的领土和250万的人口。125年过后，这个可怕的不公正的活动还在继续。出于对俄国的畏惧，盟国走向了另一个极端，他们不断把新波兰共和国无限地扩大。为了让波兰有一个直接的入海口，他们还划出了一条"波兰通道"，这是一条狭长地带，从原先的波兹兰省直通波罗的海，这也将普鲁士一分为二，而被分割开来的两部分再也没有任何联系。

无须多高深的地理或者历史知识，就可以预言这条不幸通道的命运。它使波兰与德国之间的仇恨和不信任加剧，一旦其中一方强大，势必要将另一方摧毁。结果，可怜的波兰就再次成为欧洲与俄国之间互相争抢的猎物。

波兰首战得胜，效果辉煌，但仅靠国家间筑起彼此仇恨的堡垒是无法从根本上解决现代经济与社会问题的。

# 24. 捷克斯洛伐克

*《凡尔赛条约》的产物*

在当代所有斯拉夫国家中，从经济角度及其大部分遗址的总体文化状况来看，捷克斯洛伐克无疑是最优越的，但这也是一个后构建的国家。它因在第一次世界大战中退出了奥地利帝国而获得自治权，尽管现在由波希米亚、摩拉维亚和斯洛伐克三部分组成，但它是否能够独立生存还很难说。

首先，它是一个内陆国家。其次，国内信奉天主教的捷克人和信奉新教的斯洛伐克人之间几乎没有什么温情可言。前者，作为讲德语的奥地利王国的一部分，一直与世界的其他地区直接联系。而后者，在奥地利人的严苛管控下，始终地位低下。

至于摩拉维亚人，他们的国家位于波希米亚和斯洛伐克之间，虽然是整个捷克斯洛伐克联邦中最富饶的农业地区，但是政治上却微不足道，也因此没有参与双方无尽的争吵和仇视。900万捷克人用以前奥地利人的同一种方式欺压400万斯洛伐克人，直到最近，他们才学会了对少数族群的尊重。

任何想研究种族问题最糟糕的地区的人都会提及中欧，当时的状况确实令人绝望。捷克斯洛伐克情况虽然没有那么严重，但是它由三个相互憎恨的斯拉夫群体组成，而300万德国人的存在使得局势更加复杂；这些人是某些条顿移民的后裔，他们在中世纪移居波西米亚并帮助开发厄尔士山脉和波西米亚森林丰富的矿藏。

最后在1526年，波西米亚重蹈中欧的覆辙，王国被哈布斯堡家族继承。在接下来的388年，波西米亚一直是奥地利的殖民地，但并未受到残酷的对待。德国学校和德国大学以及德国方法彻底将捷克变为唯一拥有纯粹斯洛伐克血统的人，他们知道如何以某种坚定的目标工作。虽然奥地利人对他们很友善甚至会偶尔给她们送圣诞礼物，但没有任何一个种族愿意被统治，因此复仇就成为一种自然的本能。而且我们丝毫不用惊讶，一旦捷克人重获自由，他们就要完全改变以前被统治的局面：捷克语成为国家官方语言，而德语变成仅被容许的一种方言，就像斯洛伐克地区的匈牙利语一样。新一代的孩子接受的是最正统的捷克文化教育，从爱国的角度来看，这无疑是一次壮举。

但是自此开始，以前每个接受德语教育的波西米亚儿童都能够至少了解一亿人，现在却只能局限于了解说捷克语的几百万人了。一旦踏出自己的国家他就将迷失方向，因为没有一个人会不辞辛劳地学习一门没有商业和文化价值的捷克语。由高于中欧国家平均水平的人组成的捷克政府可能会鼓励人们回归旧的双语方法，但是他们也很难维护这样一个项目，语言学的教授们反对将通用语言变成政客煽动性武器的想法，也对各党派联合的前景深恶痛绝。

波西米亚不仅是旧哈布斯堡王朝富饶的农业区之一，也是一个高度工业化的省份，拥有钢铁和煤炭资源，在高难度的玻璃制造工艺领域也占有一席之地。同时，勤劳的捷克人民还擅长于家庭手工业（他们利用12个小时的田间劳作之外的空闲时间做自己的事），波希米亚纺织品、波西米亚地毯和波西米亚鞋都闻名于世。但是，这些产品可以免税进口的旧领土——哈布斯堡王朝少见但是实用的优势之一——现在被分成了6个小公国，每个小公国都用沉重的关税壁垒来打击另一个国家的业务。从前，一车啤酒从皮尔森运到菲乌梅，中途不必停留接受海关检查，也不需缴纳一分钱的关税；但现在它必须在6个边境换车，缴纳6倍的关税，而且在经过数周的延迟后到达时，啤酒早已变酸。

从理想主义的角度来看，小国的自决可能是一件好事；但当它与统治者的国家布局或者是经济生活中的必需品发生冲突时，情况就没有那么理想了。但如果1932年的人民按照1432年的规矩来办事，我并不认为我们可以对此干些什么。

为了那些打算去捷克斯洛伐克的旅行者的利益，我还有一些补充：布拉格不再位于最终通往易北河的摩尔多瓦，但布拉格（捷克语）位于伏尔塔瓦（捷克语）；你去喝啤酒的皮尔森，现在是改称普拉森（你仍然可以去喝啤酒的地方）；那些不喝但被诱惑喝多了的人，不再在卡尔斯巴德治病，而是在卡洛维；那些喜欢玛丽安巴德的人现在更爱光顾玛丽安斯克·拉森。但是记住，当你从布伦坐火车到普雷斯堡时，你必须寻找从布尔诺到布拉迪斯拉发的车厢，或者询问一位从斯洛伐克被布达佩斯统治时期幸存下来的匈牙利售票员，当然他会瞪你一眼，直到你解释说你真正的意思是波兹索尼。考虑到所有的因素，我们这个西半球的荷兰、瑞典和法国殖民地，现在维持的时间能否比以前的时间要长些呢？

# 25. 南斯拉夫

《凡尔赛条约》的另一产物

南斯拉夫这个国家正式的名字是塞尔维亚-克罗地亚-斯洛文尼亚联合王国。塞尔维亚人是这三个民族中（用"部落"一词有失妥当，听起来就像谈论非洲土著人，因此，可能有冒犯他们之意）最主要的成员，居住在东部的萨瓦河畔，首都贝尔格莱德修建在萨瓦河与多瑙河交汇处；克罗地亚人居住在中部，多瑙河的另一条支流德拉瓦河与亚德里亚海之间；斯洛文尼亚人占据着德拉瓦河，伊斯特里亚半岛和克罗地亚之间的小三角地带。然而，现代塞尔维亚还包括一些其他民族，黑山国就是其中之一。黑山是一个风景秀丽的山地国家，因为抵抗土耳其打了四百年仗而出名。另外，每当我们伴着《风流寡妇》跳起舞时，总会深情地想起黑山。现代塞尔维亚吞并了著名的奥匈帝国残余，即波斯尼亚和黑塞哥维那省。这两个地方曾经是原塞尔维亚的领土，后来又被奥地利人从土耳其手里夺走。为此，塞尔维亚人与奥地利人之间结下了不解之仇，最终导致1914年萨拉热窝事件的爆发，进而引起了世界大战（尽管这次事件并不是这次世界大战的真正起因）。

塞尔维亚（旧习惯一时难以改过来，实际上我指的是塞尔维亚–克罗地亚–斯洛文尼亚王国）实际上是一个巴尔干国家，在历史上曾遭受到穆斯林500年的奴役。自从世界大战以来，塞尔维亚有了一个靠近亚德里亚海的出海口，但这个出海口却给本国的狄那里克阿尔卑斯山挡住了。即便修建一条穿越狄那里克阿尔卑斯山的铁路（修建铁路成本很高），除了拉克萨（现称作杜布罗夫尼克）之外，再也没有其他便利的港口了。拉克萨曾是中世纪时期最大的殖民地商品交易中心之一。直通美洲和印度的新航线被发现以后，拉克萨是唯一拒绝接受失败的城市，它继续向卡利卡特和古巴派遣威名远扬的大商船队（从阿拉古西亚出发），最后愚蠢地加入了注定要失败的西班牙无敌舰队的运输行列，为此搭上了仅存的舰队。

不幸的是，杜布罗尼克并不能给现代蒸汽船带来实惠。至于阜姆和特里亚斯特，塞尔维亚的两个天然出口，一个让凡尔赛参会的老头们送给了意大利，一个被意大利亲自夺了去。事实上，尽管并不是因为意大利需要这两座城池，而是因为威尼斯强烈地渴望昔日亚得里亚海女王的尊贵地位，而这两座城池可以与威尼斯竞争而已。结果呢，当特里亚斯特和阜姆的码头上长满杂草时，塞尔维亚还在一如既往地通过三条航线中的一条运输着自己的农产品：一条航线是沿多瑙河顺流而下，将农产品运到黑海，就像纽约的商品经过伊利湖和圣劳伦斯河运送到伦敦一样，费力不讨好；一条航线是沿着多瑙河逆流而上到维也纳，再穿过一个山口到达不莱梅、汉堡和鹿特丹，这个过程也是代价沉重；还有一条线是用火车将农产品运送到阜姆，为了打击其斯拉夫对手，意大利肯定是不遗余力的。

因此，在第一次世界大战以前，在奥匈帝国的煽动下，塞尔维亚一直是一个内陆国，这种情况至今未变。让人难过的是，引发出这次灾难性可怕后果的原因竟然是猪。当时，塞尔维亚唯一大规模出口的商品就是猪。奥地利人和匈牙利人对其进口猪赋以繁重的关税，这摧毁了塞尔维亚获利的唯一贸易。奥地利大公之死只是全欧洲军队大规模出动的借口，而真正在巴尔干这个角落引起仇恨的东西是对猪这一商品所赋的繁重关税。

说起猪，又不得不说起猪得以迅速繁殖的饲料——橡树果。亚德里亚海、多瑙河和马其顿山区之间的三角地带被浓密的橡树林给覆盖着。如果当初罗马人和威尼斯人没有因为造船而大肆滥砍滥伐，这里的森林还会更加浓密。

除了猪之外，南斯拉夫还有什么来源养活其1 200万人口呢？南斯拉夫有的是煤和铁，而世界上似乎到处都有煤和铁，用火车皮从塞尔维亚将煤运输到德国的港口，成本太高，而塞尔维亚却连一个像样的港口都没有，这一点我之前提到过。

大战后，塞尔维亚得到了匈牙利大平原的一部分，就是所谓的沃伊沃迪卡平原，这里适合农业发展。德拉瓦河和萨瓦河流域为塞尔维亚人提供足够的谷物和玉米。摩拉瓦河与瓦尔达河相连，这就是一条理想的贸易通道，它连接了欧洲北部与爱琴海沿岸的萨洛尼其。它是真正将尼什与君士坦丁堡和小亚细亚连接起来的主干线分支之一（君士坦丁大帝诞生于这里，德皇腓特烈·巴巴罗萨，在那次倒霉的远征"圣地"途中，在此停留，暂时得到了塞尔维亚王子斯蒂芬的热情款待）。

但是，总的说来，塞尔维亚是没有可能发展成一个发达工业国家的。同保加利亚一样，塞尔维亚是斯拉夫民族中农业十分发达的国家。拿斯科普里和密特罗维查身高6英尺的农民与曼彻斯特和谢菲尔德的伦敦佬似的工人做比较，谁都会心生疑惑：这样的命运难道就不可以逆转了吗？也许，贝尔格莱德，就像奥斯陆抑或者伯尔尼一样，永远都是一个友好的小镇。那么将来它是否想同伯明翰抑或芝加哥一较高下？也许会。现代人的心理难以琢磨，塞尔维亚农民应该不会是第一个颠覆其祖先传统价值观而受到我们好莱坞虚伪文化蛊惑的人。

# 26. 保加利亚

最正统的巴尔干国家

这是两千年前斯拉夫入侵后建立的最后一个小公国。如果不是因为在第一次世界大战时加入了错误的阵营，保加利亚可以拥有更大的规模。即使在统治最好的地区，这种事情还是会发生，但愿，下次它可以更幸运点吧。在巴尔干半岛，当谈及下一次战争时，意味着6年或者12年之后了。当我们谈及这些热衷战斗、半文明化的巴尔干人时，总会带些轻蔑的口吻。不过，我们是否意识到一个塞尔维亚或者保加利亚男孩能继承到什么呢，是斗争、残酷、冷血、压迫、抢劫、强奸还是放火？

对于保加利亚最早的居民，我们一无所知。虽然发现了他们的遗骸，但头盖骨不会说话。他们可能会跟神秘的阿尔巴尼亚人——希腊历史上的伊利里亚人，多灾多难的奥德修斯的同胞——有关系吗？这个神秘的种族的语言跟地球上的任一种语言都不相同，他们一直生活在亚德里亚海岸迪那里克的阿尔卑斯山中。现在，他们已经建立了自己的国家，由本地的首领统治着。这个新首领一穿上维也纳裁缝为他定制的华美服饰，就在地拉那登位了，而这里还

235

有98%的文盲。难道这里是沃拉奇人的故乡？这些沃拉奇人踏遍了欧洲，提及了他们名字的地方还有威尔士和比利时的瓦隆斯。最后，还是把答案探究交给哲学家吧，我们就承认无法解释清楚这些问题。

当人类进入了有文字记录的历史以来，战争、入侵、灾难就没有停止。正如我前面所说，保加利亚有两条道路通往西方，位于乌拉尔山和里海之间。一条翻过喀尔巴阡山，进入北欧大森林；另一条沿着多瑙河，经过布伦纳山，将饥饿的游牧人带到意大利核心。罗马人非常清楚这一点，因此把巴尔干作为抵御"外族入侵"的第一道防线，罗马人喜欢这样称呼这些野蛮人，最终这些野蛮人摧毁了他们。由于缺少军队，罗马人只好从巴尔干半岛逐渐退出，让他们自生自灭了。当大迁移结束之后，这些最初的保加利亚人没有留下任何的蛛丝马迹。斯拉夫人将他们同化得如此彻底，以至于现代所谓的保加利亚斯拉夫方言里没有一个保加利亚的古老词汇。

然而，这些新征服者的地位也是不稳固的。在南部，他们要提防拜占庭人。拜占庭人是罗马帝国在东边的残支，但是，拜占庭只在名义上是罗马的，在目标和结构上却是希腊风格。在西部和北部，保加利亚一直受到匈牙利人和阿尔巴尼亚人的威胁。同时，还有十字军威胁他们的领土，这些十字军是由一些圣徒组成的不圣洁的组织，这些是被剥夺了继承权的人，对土耳其和斯拉夫人都同样的残暴。最后，土耳其人势不可挡地入侵，使得他们将希望寄托到了欧洲人身上，希望他们来保卫基督徒的共有土地，以避免异教徒的亵渎。当博斯普鲁斯的难民告知他们，穆斯林苏丹已经骑马踏上圣索菲亚去亵渎希腊人的神殿的时候，整个保加利亚顿时寂静。村庄处处火光映天，这预示着土耳其军队正沿着鲜血浸透的马里查峡谷朝西进发，举国恐慌。随后开始了土耳其人对保加利亚长达400年的残暴统治。在19世纪初，才出现了一丝曙光。塞尔维亚一个养猪人揭竿起义，并最终成了国王。下一个残酷的战争发生在希腊和奥特曼之间，被一个英国诗人①搞成了重大的欧洲问题，这位诗人在梅索朗吉昂的一个传染病村落里等待死亡。然后，开始了为争取自由而进行的长达一百年的战争。在人类殉难的悲剧历史中，巴尔干朋友们一直扮演着主角，让我们以悲悯的心态来评价他们吧。

在现代的巴尔干各国中，保加利亚是最重要的一员。它有两块非常富饶的土地，都非常适合各种农作物生长。一块是位于巴尔干山脉和多瑙河之间的北部平原，另一块是位于巴尔干与罗多彼山脉之间南部的菲利普波利斯平原。南部有山脉保护，又受地中海的影响，属于温和的地中海式气候，这里的农产品通过巴尔加斯港出口。而北部平原所盛产的谷物和玉米则从瓦尔纳湖出口。

保加利亚城市不多，因为大多数人是农民。其首都位于南北走向和东西走向的贸易大道上。四百年来，这里是土耳其统治者的根据地，他们统治着除了波斯尼亚和希腊之外的巴尔干国家。

当欧洲最终成为基督教的一统天下后，终于意识到他们的基督教盟友正在忍受着穆斯林的侵略，时任英国首相的格莱斯顿先生在议会上多次提及。但是，俄国人首先采取了行动，他们两次跨过了巴尔干山脉。人们只要意识到，想要摆脱奴役，争取相对的自由，有些战争是不可避免的，卡普卡关和普列文战役就永远会被记得。

在1877—1878年间，俄国与土耳其的战争是拯救斯拉夫人的最

---

① 指英国19世纪初期伟大的浪漫主义诗人乔治·戈登·拜伦（1788—1824），积极而勇敢地投身革命，参加了希腊民族解放运动，并成为领导人之一。

后一次战役。保加利亚解放了，由德国统治。这意味着隐忍和智慧的保加利亚人民开始了程序式思维的训练，这也就解释了现在的保加利亚为何有着巴尔干半岛最好的学校。大地主彻底消失了，像丹麦和法国的农民那样，保加利亚的农民也拥有了自己的土地，文盲的比例大幅降低，每人都有工作。这是个由农民和伐木工组成的小国家，如同一个有耐力和精力的储藏器。像塞尔维亚一样，保加利亚也许永远无法与西欧的工业化国家竞争，但当那些国家消失的时候，保加利亚却依然存在。

# 27. 罗马尼亚

石油与王室兼得

巴尔干半岛上的斯拉夫国家名单结束了。但是，存在另一个巴尔干国家，没有人会忘记它，因为它会时不时地冲到报纸头版，有时还令人们略带阵痛。这不是罗马尼亚农民的过错。他们像世界各地的农民一样，在自己的土地上辛勤耕作。这是盎格鲁–日耳曼王朝的错，在30年前备受尊敬的查尔斯王子之后，由俾斯麦[1]和本杰明·迪斯雷利[2]在上帝眷顾下建立的王朝，真的是难以言状。

在1878年，两个绅士一起来到了柏林，在给神灵捐了税之后，决定把瓦拉几亚——瓦拉口人的土地——升级为一个独立的小国。大自然很眷顾位于喀尔巴阡山、特兰西瓦尼亚山和黑海之间的这片广袤平原，如果当时的统治阶层愿意搬迁至巴黎，罗马尼亚一定会不可同日而语了。因为在巴黎，只要用的是巴黎香皂，就不会有人在意你洗的衣服有多脏。与乌克兰一样，罗马尼亚不仅可以成为富

---

① 奥托·冯·俾斯麦（1815—1898），普鲁士王国首相，德意志帝国第一任宰相，人称"铁血宰相"。

② 本杰明·迪斯雷利（1804—1881），英国保守党领袖，三届内阁财政大臣，两度出任英国首相。

庶的粮仓，而且能在特兰西瓦尼亚山与拉瓦几亚平原相交的普洛耶什蒂市附近找到欧洲最丰富的油田。

不幸的是，位于多瑙河与普鲁特之间的瓦拉几亚和比萨拉比亚平原掌握在大地主手里，而他们不在当地居住。他们把钱花在首都布加勒斯特和巴黎，不会花在给他们带来财富的劳工身上。因此，他们之中谁也没有富起来。

对于石油，投资开采的是外国人，西本伯根和特兰西瓦尼亚的铁矿也是外国人开采的。这片广阔的山脉是从匈牙利得来的，不知道在第一次世界大战中，罗马尼亚为同盟国提供了什么服务，竟得到了这样的交换条件。不过，特兰西瓦尼亚开始是属于马罗尼亚的契亚省，到了12世纪归属于匈牙利。匈牙利人对待特兰西瓦尼亚的罗马尼亚人，和以前罗马尼亚人对特兰西瓦尼亚的少数民族没什么两样。对于这样无助、纠缠的民族纷争，除非民族主义在地球上消失，否则就不可能得到解决。直至本书即将出版之时，也没有任何奇迹出现的兆头。

据最新统计，前罗马尼亚王国有罗马尼亚人550万，吉卜赛人、犹太人、保加利亚人、匈牙利人、亚美尼亚人和希腊人共50万。现在所谓的"大罗马尼亚"新王国，有1 700万人口，其中罗马尼亚人占73%，匈牙利人占11%，乌克兰人占4.8%，德国人占4.3%，俄罗斯人占3.3%，他们住在多瑙河三角洲以南的比萨拉比亚和多布罗加。这些种族互相仇视，也没有血缘关系，却被和平会议的人为决议捆绑到了一起。如果国外投资者不是为了保住他们的投资，一级的内战随时触发。

俾斯麦说过，整个巴尔干半岛捆绑在一起都经不住一个波米拉尼亚的掷弹兵的攻击。如同其他问题一样，这个暴躁的前德意志帝国的首领似乎是对的。

# 28. 匈牙利

或称匈牙利的残余

匈牙利人，或者像他们喜欢自称的马扎尔人，他们感到自豪的是，他们是唯一的一支在欧洲落地生根的蒙古部队，并建立了自己的王国。而他们的远亲芬兰，直到近期才摆脱了对其他王国的依附。可能，在当下的苦难中，匈牙利人的好战品质有些过火。但没人可以否认，作为抵抗土耳其人的壁垒，匈牙利为欧洲做出了卓越贡献。教皇意识到了这个缓冲国的价值，所以，把马扎尔的首领斯蒂芬①升级为匈牙利的使徒国王。

当土耳其人侵犯东欧时，是匈牙利人将其抵挡在边界之外。他们是第一道防线，当匈牙利这道防线溃败后，波兰才是第二道防线。在一个出身不算高贵的贵族带领下，马扎尔人成立了为正统宗教而进行抵抗的王国。但是，在提萨河与多瑙河之间的广阔平原吸引了这些骑兵安营扎寨，后来也导致了许多的恶战。

强权人物相对更容易在地广人稀的地方获得统治。在不依山靠

---

① 指斯蒂芬一世（977—1038），匈牙利的第一位国王。

海的地方，农民无处可逃。因此，匈牙利成了大地主的王国，由于远离政府，这些大地主残暴地奴役农民，以至于后来农民已经不在意统治者是马扎尔人还是土耳其人了。

1526年，当苏丹苏莱曼一世挥师西进时，匈牙利最后的国王只能召集到2.5万人抵御伊斯兰教徒。在莫哈奇平原上，2.5万匈牙利人全军覆没，其中2.4万人死亡，国王连同他的进谏者都被杀死了。超过10万匈牙利人被带回君士坦丁堡，卖给小亚细亚的奴隶贩子。匈牙利的大部分领地被土耳其占领，奥地利的哈布斯堡王朝占领了其余的土地。为了这不幸的土地，伊斯兰教徒与哈布斯堡王朝展开了拉锯战，直至18世纪初，哈布斯堡王朝把匈牙利占为自己的领地，战争才结束。

然而，为了反抗日尔曼人的统治，争取独立的新战争又开始了。匈牙利人浴血奋战，誓死拼搏，历经200年，终于获得了形式上的独立。最终，他们得到了奥地利帝国的承认，成立了一个按罗马教皇旨意办事的匈牙利使徒王国，获得自己管理自己的权力。

但是，马扎尔人刚获得他们认为属于自己的权利，就开始对非马扎尔血统民族进行迫害。这项政策是如此的目光短浅、缺乏理性，导致他们在世界上众叛亲离。当这个使徒王国的居民从2 100万骤减到800万，3/4的领土赔给了邻国时，他们在凡尔赛会议上才意识到这一点。

这给匈牙利昔日的荣耀蒙上了一层阴影。匈牙利是一个类似奥地利的国家，一个没有供给的国家，算不上工业国。大农场主们对笨重的烟囱心怀偏见，不习惯闻烟味，但烟囱是管理有序的工厂不可或缺的部分。结果，匈牙利大平原上依然保留着农业，其农田比例在世界上是最高的，匈牙利的土地经过长年耕作，人民应该相对富裕些。但这里却存在着普遍的贫困潦倒，在1896至1910年间，有几乎100万人流失国外。

对于那些前匈牙利王国统治下的子民，马扎尔的统治阶层熟知如何让他的子民遭罪，所以，他们也踏上了离乡的征程，坐船或者乘火车来到美国来帮助其建设。我可以再给出几个案例，那些由少数地主阶层掌权的国家都是这样，只是匈牙利更典型罢了。

在16世纪初土耳其战争爆发之前，匈牙利平原上居民人口稠密，超过了500万。在土耳其统治的不到200年里，人口骤减到了300万。当奥地利人最终把土耳其人从普斯塔——马扎尔人对平原的称呼——赶走时，这里已是人烟稀少了。于是，中欧各国人纷纷来抢占被遗弃的农田。但是，马扎尔贵族认为自己是统治阶层，是骁勇善战的民族，不愿与新移民分享已享有的权利。而几乎占了全国人口一半的被统治阶层，也从未对收养他们的国家产生过真正的爱国情感。

在第一次世界大战期间，正是因为匈牙利人缺乏内部爱国热情，才导致了双皇权体制像地震中的腐朽老屋一般土崩瓦解，这难道不是意料之中的吗？

# 29. 芬兰

勤奋智慧战胜恶劣环境之例

还有一章我们便可以结束欧洲的介绍了。除了君士坦丁堡和一小块色雷斯平原外，土耳其其他领土已经不在昔日欧洲的范围内了。所以，我们还是下一章再介绍土耳其的情况吧。

芬兰人曾经居住在俄罗斯各地，但是越来越多的南斯拉夫人将他们赶向北方，直到连接俄罗斯与斯堪的纳维亚之间那片狭长的干旱之地。他们在那里永远地定居下来。住在森林里的少数拉普兰人也并没有给芬兰人带来什么麻烦，因为他们迁往了斯堪的纳维亚半岛的拉普兰地区。他们很乐意与欧洲文明拉开距离。

说到芬兰，它和欧洲其他国家都有所不同。数万年来，芬兰土地被冰川所覆盖。冰川将原来的土壤刮得干干净净，现在的芬兰只有10%的土壤适合农耕。缓慢流动的冰河挟裹着冰碛、石头和泥土填满了众多山谷的尽头。当冰河开始融化，这些积满了水的山谷便形成了数不清的高山湖泊点缀着芬兰。然而，"高山湖泊"这个词并不会唤起人们另一个瑞士的印象，因为芬兰是一个低地国家，几乎很少地方海拔超过500英尺。芬兰大约有40 000个湖泊，而且算上湖泊中间的沼泽在内的话占到了芬兰总面积的30%。湖泊被珍贵的森林所包围，这些森林占芬兰总面积的62%（或者说2/3），为世界上大部分地区提供了制造书本和杂志的木纸浆。部分木材还能就地制成纸张外运。芬兰没有煤炭资源，却有足够多湍急的河流能够建造水电站。芬兰的气候和瑞典相差无几，每年河流都有5个月的冰冻期，发电站在这期间是无法运作的。这里的木材需要船只才能运走。首都赫尔辛基（战前叫赫尔辛福斯）不只是芬兰的政治中心，也是主要的木材出口港。

但是在结束这章内容之前，让我强调一下教育对一个民族的影响。连接斯堪的纳维亚和俄罗斯的花岗岩地带定居的都是蒙古族的后裔。但是西半部，也就是芬兰，被瑞典人所征服；而东半部住着卡累利阿人，隶属俄罗斯的领土。在瑞典长达5个世纪的统治和影响下，芬兰人成为文明的欧洲民族，很多方面超过了地理环境优越的国家。但是卡累利阿人，被俄罗斯统治了同样长的时间，却妄想着将来某一天可以剥夺科拉半岛和摩尔曼斯克海岸的财富，但是他们却与投降俄国沙皇时境况相同，停滞不前。反之，芬兰是在1809年瑞典将其拱手送至俄国时才第一次接触斯拉夫文化。芬兰的文盲率是1%，而卡累利阿却是97%，并一直受俄国影响。既然这两个民族同宗同源，那么他们拼写"猫（cat）"和"尾巴（tail）"这两个词的语言天赋应该也差不多吧？

# *30.* 发现亚洲

　　早在两千年前，关于"亚洲"这一词的原始含义，希腊的地理学家们就展开了激烈的讨论，所以今天的我们便无须再思考这个问题。有学说称，来自小亚细亚的航海员们以"Ereb"（欧罗巴）或"黑暗"这两个词来命名太阳落山的西方大地，又称太阳升起的东方大地为"Ach"或"光明"。但如此命名是否恰当，当下的我们也无法做出准确的评判。

　　接下来就说到了很重要的一点。欧洲人民一直认为自己便是世界的中心。所以究竟是从何时起，他们开始对于这一想法产生怀疑，又是如何发现自己所居住的家园其实仅仅是一个小小半岛？对于整片无法估量的世界土地来说，欧洲大陆只能算得上是冰山一角。在这片广袤无垠的土地上，还居住着更大数量的人类，他们都拥有着远超于欧洲的先进文明。特洛伊勇士们互相争斗时所持的还处于史前阶段的武器，早已是中国人所废弃的工具，被陈列在历史博物馆中用作远古遗迹供后人参观和欣赏。

　　提到第一个去往亚洲的欧洲人，我们一定会说是马可·波罗。

但其实在他之前还有其他的欧洲人更早地登上了亚洲的土地，只是关于他们的准确消息我们知之甚少。就像我们在地理学领域上司空见惯的那样，拓宽我们对于亚洲版图认识的并不是和平而是战争。特洛伊战争也是具有一定教育意义的。海峡两岸之间的贸易往来使得希腊人和小亚细亚人逐渐熟识起来，也为战争的发起提供了机会。波斯人对于西方进行的三次大远征都在一定程度上为后续发展起到了良好的作用。我大胆猜测波斯人是有意图地进行探索。如此一来，相比于布拉多克将军进入旷野攻击杜肯堡这一事件带给西方印第安人的意义，希腊人的远征对于其自身发展更具有价值。包括几个世纪之后的亚历山大大帝的回访我也深表怀疑，这绝非是一次单纯的军事战役，这是欧洲第一次对于地中海和印度洋之间这片陆地有了科学发现。

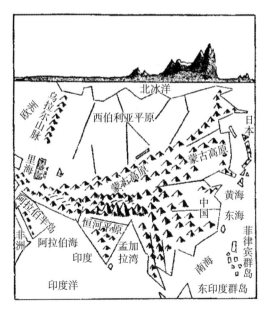

欧亚大平原

罗马人热衷于对"外国"土地保持着高度的兴趣与浓厚的热忱。他们认为其他国家就犹如自己磨上的稻谷,是保证他们享受更为奢华生活的收入来源。罗马人手下的人在他们眼中分文不值,只要他们按时缴税、好好干活便万事大吉。他们的所作所为对于罗马人的生活来说毫无关系,只要不侵犯到罗马人的生活,无论他们是生是死还是互相争吵都没有问题。罗马人也不想去了解他们之间究竟发生了什么。一旦发生危机,罗马人只会召来军队,利用武力来重建秩序,然后从整个事件中脱身。

彼拉多既谈不上是一个懦弱的人,也算不上是什么恶棍,只不过是一名极具代表性的典型的罗马殖民统治者。在规律性上他始终保持着"良好"的纪录,一味地照顾着被委托的当地人,其恰到好处的愚昧与无知也因而被大肆称赞。偶尔也会有像马库斯·奥里利乌斯这样奇怪的人登上王位,在他们眼中遥远的东方虽不值一提却又带有着一丝神秘,于是热衷于派遣外交使团进行探索,将他们带回来的形形色色的奇闻异事当作茶余饭后的谈资供自己一乐。时间久了,罗马人对于遥远东方这一丝神秘之感的兴趣也逐渐消磨殆尽,于是他们转身又回归到了以往的乐趣,每天看着竞技场上令人血脉偾张的对峙,从中寻求一点感官上的刺激。

十字军东征使得欧洲认识到了小亚细亚、巴勒斯坦和埃及。在欧洲人眼中,世界不再是"唯我独尊",但世界的尽头仍是那死海最东边的海岸。

最终促使欧洲认识并了解到亚洲存在的,并非是打着科学探索的旗帜而进行的一次次远征。相反,这一切都要归功于一个穷困潦倒却拥有大视野的写手。他不拘泥于眼前的国家,而是将眼光放远去寻求与开发具有发展潜力的写作主题。

马可·波罗的父亲和叔叔都是威尼斯商人，这使得他们在生意上与成吉思汗的孙子忽必烈产生了交集。忽必烈恰好又是一位拥有大智慧的人，他认为他的百姓可以通过引入一些西方技术提高生产效率，进而提高收益。于是当他听说有两位威尼斯人正巧在拜访布哈拉的时候，就把他们邀请到了北京。布哈拉远在土耳其斯坦，是一个位于阿姆河和锡尔河之间的阿尔泰山山脚下的国家。马可·波罗的父亲和叔叔来到北京后受到了忽必烈的热情款待，他们也总是和忽必烈聊起自己的两个孩子。多年之后，两位威尼斯人思家心切，于是向忽必烈阐明原因打算回国，忽必烈准许了他们回家一段时间。当他们再次来到东方时，带来了自己的儿子。

1275年，经过三年半的旅途，马可·波罗一家回到了北京。年轻的马可就如人们所说的那样，成为北京宫廷的红人，被任命为总督，获封授勋，但26年后，由于思乡心切，马可经由印度（走水路）、波斯和叙利亚回到了威尼斯。

他的邻居们对荒诞的故事一点也不感兴趣，他们给他起了个绰号叫马可·百万，因为他总是告诉他们可汗有多么富有，这座或那座寺庙里有多少金像，这样那样的官的妻妾有多少丝绸长袍。当众所周知即使君士坦丁堡皇帝的妻子也只有一双丝袜时，为什么他们还要相信这种故事呢？

如果不是当时威尼斯和热那亚恰好在此时爆发了战争，如果马可，作为威尼斯一艘快艇的指挥官，没有被胜利的热那亚人俘虏，那么马可·百万这个人可能已经死去，他的故事也跟随他消失不见。他在监狱里待了一年，和一个叫鲁斯蒂谦的比萨市民同住一间牢房。这个比萨人有一些写作的经验。他写过一些亚瑟王的故事和廉价的法国小说，就像中世纪的尼克·卡特那样。他很快察觉到马可·波罗故事的宣传价值，在他们关在监狱期间，他疯狂挖掘马可的信息，把马可告诉他的一切都记录下来，写进一本书，这本书在今天和它在14世纪第一次出版时一样畅销。

这本书之所以成功，可能是因为它不断提到黄金和各种各样的财富。罗马人和希腊人都曾含糊地谈到东方君主的财富，但是波罗曾亲临现场目睹了这一切。此外，关于寻找到印度捷径的探寻确实可以追溯到那个时候，但是这项任务十分艰巨。

最后在1488年，葡萄牙人到达了好望角。10年后，他们到达了印度。40年后，他们又到达了日本。与此同时，麦哲伦已经到达菲律宾群岛，对南亚的探索正在全面展开。

这就是总体的发现历程。我也已经说过西伯利亚是如何发现的。那么对于头一个访问其他国家的人，都应该给他颁发荣誉奖。

# 31. 亚洲对世界其他地方的意义

欧洲赐予我们文明，但亚洲赐予我们宗教。更有趣的是，现在引领着人类的三大一神教，犹太教、基督教和伊斯兰教全都起源于亚洲。

有趣的是，当审讯者焚烧犹太人时，无论是行刑者还是受害者——寻求的都是亚洲神明的帮助；当十字军杀死穆斯林的时候或穆斯林杀死十字军时，这是两个亚洲信仰的冲突，使得他们互相残杀；而当一个基督教传教士与孔子的追随者发生争执，仅仅是两个亚洲观点的交流。

亚洲不仅给了我们宗教信仰。它还为我们提供了构建整个文明的基本原则。在我们最近的技术发明骄傲里，我们可能会大声地吹嘘"我们伟大的西方进步"（我们偶尔会这样做），但被大肆吹嘘的西方进步不过是东方已经开始的进步的延续。我高度怀疑一点，如果西方人没有在东方的学校里学到万事万物的基本原理，他们能凭自己做点什么。

希腊人的知识并不是大脑自燃的结果。数学、天文学、建筑学和医学也不像雅典娜那样，从宙斯的头上跳下来，从头武装到脚，时刻准备与人类的愚蠢行为进行光荣的战斗。它们是缓慢、痛苦又谨慎的演化的结果，而且真正的开创性工作是在两河流域沿岸展开的。

艺术和科学从古巴比伦传到了非洲，黑皮肤的埃及人将他们把握在手中，直到最后希腊人的文明上升到足够的高度能够鉴赏几何问题与完美平衡等式的美时，我们才说有真正的"欧洲"科学。但是亚洲已经早于欧洲两千多年拥有了真正的科学。

并且亚洲进一步给予了我们恩赐，从家畜、猫狗、有用的四足动物，到温顺的牛、忠诚的马，及羊和猪，都起源于亚洲。只要我们想想这些有用的生物在蒸汽机发明前所扮演的角色，就可以认识到我们欠亚洲的债。除此之外，我们菜单上增加的大部分食物，所有的水果和蔬菜、大部分的花卉和几乎所有的家禽都是来自亚洲，再由希腊人、罗马人或十字军带到欧洲的。

然而，亚洲并不总是一个从恒河和黄河河岸给西方贫穷的野蛮人带去丰厚礼物的慷慨施主。亚洲也可以变成"严厉的工头"。起源于亚洲的匈奴，在公元5世纪曾掠夺中欧。鞑靼人把俄罗斯变成了亚洲的附属国，对其他所有来自中亚沙漠地区的欧洲国家造成了永久的伤害。在长达500年的时间里制造了如此多的流血和苦难，并且把东欧变成今天这副样子的突厥人，是起源于亚洲的部族。也许下一个百年，我们又会看到一个统一的亚洲登上战场迫不及待地想要为自从施瓦茨发明火药[①]以后我们所对她的孩子做的一切复仇。

---

① 西方有一种观点认为火药是德国人施瓦茨发明的。——译者注

# 32. 中亚高地

亚洲占地1 700万平方英里，由5个不同部分组成。

首先，第一部分是我在谈俄罗斯时提到的最靠近北极的巨大平原。其次是中央高地与西南部的高原，然后是位于南部的半岛，最后是东部的半岛。因为已经介绍过了北极大平原，现在我就从第二部分也就是中亚高地说起。

中亚高地由一系列平行排列、大体上为东西走向或是由东南向西北的低矮山脉构成，但是没有南北走向的山脉。由于火山喷发的影响，多处地壳严重受损甚至扭曲折叠，因此我们看到的许多山脉都呈现出不规则的轮廓，比如贝加尔湖以东的雅布洛诺夫山脉、贝加尔湖以西的杭爱山脉和阿尔泰山脉和巴尔喀什湖正东方向的天山。这些山脉的西侧是平原，东侧则是戈壁滩和成吉思汗祖祖辈辈的家园——蒙古高原。

戈壁滩西面就是地势稍低的东土耳其斯坦高原。瑞典旅行家斯文·海定在罗布泊附近的河谷里发现了帕米尔河，它因此闻名世界。尽管它的长度是莱茵河的1.5倍，但由于亚洲版图太大，在地图上帕米尔河只能算是沙漠中的一条小溪。

在土耳其斯坦正北方，有一个地区分隔了阿尔泰山和天山，它就是地图册上提到的准噶尔，准噶尔盆地孕育着一片柯尔克孜大草原，草原上有一个巨大的山谷，这就是所有沙漠部落、匈奴人、鞑靼人和土耳其人进军欧洲的大门。

塔里木盆地南部，确切地说是西南方向，那里的地貌异常复杂，被称为世界屋脊的帕米尔高原切断了塔里木盆地和阿姆河河谷（这条河流流向咸海）的联系。在这里，从小亚细亚、美索不达米亚通往中国的道路上，坐落着希腊人熟悉的帕米尔山脉。当然这些良好的天然屏障并非不可跨越，只要借助平均海拔在15 000英尺到16 000英尺之间的山口地带就能做到。要知道，美国的雷尼尔山的海拔只有14 000多英尺，而西欧最高峰勃朗峰也不过15 000多英尺。你或许能想象，翻越比美洲和欧洲最高峰还要高的山脉是多么艰难的事，而我们所见到的任何因地表运动而形成的"褶皱"跟这些山脉一比便相形见绌。

但帕米尔高原其实只能算是一个开端，它只不过是许许多多大山脉向四面八方延伸的起点。这里有向北延伸的天山山脉、横亘于西藏与塔里木盆地之间的昆仑山脉、短却极其陡峭的喀喇昆仑山脉，最后，这里还有喜马拉雅山，这条山脉将中国西藏和印度从南面分隔开，打破了所有"海拔最高"的记录，不仅如此，它的珠穆朗玛峰和干城章嘉峰高度都超过了"海拔最高"的记录——2.9万英尺，即5.5英里。

至于平均高度15 000英尺的西藏高原[①]，它的确是世界上海拔

---

① 今天的青藏高原（Qinghai–Tibet Plateau）。——译者注

最高的地区。南美洲的玻利维亚高原的海拔在11 000英尺到13 000英尺之间，而西藏的面积相当于俄罗斯的2/5，人口数量却约为200万。

这表明了人体自身能承受多大的气压。假如那些越过格兰德河的美国人被允许在海拔只有7 400的英尺的墨西哥首都逗留几天，他们就会体验到这种不适。他们事先被警告不要像在家里那样匆忙，要放松，直到他们每走半个街区时心脏不再像大锤一样跳动。西藏人不仅每天要走100个街区，而且他们还要背上所需的一切东西穿过山口地带，这些山口地带对于骡子和马来说通常太陡峭，但这是他们与外部世界的唯一联系。

西藏高原

虽然西藏的位置比亚热带岛屿西西里岛还靠南约200英里，但每年至少有6个月的时间地面积雪，气温经常下降到零下30摄氏度。这片高原上风暴肆虐，横扫南方荒凉的盐沼，尘土飞扬，雪花纷飞，生活艰难，就是这么个地方却成为神奇的宗教发源地。

西藏佛教并没有全盘吸收公元前6世纪印度王子释迦牟尼在世时的原始教义。因为原始佛教的教义存在堕落的部分，充满了邪魔和鬼魂之说，并且隐去了许多来自亚洲其他圣人的高尚教义。但是，作为佛教的堡垒，西藏在保护佛教免受来自西方伊斯兰教徒和印度南部异教教义的入侵方面，起了很大的作用。佛教在藏区不间断的传承在某种程度上是几乎自动延续的达赖制度带来的成果。

佛教徒一直相信灵魂转世说。也就是说，释迦牟尼的灵魂必将在地球上的某个地方继续存在。信徒们需要做的就是找到他，使他成为所有信徒的统领。现在值得注意的是，先于佛教出现的基督教，与它的老邻居、老对手有许多相似的教义和制度。不同的是，早在施洗者约翰隐居荒野之前，虔诚的佛教徒就养成了有意避开恶魔和肉身的习惯。他们的僧侣在圣西蒙登上尼罗河谷中他的柱子顶端之前就已经恪守独身、贫穷和守贞的誓言。他们还行使高度的政治职能。忽必烈，作为成吉思汗的孙子，在他的统治期间，其本人也是一个虔诚的喇嘛教信徒，他对喇嘛教的推崇，促成当时西藏一个非常重要的寺庙的住持提升成为全藏区的政治统治者，称为达赖喇嘛。而作为追随忽必烈的回报，新一任达赖喇嘛也正式加冕为蒙古帝师。为了维护喇嘛在家族中的尊严，第一代喇嘛打破了禁欲的戒律，一直保持着婚姻关系，直到生下一个儿子来继承他们。14世纪期间，一位伟大的改革家从西藏僧侣中产生了，这个人就是宗喀巴，佛教世界的马丁·路德。宗喀巴圆寂后，旧的僧侣团体重建起以前的严格制度，而他们的领袖——宏大如海的达赖喇嘛——更加被世界上1/4的人口坚定地奉为精神领袖，而达赖的继承方法自确立后就延续至今。

当达赖喇嘛去世时，僧侣中立即遣人收集达赖死后西藏地区新生男婴的名单，因为达赖的灵魂现在必须转移到某一个孩子身上。长时间的祈祷后，僧侣从众多名字里选出3个，并将它们写在金签上，再投入一个金瓮里。然后，召集西藏所有重要寺庙的住持聚集在达赖喇嘛的宫殿里。西藏地区有3 000座寺庙，但只有少数寺庙有资格派代表参与到选出转世灵童的佛教枢机团中。经过一个星期的禁食和祈祷，他们从金瓮里抽出一支签，拥有签上所写名字的小孩就成了活佛的转世灵童，并跟随僧侣开始修行。

转世灵童的命运并不如想象中光鲜，他只是实力派喇嘛的傀儡，这些喇嘛让灵童退居幕后，让他处于一个弱势地位，听命于实力派喇嘛并让这些实力派的喇嘛过上舒适的生活，同时牺牲了5/6平民的利益，这些平民虽然不是佛教徒，但由于在这片土地上从事生产劳动，因此也不得不支持这些统治着藏区的精神导师。如果可怜的灵童被证实是"不幸的"，那么喇嘛们也有多种办法帮助他"重返天堂"。转世活佛的一生的使命，或许就是满足上师们的合理期待，过着极其乏味单调的戒律生活，最终年纪轻轻因缺乏锻炼和长期的苦寂死去。

尽管如此，这一体制仍在延续，不管是在海拔12 000英尺的空中还是海平面，一贯如此。至于喜马拉雅山脉，七百多年来，它很好地保护西藏免受南方邻国侵犯，直至几年前才有外国人踏上这片居住着活佛的圣地。由于这些山脉在公开刊物上被广泛记载，因此要比美国佛蒙特州的山更为人熟知。

大峡谷

我们的时代是个喜爱记录的时代，人类已经向最后一座尚未被征服的山顶投去了灼热的目光。18世纪中叶，英国测量局率人来喜马拉雅地区测量珠峰高度，英国工程师乔治·埃佛勒斯（George Everest）第一个测量并记录了珠峰的高度，故以这位工程师的姓氏命名珠峰，此后西方人也多称珠穆朗玛峰为额菲尔士峰或埃佛勒斯峰。珠穆朗玛峰有29 000英尺高，几乎是雷尼尔山高度的两倍。它曾无数次将尝试登顶的人们拒之门外。1924年，一个英国探险队最后一次伟大的珠峰探险到达了距离山顶不到几百码的地方。两名队员携带着氧气设备，告别了队伍中的其他人，自告奋勇地登上最后一程。他们最后一次被观测到是在距离最终峰值不到600英尺的地方，此后一去不返。截至那时，珠穆朗玛峰仍未被世人征服。

但对于野心勃勃的登山者来说，这里就是理想之巅。喜马拉雅山脉地处亚洲的心脏，面积广阔，相比之下，瑞士的阿尔卑斯山脉宛如小男孩、小女孩们在海滩上玩耍时堆起的小沙堆。喜马拉雅山终年积雪，积雪宽度是阿尔卑斯山的两倍，面积是阿尔卑斯积雪带的13倍，个别山顶的高度超过22 000英尺，有几个山口的高度甚至是阿尔卑斯山的两倍以上。

和从西班牙一直延伸到新西兰的山脉一样，喜马拉雅山脉的形成年代较晚（甚至比阿尔卑斯山脉还要晚），它们的年龄以百万年计，而不是以亿万年计。尽管如此，如果没有大量的风吹雨淋和阳光暴晒，想要摧毁它们，让它们变成平地，并不容易。大自然的力量年复一年地与这里的岩石较量着，喜马拉雅山脉也已被深深的峡谷切割成了不规则的碎片。印度最重要的三条河流，印度河、恒河和布拉马普特拉河加速了喜马拉雅山的积雪融化。

从政治上来说，绵延1 500英里的阿尔卑斯山脉，也赋予许多沿路国家更加多元的地理风貌。一些沿路国家，例如廓尔喀人的故乡——尼泊尔，面积是瑞士的四倍，人口总数有600万。还有现在的英属克什米尔地区（我的祖母购买那里的披肩，英国在那里组建了锡克军团），面积是85 000平方英里，人口总数有300万。

最后，如果你再仔细观察一下地图，你将会发现一件与印度河及布拉马普特拉河有关的趣事：它们不像莱茵河从阿尔卑斯山流下来，或者密苏里河从落基山流下来那样从喜马拉雅山流下来。相反，它们的源头在喜马拉雅山脉主体后面。印度河发源于喜马拉雅山脉和喀喇昆仑山脉之间。布拉马普特拉河则先自西向东流经西藏高原（此段在中国境内，名为雅鲁藏布江），然后突然急转弯自东向西流过一小段距离后汇入入恒河，而恒河则流经喜马拉雅与德干高原之间的宽阔山谷地带。

诚然，流水具有巨大的侵蚀力，但是这两条河流似乎不太可能在山脉形成后再挖出一条穿透喜马拉雅的水路，因此，我们不得不得出这样的结论：这些河流一定比山脉还要古老。也就是说，早在地壳开始起伏和震动之前，印度河和布拉马普特拉河就已经存在了，并慢慢冲击地表使地表形成巨大的褶皱，这些褶皱后来演变为现代世界最高的山脉。可以这么说，因为它们的增长是如此缓慢（毕竟时间只是人类的发明，但世界是永恒的），以至于河流设法凭借其侵蚀力保持在底层。

地质学家声称，即使是现在，喜马拉雅山脉的高度仍在增长。因为我们赖以生存的薄薄的地表会像身体的皮肤一样收缩和膨胀，所以这些地质学家的结论可能是正确的。正如在我们已知的事实里，瑞士的阿尔卑斯山正缓慢地自东向西移动。喜马拉雅山脉，可能就像南美洲的安第斯山脉一样，正在向上移动。不管怎样，在自然的实验室里，只有一条法则一定适用于万物——必须不断变化，那些不遵守法则的人只能自取灭亡。

# 33. 亚洲西部大高原

从帕米尔高原中心出发，一条连绵不尽的山脉向西延伸，途经之地皆是高原地区，直至黑海和爱琴海。

这些高原都有为人熟知的名字，因为它们在人类进步的历史上扮演了最重要的角色。为什么说它们扮演着最重要的角色呢？因为除非我们目前所有的人类学推测都是错误的，否则，这些位于印度河和地中海东部之间的高地和山谷不仅仅是孕育我们所属的文明分支的摇篮，还是我们学习基本科学原理与道德观念的学校，它们最终使人类区别于动物世界。

按照山脉走向顺序，山脉最先经过伊朗高原。这是一片海拔3 000英尺的盐碱沙漠，四周环山。即使北部与里海和图兰低地相连，南部毗邻波斯湾和阿拉伯海，这个地区还是没有足够的降水量使其拥有一条名副其实的河流。自1887年以来，俾路支省一直是英国领土的一部分，基尔塔尔山脉分隔了俾路支省与印度本土，尽管俾路支省有几条河流注入印度河，但自从亚历山大大帝的军队在从印度返回的途中渴死了许多士兵以后，这里的沙漠就令人闻之色变。

　　阿富汗，在多年以前就备受瞩目，因为当时它的统治者想要通过伟大的欧洲之旅来宣传他自己和这个国家。这里有一条河叫赫尔曼德河，发源于兴都库什山脉，而这条山脉从帕米尔高原向南延伸，直至波斯与阿富汗边境的锡斯坦湖。与俾路支相比，阿富汗有着更加宜人的气候，且在其他诸多方面有着更加重要的地位。印度、北亚和欧洲之间最初的贸易路线经过阿富汗的中心，从西北部边境省份白沙瓦，经由开伯尔山口到达阿富汗首都喀布尔，接着穿过阿富汗高原直到到达西部的赫拉特市。

　　大约50年前，沙俄和英国就开始争夺这个缓冲国的最终控制权。由于阿富汗人都是杰出的战士，所以他们要想在南方和北方进行所谓的和平渗透必须非常小心谨慎。我们永远不会忘记1838—1842年第一次阿富汗战争的灾难，当时少数几个英国士兵逃回来时告诉人们当英军试图把一个不受欢迎的统治者强加于不情愿的阿富汗人民时，他们的战友是如何被屠杀的。在那之后，英军更加小心地穿越开伯尔山口。但是在1873年，当俄罗斯人占领希瓦并继续向塔什干和撒马尔罕进军时，英军觉得必须采取点行动了，以防某天醒来听见另一边从苏莱曼山传来俄军练习射击的枪声。因此，英国在伦敦的代表和沙俄在圣彼得堡的代表向各自的国王和王室政府保证他们对阿富汗的意图都是无私的、值得尊敬和赞扬的，双方的政府也正在努力计划为阿富汗这个"被残酷的自然切断了通往大海道路"的国家建设一个铁路系统，好让阿富汗人从此直接蒙受西方文明的恩惠。

　　不幸的是，世界大战阻碍了这些项目。俄罗斯人最远到达了赫拉特，今天从那里我们可以乘火车经过土库曼社会主义苏维埃共和国①的梅尔夫，再到里海的克拉斯诺夫斯克港口，然后乘船到达巴库和西欧。也可以通过另一条线路，从梅尔夫经布哈拉到乌兹贝格共和国②的浩罕，然后继续从那里到巴尔赫。巴尔赫现在是一个三流的村庄，就建在古巴克特里亚的巨大废墟之上，而3 000年前的巴克特里亚和今天的巴黎一样重要。它起初是由琐罗亚斯德（或查拉图斯特拉）发起的高度道德宗教运动的中心，这场运动不仅征服了波斯，影响甚至渗透到地中海地区，而且以一种改良的形式在罗马人中盛行一时，以至在很长一段时间里，它都是基督教最主要的对手之一。

与此同时，英格兰一直在推动铁路从海德拉巴通往俾路支的奎达，然后再从那里通往坎大哈。1880年，英国人终于在坎大哈为第一次阿富汗战争的失败雪耻。

伊朗高原的另一部分仍然值得关注。虽然今日它只留下了昔日辉煌的记忆，但过去那里一定是个非常有趣的地方，那个地方就是波斯，这个名字曾经代表着绘画、文学和复杂的生活艺术领域最卓越的水平。

波斯的第一个黄金时代出现在公元前6世纪，当时波斯是一个帝国中心，波斯帝国从马其顿一直延伸到印度。虽然后来这里被亚历山大摧毁，但是又过了500年后，在萨珊王朝的统治下，波斯人又重建了过去薛西斯和坎比西斯时期的辉煌。此外，他们恢复了琐罗亚斯德教原有的纯洁信仰，将所有圣典集成一卷，即著名的《阿

---

① 现为土库曼斯坦国。——译者注
② 现为乌兹别克斯坦共和国。——译者注

维斯塔》，并让沙漠上开满了伊斯法罕玫瑰。

公元7世纪初，阿拉伯人征服了波斯，穆罕默德击败了琐罗亚

小亚细亚，过去只是罗姆苏丹的一个领地，如今全境位于土耳其境内，北临黑海，西临马莫拉湾，仅隔着博斯普鲁斯海峡和达达尼尔海峡与欧洲隔海相望，南濒地中海，托罗斯山脉从内部将海洋与陆地分隔开来。小亚细亚的地势比伊朗、波斯或亚美尼亚低得多，巴格达铁路贯穿这片领土，在过去30年的历史里扮演着重要的角色。因为当时英国和德国都想争取铁路特许权，以便连接君士坦丁堡与底格里斯河流域的巴格达、士麦那（亚洲西海岸重要的港口城市）、叙利亚的大马士革和阿拉伯圣城麦地那。

这两个国家刚刚达成协议，法国就坚持要分一杯羹。于是，法国人得到了小亚细亚北部，在这里，有亚美尼亚和波斯的出口港口特拉比松；在这里，塔尔苏斯人保罗出生并走上布道之旅；在这里，土耳其人和基督徒为争夺地中海霸权而斗争；在这里，有外国工程师开始进行考察；在这里，殖民地的希腊哲学家最早开始探测人类和宇宙的本质；在这里，庄严的教会理事会赋予了欧洲人赖以生存千年的钢铁般的信仰。在这里荒凉的沙漠村庄，一位骑骆驼的阿拉伯人做了他的第一个梦，梦到了自己成了安拉派遣的唯一的先知。

照计划，铁路线将远离海岸线，避开那些古代和中世纪的神秘之地——阿达纳、亚历山大勒塔、安提阿、的黎波里、贝鲁特、提尔、西顿和雅法（多岩石的巴勒斯坦地区的唯一港口），主要修建在山区。

战争爆发时，铁路发挥了德国人预想中的作用。这条铁路拥有德国先进的铁道设备，加上德国有两艘大型战舰停泊在君士坦丁堡，出于这两个现实考量，土耳其选择与德国结盟，帮助德国打击协约国。之后4年铁路布局的战略意义得到充分体现，因为战争的胜负最终决定于海上和西线。直到西线开始瓦解很久之后，东线才开始崩溃。人们惊奇地发现，1918年的土耳其人与1288年塞尔柱土耳其人征服全亚洲一样勇猛善战，欧洲人不得不对博斯普鲁斯海峡坚不可摧的君士坦丁堡城墙刮目相看。

到那时为止，那片多山的高原一直相当富裕。对于小亚细亚而言，虽然它是亚欧大陆桥的一部分，却从未遭受过亚美尼亚和波斯那样的命运。这不仅是因为小亚细亚是重要商道的一部分，它还是从印度、中国通往希腊和罗马的所有路线的中转站。当我们这个世界还很年轻时，地中海地区最活跃的文化和商业生活并不都是由希腊本土所创，它是在西亚的各个城市兴盛起来的，只不过这些城市有些变成了希腊的殖民地。在这里，亚洲人古老的血液与新的种族融合直到孵化出混合人种的文明，这是单一文明体系的智慧无法比拟的。即使是在商业信誉和个人信用方面声名狼藉的现在黎凡特人，我们也能从他们身上找出500多年立足的优势。

塞尔柱土耳其王朝的最终瓦解是不可避免的。由于土耳其经常处于没有对手的情况下，那支军队腐败就不足为奇。今天这个小小的半岛实际上保留了奥斯曼帝国过去辉煌的全部遗迹。苏丹们已经离开。他们的祖先在哈德良堡居住了将近一个世纪，这是除君士坦丁堡以外欧洲仅存的另一个土耳其城市。1453年，他们搬到了君士坦丁堡，并在那里统治了整个巴尔干半岛、整个匈牙利和俄罗斯南部的大部分地区。

长达4个世纪的管理不善足以毁灭这个帝国，使它沦为今天的样子。君士坦丁堡，这个最古老也最重要的商业垄断城市，几千年来掌握着俄罗斯南部粮食贸易的关键，它是如此受大自然的青睐，以至于这里的港口被称为金角湾、丰饶角，渔业资源丰富到人们无须挨饿，如今却被降为三流的省级城市。那些和平年代负责振兴新土耳其的统治者们明智地总结道：君士坦丁堡的衰落是希腊人、亚美尼亚人、黎凡特人和斯拉夫人在此地长期混战和十字军东征共同导致的结果，在这样的地方试图振兴土耳其并使它成为一个现代化国家几乎不可能。因此，他们选定了位于安纳托利亚山脉中心的安戈拉城作为新首都，这座城距离君士坦丁堡足有200多英里。

耶路撒冷

安戈拉是一座饱经风霜的城市。400年前，高卢部落驻扎在这里，就是这群高卢人后来占领了法国平原。它见证了这条主要贸易路线上所有城市的沧桑变化。十字军和鞑靼人都曾经占领这座城市。1832年，埃及军队甚至摧毁了整个街区。但正是在这里，凯末尔·帕夏建立了祖国的新首都。他清除了所有不能被吸收的元素，把住在希腊、亚美尼亚及其他国家的土耳其人吸引回国。他凭借聪明才智建立起自己的军队和威严。尽管他努力让新土耳其创造收益，但是安纳托利亚的山脉经历了15个世纪的战乱与隔离，创造的有限价值根本无法吸引一位华尔街银行家，更不用在这里说看见贷款市场的前景。

尽管如此，小亚细亚仍然被认为是未来欧亚进行贸易的关键位置。士麦那恢复了过去亚马孙女战士统治该地区时的体制。古希腊亚马孙女战士统治这里并打造了一个古怪的国家，在这个国家里，所有的男婴都要被处死，不允许男性踏入国境，除了每年亚马孙族女战士为了传宗接代会暂时允许有男性出现。

到了以弗所，圣保罗发现当地人还在信奉贞洁女神戴安娜。顺便提一下，亚马孙女战士已经从地球上消失了，但她们的活动区域附近可能还隐藏着未被挖掘的财富。

再往北走，经过佩尔加马姆遗址（古代世界伟大的文学中心，也是羊皮纸这个词的来源地）铁路绕过特洛伊平原，与马莫拉的班德尔玛相连。从斯库塔里乘一天船能到班德尔玛，这里有著名的东方快车（途经伦敦加莱—巴黎—维也纳—贝尔格莱德—索菲亚—君士坦丁堡），它与开往安戈拉和麦地那的火车以及途经阿勒颇—大马士革—拿撒勒路德（在此转车可前往耶路撒冷和雅法）—加沙—伊斯梅利亚—坎塔拉的火车都有联系，通过苏伊士运河人们最远可到达尼罗河上游的苏丹。

如果不是因为第一次世界大战的影响，这条公路本可以通过运输盈利，从西欧向印度、中国和日本运送货物和乘客，只需通过铁路到达苏伊士运河，然后再依靠船运走完剩下的路程。但是，恐怕等到4年战斗造成的损失修复完毕时，飞机可能也已被广泛投入乘客交通运输了。

小亚细亚东部驻扎着库尔德人——亚美尼亚人的宿敌。库尔德人和苏格兰人及大多数山地民族一样，被划分为不同的家族或部落，他们有着强烈的个人自豪以至于他们不乐于接受商业或工业文明。古巴比伦楔形文字碑文和色诺芬的《远征记》都提到过他们是一个非常古老的民族，我们原本属于相同的文化，但现在他们已经转向信奉伊斯兰教。正因如此，他们不信任信仰基督教的邻国，其他所有在"一战"后建立起的伊斯兰国家都是如此，并且这不是没有原因的，因为我们都曾生活在欧洲大国把"官方撒谎"公然当作国家战略的一段日子里，人们有理由记住这一点。

当战争结束，宣告和平时，没有人感到满意，并且又有新的争执加入旧的争端里。一些欧洲强国更是把自己装扮成"旧土耳其部分地区的强制统治者"，并试图证明它们在对待本地种族的政策上没有土耳其人那么残暴。

法国人在叙利亚投资了大量资金，控制了叙利亚，资金和军备充足的法国高级委员会承诺统治300多万叙利亚人，然而肯定的是叙利亚人并没有"委托"欧洲人来治理这个国家，也就是说法国把这里当作殖民地只不过冠以一个没有那么强的侵略性的名号罢了。至此，信仰不同的人们开始忘记他们对彼此的厌恶，心中只有对法国共同的憎恨，于是库尔德人与他们的宿敌握手言和，黎巴嫩的罗马天主教马龙派教徒和基督徒不再虐待犹太人，犹太人也不再轻视基督徒和伊斯兰教徒。法国人不得不竖起许多绞刑架来震慑他们。秩序显然已经重建，但叙利亚正迅速成为另一个阿尔及利亚。这不是说人民比以前更喜欢他们的强制统治者了，而只是说法国人亲手绞死了那些激烈反抗者，令剩下的余党缺乏继续斗争的勇气。

至于底格里斯河和幼发拉底河流域，这里曾经建立起君主政体，现在巴比伦废墟和亚述古都尼尼微都成了伊拉克王国的一部分。但新的统治者很难像汉谟拉比或亚述的汉尼拔那样享受行动的自由，因为他们已经被迫承认英格兰的宗主权。除了重新挖掘几条古巴比伦排水渠这种事，在其他更重要的事情上，每当费萨尔国王想要做出什么决策都必须等待伦敦方面的指令。

巴勒斯坦（腓力斯丁人的居住地）也处在两河流域，这个国家是如此的奇怪，以至于我不得不用很短的篇幅来描述它，以免在本书的剩余部分充斥着对一个小国的描述，这个国家的规模和石勒苏益格–荷尔斯泰因这样的九流欧洲公国差不多大，但是它却在人类历史上起到了比许多一流帝国更重要的作用。

犹太人的祖先，离开了他们在美索不达米亚东部的悲惨村庄，在阿拉伯沙漠的北部游荡，穿过西奈山和地中海之间的平原，在埃及待了几个世纪之后，最终折返。当他们走到地中海与朱迪亚山脊之间的一条狭长肥沃地带时，与当地的原住民陷入了苦战，最终他们获得胜利并夺取了足够的村庄，从而建立起属于他们自己的独立犹太国家。

犹太人的生活不会太舒适，因为在西部，腓力斯丁人，来自克里特岛的非闪米特族人，控制着海岸地区，完全切断了犹太人出海的通道。在东部，一个最奇怪的自然现象——岩石上出现一个巨大裂缝，从北到南呈直线运行，深达海平面以下1 300英尺，将他们的国家与亚洲其他地区分开。这种裂谷在今天很常见，正如施洗者约翰居住地一带的约旦峡谷，起于黎巴嫩北部，沿着约旦河到深度在海平面以下526英尺的加利利海、经过死海（约旦河注入死海，死海的深度在海平面以下1 292英尺，由于蒸发速度快，死海的水有25%含盐量）、穿过古老的东部陆地，最后延伸到红海分支亚喀巴湾。

裂谷南方是世界上最炎热和荒凉的地区，有着丰富的沥青、硫、磷等其他一些有腐蚀性的混合物质。这些化学资源让现代人从中获利（战前德国就成立了巨大的死海沥青公司），但在很久以前也令人类感到畏惧，这使得他们把普通地震对所多玛与蛾摩拉的破坏当作是上帝的复仇行为。

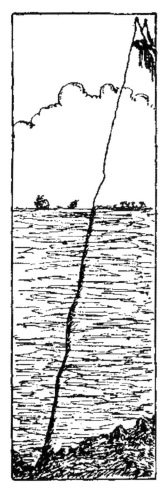

最高的山顶与最低的海面之间的距离是地球直径的1/700

当来自东方的入侵者穿过与裂谷平行的朱迪亚山脊，一定会对气候和风景突然的变化感到震惊，也许还会欢呼这是一片"流着牛奶和蜂蜜的土地"，因为现代巴勒斯坦游客找不到什么牛奶，蜜蜂似乎也跟着有限的鲜花一起死去了。然而，这不是人们常说的气候变化的原因，因为其实今天的气候与当年耶稣从但到别是巴的时候相差无几，当时他们并不用担心日常面包和黄油供给的问题，因为他们时间充裕且有足够的本地葡萄酒来满足旅行的简单需求。对气候起破坏作用的是土耳其人和东征的十字军统治时期。十字军首先摧毁了在该地独立时期和罗马统治时期建造的所有剩余的旧灌溉工程。土耳其人完成了剩下的破坏工作。人们忽视了土壤有水才能丰收这一常识，直到9/10的农民不是死了就是逃走了，耶路撒冷变成了游牧民族贝都因人的村庄，十几个基督教教派和他们的伊斯兰教邻居永远陷入关于教义的争吵之中。对伊斯兰教徒来说，耶路撒冷还是一座圣城。阿拉伯人认为自己是那个不幸的以实玛利的直系后裔，是在撒拉的要求下，同母亲夏甲一起被亚伯拉罕赶到荒野的弃子。

但是以实玛利和夏甲没有在荒野渴死，反而，后来以实玛利娶了一名埃及女子，成为阿拉伯人的祖先。今天阿拉伯人认为克尔白圣殿就是以实玛利和他母亲的长眠之所。克尔白圣殿被认为是麦加最神圣的朝拜中心，是所有穆斯林一生至少要来朝拜一次的地方，不论前往朝圣的路程有多么遥远或艰难。

阿拉伯人一占领耶路撒冷，就在圣殿山上建造起了一座清真寺，这里在许多年前也是亚伯拉罕的另一后裔所罗门王建造神殿的地方。而关于圣殿山和其周围大理石墙（包括犹太人的"哭墙"）的归属问题，一直是造成巴勒斯坦地区的阿拉伯人与犹太人争吵不断的原因。

人们对未来还能抱有怎样的希望呢？当英国人占领耶路撒冷时，他们发现这里的人口由80%的穆斯林（主要是叙利亚和阿拉伯人）和20%的犹太人及非犹太基督徒构成。英国人，作为现代世界最大的伊斯兰帝国的统治者既不能伤害众多忠臣的情感也不敢让50万巴勒斯坦穆斯林屈服于不到10万犹太人的仁慈之下，尽管他们有许多完全正当的理由。

结果是后凡尔赛时代常见的无人满意的妥协。今天的巴勒斯坦受英国托管，英军负责维持不同种族间的秩序。统治者也都是从最有名的英籍犹太人中选拔，但这样一来这个国家还是个殖民地，并不享有鲍尔弗先生在巴勒斯坦复国运动初期提出的，听起来似乎令人振奋实际却含义模糊的完全政治独立。

如果犹太人自己清楚究竟想要这个古老的国度变成什么样，事情或许会变得更加简单。东欧，尤其是俄罗斯的正统犹太人希望保持它的现状——一座巨大的神学院，伴有一些保存希伯来文物的博物馆。年轻的一代犹太人铭记着耶和华充满智慧的箴言"死者应该亲手埋葬自己——既往不咎"，这使他们强烈地感到：过分为昔日已逝的快乐与荣耀感伤将阻碍我们迎来明天的欢乐与辉煌，希望巴勒斯坦能成为像瑞士或丹麦那样正常的现代国家，希望男人女人们能摆脱流离失所的阴影，更加关心好的道路、好的灌溉系统，而不是把精力放在了为了几块石头和他们的阿拉伯邻居争论不休上，这些石头在很久以前可能不过是黎贝卡打水的井壁，但现在它只会是阻碍我们前进的绊脚石。

　　由于巴勒斯坦大部分土地都是东西走向且带有一定坡度，那么我们确实可以为了农业目的重新开垦被忽视和荒废的土地。每天，海风把浓重的露珠带到整片大地上，使之成为种植橄榄的理想之地，而杰里科，这个在可怕的死海地区唯一有重要意义的城市，或许可能再次成为枣产品贸易中心。

　　相信只要巴勒斯坦的土地既不含煤也不含石油，它就将摆脱外国投资者的注意，进而将有时间慢慢解决遗留下来的宗教问题。

# 34. 阿拉伯半岛

何时是又或何时不是亚洲的一部分

根据原始地图册和地理手册显示，阿拉伯半岛是亚洲的一部分。但是一些从火星而来不了解地球历史的访客，可能会得出不同的结论并且认为纳季德沙漠（也叫内志沙漠）——一个有名的阿拉伯地区沙漠——不过是撒哈拉沙漠的延伸，并与撒哈拉沙漠被一个无关紧要的浅浅的印度洋海湾隔开，这个海湾就是红海。

红海的长度几乎是宽度的6倍，岸滨多珊瑚礁，平均深度大概只有300英寻，连接亚丁湾。亚丁湾是印度洋的一部分，深度在2~16英寻之间变动，拥有许多火山的红海，原先很可能是只是一条内河，直到波斯海峡形成，才被认为是海，就好像英国的北海，在英吉利海峡形成之前，也不被认可为真正的海。

至于阿拉伯人，他们自己似乎并不想成为非洲人或亚洲人，因为他们把自己的国家叫作"阿拉伯岛国"。阿拉伯半岛的面积是德国面积的6倍，而人口却十分稀少，甚至整个半岛地区的人口总量还没有英国人口多。但这700万现代阿拉伯人的祖先，一定拥有过人的体能和意志，否则怎能在不借助大自然的力量下给世界留下如此深刻的印象。

首先，他们生活在一个气候不适合人类居住的国家。撒哈拉沙漠的延续地区不仅完全没有河流，而且它还是地球上最热的地方之一，除了拥有潮湿海岸的最南部和最东部。欧洲人简直没法在这里居住。但是在半岛的中心和西南部，山脉的高度几乎达到6 000英尺，人类和野兽都无法忍受在这里生活，因为天黑后气温突然变化，在不到半个小时的时间里，气温就能从华氏80度降到华氏20度。

如果没有地下水，内陆将完全无法居住。沿海地区也好不到哪里去，除了紧靠英国殖民地亚丁北部的地区。

从商业角度来看，整个神圣的阿拉伯半岛还不如曼哈顿一个下城值钱。但是，如果曼哈顿岛想要在对世界文化发展的总体影响方面与阿拉伯平起平坐，那么它就必须比现在做出更多的努力。

奇怪的是，阿拉伯半岛从来没有像法国和瑞典那样独立建国。由于在第一次世界大战期间英国不负责的承诺和做法，现在阿拉伯半岛分裂出13个小国，从波斯湾一直延伸到阿卡巴湾，甚至向北延伸到由埃米尔统治的外约旦，埃米尔接受耶路撒冷的命令将巴勒斯坦从叙利亚沙漠分离出来。但是他们大多数都是一些小国家如阿曼、也门、阿西尔。也许汉志是唯一一个重要的国家。因为汉志不仅有自己的铁路（巴格达公路的最后一部分，现在一直延伸到麦地那，最终将继续延伸到麦加），而且辖区内有穆斯林的两个圣城——穆罕默德出生的地方麦加，埋葬地麦地那。他发展穆斯林的地方是伯利恒。

这两座绿洲城市在公元7世纪成为焦点其实都算不上什么。穆罕默德出生于公元567年或569年，在他的父亲去世几个月后。不久，他的母亲也去世了，于是他被委托给贫穷的祖父照顾。很小的时候，他就成为一名赶骆驼的人，和雇佣他的商队一起走遍了整个阿拉伯半岛。他甚至可能跨过了红海，还去了当时正试图把阿拉伯半岛变成非洲殖民地的阿比西尼亚（当时那里的部落相互憎恨，无法进行协同作战，因此这并非难事）。

某一年，他娶了一个寡妇。她的财产使他终结了漂泊的生活，还开起了一家小店，经营粮食和骆驼饲料，逐渐开始了布道生涯。

我不能过多地介绍关于教义的内容。如果你感兴趣，可以买一本《古兰经》参读，虽然你可能会觉得很费解。但穆罕默德的功绩无须多言。阿拉伯大沙漠中不同的闪米特部落突然意识到必须完成一项使命。在不到一个世纪的时间里，他们征服了整个小亚细亚、叙利亚和巴勒斯坦，以及非洲和西班牙的北部海岸。直到18世纪末，他们都对欧洲的安危造成不断的威胁。

根据有关人的说法，一个能在短时间达成如此大成就的人必然拥有过人的心理和生理素质，包括拿破仑在内，虽然他判断女人方面的能力不佳，但他一眼就能分辨出一个人是不是一个好士兵。阿拉伯人都是可怕的战士，并且中世纪时他们的大学就是他们的天赋和对科学的兴趣的有力证明。为什么最后他们的声望跟之前相比衰退了如此之多呢？我不好说。人们很容易沉迷于一些夸张的理论，如通过地理背景对人类性格的影响，然后证明沙漠部落的人一直是伟大的世界征服者。但是，沙漠里也有许多人从来不曾侵略，就好比同样是登山者，有许多人成绩显著，但同时也会有懒散、无所事事的人。但很抱歉，我从未能从任何国家的成功或不成功中总结出一个普遍的道德教训。

发生过一次的事就可能发生第二次。18世纪中叶的伟大改革清除了一切形式的偶像崇拜，并产生了清教徒式的瓦哈比教派，这可能会导致阿拉伯人再次走上战争的道路；如果欧洲继续把精力浪费在内战上，那么他们可能会变得如12个世纪前一样危险。这个可怕的半岛上聚集了大量"冷酷"的人，他们很少微笑，很少玩耍，他们庄重严肃地对待自己，他们不会被物质财富的美好前景贿赂，因为他们的需求如此简单，以至于他们从未感到缺乏任何更好的东西。

这样的国家才是潜在的危险源，尤其是当他们有正当理由觉得自己受委屈时。就阿拉伯半岛而言，和在亚洲、非洲、美洲和澳大利亚一样，白人的良知并不像我们所期望的那样清晰。

# 35. 印度

人口众多，自然富庶

早在耶稣基督降生的300年前，亚历山大大帝就已经发现了印度。但是，虽然亚历山大大帝横穿锡克族（the Sikhs）的家园旁遮普平原（the Punjab），到达印度河（the Indus River），却并未能渗透进印度人真正生活的腹地，原因就是他们所处的地理位置，印度人至今还一直生活在喜马拉雅山（the Himalayas）与印度南部的德干高原（the plateau of Deccan）之间的恒河（the Ganges）广阔的溪谷中。印度这个地方已经存在了18个世纪后，欧洲人才第一次从马可·波罗（Marco Polo）处得知这片神奇的大陆。正是在这个时候，葡萄牙的达伽马（Vasco da Gama）到达了马拉巴尔（Malabar）海岸的果阿（Goa）。

欧洲到印度运输香料、大象和黄金的海上通道完成后，地理学家就需要用极快的速度处理相关的地理信息。阿姆斯特丹（Amsterdam）的地图生产商不得不加班加点。自此，欧洲人把这块富庶的半岛的角角落落都进行了研究。下面对印度地貌做简要介绍。

横跨阿拉伯海（Arabian Sea）和兴都库什山（Hindu Kush）的赫达尔山脉（Khirdar）和苏丽曼山脉（Suliman）将印度西北部同世界的其他地方分割开来。印度北至喜马拉雅山，且这部分的喜马拉雅山以半圆环绕兴都库什山和孟加拉湾（the Gulf of Bengal）。

这里我们要注意的是，有关印度的一切地理，在地图上的比例上都比欧洲小很多，看起来很可笑。首先，印度的面积与除俄罗斯以外的欧洲接近。如果欧洲拥有一座像喜马拉雅山脉一样长的山，那么这个喜马拉雅山就会从法国的加莱（Calais）一直延伸至黑海（the Black Sea）。其中喜马拉雅山脉中比欧洲最高峰还高的山峰就有40座，其冰川的长度是阿尔卑斯山（the Alps）冰川的平均长度的4倍。

印度是地球上最炎热的国家之一，同时，有些地区的年均降雨量保持着全球最高纪录（年均降水达1 270厘米）。印度有3.5亿多人口，他们讲150种不同的语言和方言。90%的印度人仍然靠农业维持生计，如果哪年降雨量不足，每年就会有200多万人（1890—1900年的平均数）死于饥荒。不过现在，在英国人的努力之下，饥荒得到了控制，种族之间的混战也被平息，许多水利灌溉设施建起来了，一些基本卫生常识也被印度人掌握了，但这导致印度的人口出生率上升。如果人口按这个速度增长下去，势必又会回复到过去的贫困状况，当饥荒、瘟疫再一次降临，新生儿死亡率又会回升，每天从早到晚都会有人往贝拿勒斯[①]（Benares）山上运尸体。

印度主要河流都与山脉走向平行。西部是印度河，其上游穿过旁遮普省（Punjab），穿过北部山脉，为亚洲北部的征服者提供了

---

① 贝拿勒斯，又称瓦拉纳西，印度教圣地、著名历史古城，位于印度北方邦东南部。

一条通往印度心脏地带的便捷之路。恒河，也是印度人的圣河，向正东方向流去，在流进孟加拉湾前，汇入从喜马拉雅山群峰之中发源的布拉马普特拉（Brahmaputra）河。布拉马普特拉河也是流向正东方向，卡西丘陵（Khasi Hill）的存在，使得布拉马普特拉河自东向西流，最终汇入恒河。

印度人口最稠密的地区便在恒河与布拉马普特拉河流域。只有中国还有几片地方像这儿一样，狭小的一块土地上拥挤着几千万人，为本来就少得可怜的生存资料互相争斗。两条大河的汇合处是一片潮湿而泥泞的三角洲，加尔各答这个印度最重要的制造业中心就在三角洲的西岸。

恒河流域物产丰富，本该是民富财足的沃土，但由于人口长期过多，整个地区不堪重负。首先，恒河流域盛产大米。印度人、日本人、爪哇人种植水稻并非因为他们喜欢吃大米，而是由于水稻单产高，每平方英里产出的大米比在同面积种植其他作物收获更多。

然而，种植水稻又苦又脏，这么说不太好听，但是，这么描述水稻种植也是很恰当。上亿的男女在泥、粪肥中趟来趟去，也趟去了他们大部分的岁月。首先，在泥土中培育出秧苗，然后，待秧苗长到9英寸高时，再用手拔出来，移栽到水田里，最后，收获季，稻谷收割完后，通过一种很复杂的排水系统把稻田里恶臭的泥浆排进恒河。而恒河水又是那些聚集在贝拿勒斯（不仅是印度的"罗马"，也是世界上最古老的城市）的虔诚信徒的饮用水和洗澡水，他们认为，水田泥浆流进之后，恒河水变得神圣了，比任何形式的洗礼都更能把罪恶洗净。

黄麻是恒河流域的另一农作物。150年前，黄麻第一次进入了欧洲市场，成为棉花和亚麻的替代品。黄麻是植物内茎的皮，同水稻一样，其生长也需要耗费大量的水。黄麻收割后先放在水中浸泡几周，再剥除表皮把纤维抽出来，最后运到加尔各答工厂，加工成麻袋、麻绳出口，编织出一种当地人穿的粗糙衣服。

恒河流域还种植一种能提取蓝色染料的靛蓝植物。但最近人们发现蓝色染料也能从煤焦油中提取出来，而且比从植物中提取更经济实惠。

稻田

最后一种作物就是鸦片。鸦片本是一种能减轻风湿病患者痛苦的药物。在印度，为了耕种水稻，大多数人不得不把大多数日子消磨在没膝深的烂泥里，患风湿也就在所难免。

恒河流域平原外侧的山上曾是古老的森林，现在都变成了茶叶种植园。在湿热气候下，茶树这种小叶灌木才能生长，其柔软的根茎才不会受到流水的伤害。

恒河平原的南部是三角形状的德干高原，高原上有三种作物。西部和北部山区是柚木的主要产地，柚木质地坚硬，不会弯曲，不会变形，还不会腐蚀铁。在铁制蒸汽机发明之前，柚木广泛应用于造船业，至今还广泛应用于各行各业。德干高原中部主要种植棉花，也种植一些小麦，这一地区降雨稀少，经常闹饥荒。

德干高原的沿海地区西边为马拉巴尔，东边为科罗曼德尔，降水充沛，盛产大米和小米，完全能供养起沿海地区的大量人口。小米也是一种谷物，我们进口喂鸡，而印度人不吃面包，吃小米。

德干高原也是印度唯一发现煤、铁和金矿的地区，但由于德干高原上水流湍急，这些矿藏并未得到大规模开发。至于铁路建设，那里根本不会有人乘火车。当地老百姓没有什么有价值的东西能够用来交易，他们也就世世代代居住在小村庄里。

科摩林角东面的锡兰岛也属于印度半岛，保克海峡夹在德干高原和锡兰岛之间，那儿暗礁密布，挖泥船不得不持续地工作以确保安全航行。锡兰岛与大陆之间有一座暗礁与浅滩架起来的自然桥，人们称之为"亚当桥"。当年亚当和夏娃违背上帝的意志，惹得上帝勃然大怒，之后他们从这座亚当桥逃离伊甸园。按印度人的说法，锡兰岛就是过去的伊甸园。对今天的印度人来讲，锡兰岛仍可以看作是一座人间天堂。不仅因为锡兰岛气候温和，土壤肥沃，降雨充沛，温度适中，而且还因为其远离了印度的"野蛮之地"。印度内陆居民认为，佛教是一种常人无法企及的神圣精神力量，所以他们舍弃了佛教。而在锡兰岛，人们仍虔诚地供奉着佛祖，并把至今在印度宗教中仍占重要地位的种姓制度淡化了。

地理与宗教的关系要比我们平时想象的密切得多。在印度，宗教无处不在，千百年来，在人们的观念中宗教一直处在绝对主导地位。人们应该说什么、想什么、做什么、吃什么、喝什么，都是在它的规约之下，反之亦然。

在其他国家，宗教也常常干涉人类的正常发展。中国人总是将逝去的人埋葬在南山坡上去表示对先人的尊重，而养家糊口的土地却是在寒冷多风的北山坡。结果人们对先人尽了子孙之孝，但孩子却有可能饿死或卖身为奴。的确，每个民族（也包括我们）或多或少都会受到奇怪的清规戒律、宗教禁忌以及家法族规的禁锢，影响整个民族的进步。

几乎全是印度人的印度

为了理解宗教对印度的影响，我们要回到史前时代，至少得回到希腊人首次来到爱琴海岸3 000年之前的那个时代。

那时，深色皮肤种族的达罗毗荼人居住在印度半岛，或许他们是德干高原最早的居民。雅利安人（与我们的祖先同宗同源）本来居住在亚洲中部，为了寻找更适宜的安身之所，他们分成两组，一组一路西迁后定居欧洲，之后还漂洋过海去了北美；另一组则一路南行，翻越兴都库什山脉和喜马拉雅山之间的山口，定居在印度河、恒河和布拉马普特拉河流域，并继续南下，抵达了德干高原，顺着西高止山与阿拉伯海之间的海岸线前进，最终定居印度半岛的南端和锡兰岛。

同土著人相比，这些新移民的武器更精良一些，雅利安人对待土著人如同所有强大民族对待弱小民族一样。雅利安人嘲笑达罗毗荼人是一群黑鬼，夺去他们的稻田，因为雅利安人带来的女人太少了，还要掠走他们的女人（穿越开伯尔山口路途艰险，他们无法从中亚带足够的女人南下）。当达罗毗荼人稍微露出一点反抗的意思就会被杀死，雅利安人强行把达罗毗荼人的幸存者赶到半岛上最荒凉的角落，让他们自生自灭。但是，土著的达罗毗荼人在数量上比雅利安人更有优势，以至于文明程度偏低的民族对文明程度偏高的民族产生了更大的影响力。为防止这种局面继续发展，唯一的办法就是把这些土著人严格地限制在他们原来的聚居之地。

现在雅利安人也同我们一样，把印度社会划分为许多不同的阶级，等级森严，界限分明。"等级观念"盛行于世，甚至连美国这种文明程度较高的国家也存在。在欧洲社会默许偏见的纵容下，犹太人遭到了等级观念的迫害；在美国正式法律条文的支持下，南方各州的黑人在等级观念的强迫下不得不乘坐种族隔离的汽车。纽约比较开放，但在纽约永远也找不到一个能和深肤色的朋友（黑人、印度人或爪哇人）共进晚餐的饭店。美国铁路只为白人提供卧铺车或坐式卧铺车，这也助长了我们的等级观念。我并不知道哈莱姆黑人的"等级观念"，但当看到德国籍犹太人的女儿们嫁给了波兰籍犹太人之子时，德国籍犹太人家庭感到这是一个深深的耻辱，我就认识到"超群绝伦、出人头地"的思想在我们中间普遍存在。

在美国，社会与经济生活还未彻底被"等级观念"所主宰。从一个阶层到另一个阶层的大门尽管被小心关上了，但我们都清楚，只要用力推开，或仅需一把小金钥匙，或直接用力砸开外面的窗子，迟早有一天会被接纳。而在印度，作为统治阶级的雅利安人用巨石把各个等级之间的大门封得死死的，从那时起各个阶级都被禁锢在他们自己的小圈子里，永远无法出去。

这种等级制度的形成绝非偶然。人们建立这种制度不是自娱自乐也不是为了讨他人开心。在印度是由于恐惧。僧侣、军人、农夫、手工匠人——这些最早的雅利安人征服者看到达罗毗荼人虽然遭到了他们的征服和掠夺，但达罗毗荼人在数量上还是远远多于他们，所以他们必须采取一种自我挽救的措施，强迫达罗毗荼"待在他们该待之地"。雅利安人不仅这样做了，还往前迈了一步，建立了一种森严的"种姓制度"，这种制度是其他民族从未敢建立的。雅利安人给等级制度套上了一层宗教的外衣，宣布三个上层阶级独享婆罗门教，把那些卑贱的土著人排斥在神圣的精神世界之外。为免遭下层阶级的玷污，维持所在阶级的纯正血统，每个上层阶级都有一整套烦冗的宗教仪式以及神秘的风俗以保护自己。最后，对那一大套毫无意义，却又令人不知所措的禁忌，只有本地人才能够应付得了。

这种制度在日常生活中到底发挥了什么作用呢？想一下：如果我们在过去的3 000年中，一个人选择职业的范围不得超出他的父亲、祖父或者曾祖父的职业范围，那么这个人又会有怎样的创造精神呢？

种种迹象表明，印度正处于社会苏醒、精神复苏的前夜。但印度等级社会中统治着各个阶层的最高阶级者，婆罗门世袭僧侣们仍在刻意阻挠变革的发生。那个让他们成为不容置疑领导者的正统宗教有一个含糊不清的名字——婆罗门教。梵天就是他们所尊崇的神，如同希腊的宙斯和朱庇特，梵天也是万物之始，众生之母，万物之终。但是，梵天只是一个抽象化的精神概念，对寻常百姓过于含混不清，不真实不具体。因此，尽管他作为创造世界的先祖仍然受人们所崇拜，但是真正负责管理地球的则是婆罗门世袭僧侣们，上帝和恶魔都没有婆罗门世袭僧侣们这么高的社会地位，但是他们的家族亲人却被赋予崇高的地位。

这为诸如湿婆、毗湿奴等各种奇怪、超自然的牛鬼蛇神打开了一扇门。他们把这些恐怖因素引入婆罗门教，人们不再试图变得善良，因为善良之后，他们他们还要挣扎，只有挣扎才是他们认为能够逃离食人恶魔震怒的唯一方式。

比耶稣早诞生6个世纪的佛陀是伟大的改造者，他希望佛教是件崇高的事，是件纯洁的事，因此他在世时规范了宗教信仰。尽管最初他成功了，但他的想法被证实是脱离实际的，太过高大虚无，脱离了大众百姓。对佛教的第一波盛情消退之后，婆罗门卷土重来。在最后的50年印度的领导者才开始认识到，一个国家完全基于虚无缥缈的宗教崇拜，就像一棵长了洞的树一样，若不能从大地汲取营养，最终必然消亡。印度教存在已经有几个世纪了，不会消亡，也没那么令人反感。这座古老寺庙的大门和窗户正在进一步被推开。印度的年轻人对可能摧毁他们的灾难很清楚，如果对他们各个击破，他们无法组成统一战线对抗外来统治者。恒河流域沿岸一些奇怪的事正在发生，当这种怪事在3.5亿人中间发生时，他们会在世界历史上谱写一个新篇章。

虽然印度也有几个大城市，但其始终是一个农业国，因为其71%的人口还生活在农村，其余人分布的那几个城市你应该也知道名字。位于恒河和布拉马普特拉河河口的是加尔各答。最初，加尔各答只是一个毫不起眼的小渔村，到了18世纪，加尔各答就演变为克莱武反法运动的中心，最后上升为印度最重要的港口。苏伊士运河通航后，加尔各答的地位大不如从前，因为商人们发现，如果有一批货物要运到印度或旁遮普时，汽船能直达孟买或卡拉奇，更为便利。孟买是一个建在一座小岛上的城市，是东印度公司建立的。最初，孟买只是东印度公司的海军基地和德干高原的棉花出口港。但这个港口建在了一个绝妙的地方，全亚洲的人都被孟买吸引而来定居，波斯最后一批拜火教教徒也包括其中。这些波斯人变成了孟买最为富有、最有智慧的人。他们崇拜火，火在他们眼里是神圣的，因此他们从不用火焚化死者。所以，孟买也成为一个阴郁之都，在那儿，波斯人死后实行天葬，让秃鹫啄掉死者是最好的安葬办法。

德干高原的东部的马德拉斯是科罗曼德尔海岸最主要的港口城市，稍南一点是一个充满法国情调的城市本地治里。本地治里让人回忆起当年英法为了争夺对印度半岛的控制权而激烈交火的岁月，还使人联想到迪普莱克斯与克莱武为了谁控制整个印度交锋的岁月，悲惨的加尔各答黑洞事件就是在这次决战之中发生的。

印度最重要的城市均位于恒河流域。首先是莫卧儿王朝的旧都、西部的德里，谁控制住了德里，谁就统治了全印度。由于德里是能完全遏制住从中亚出入恒河流域的主要咽喉，莫卧儿王朝就选择德里作为自己的首都。再往下是亚格拉。曾有四个莫卧儿王朝国王在亚格拉定居，其中包括给他深爱的女人修建泰姬陵的国王。沿河而下是安拉阿巴德，城如其名，这是穆斯林的一座圣城。安拉阿巴德附近是勒克瑙和坎普尔，因为发生了1857年大暴动举世闻名。

沿河南下就来到了全印度人的罗马和麦加——贝拿勒斯。印度人不仅沐浴在贝拿勒斯的恒河圣水中，还希望在贝拿勒斯死去，在恒河两岸的山上下葬，把骨灰洒进神圣的恒河之中。

我最好就此停笔。不管你是谁，是一个历史学家、化学家、地理学家、工程师，还是一个普通的游客，不论何时涉及印度，都会感到自己置身于深奥的道德与精神问题的旋涡里。身为陌生人，在踏进印度这片神秘莫测的土地时，我们更应小心才对。

2 000年前，在尼西和伊斯坦布尔一群信仰圣人的信徒们试图定下征服西方世界的规约之前，他们的先祖就已经对教义和信仰有了模糊概念，直到今天，教义和信仰还困扰着我的邻居们，或许以后也会让他们头疼几十个世纪。谴责那些在我们看来非常奇怪的事情是最简单的，我对印度熟知的大部分内容在我看来都很奇怪，这些事儿让我感到不舒服，让我困惑不安。

但我记得我过去对我祖父母常常有这种感受。

至少现在我开始知道他们是对的。至少如果他们不总是对的，也不是我之前所认为的他们总是错的。真是艰难的一课，但这教会我谦逊，我真的很需要谦逊！

# 36. 缅甸、暹罗①、安南②和马六甲

南亚半岛地区

南亚半岛由四个古老王国组成，其中包括独立的、半独立的和附属王国，其总面积是巴尔干半岛的4倍。自西向东，第一个就是缅甸。1885年之前缅甸一直都是一个独立王国，后来，在获得缅甸人和全世界人民的普遍支持之后，英国人将缅甸末代国王流放，把缅甸纳入了大英帝国的领土。除了国王本人，大家都接受了这件事。他是一个除了在电影中"不再有任何理由存活"的真实例子。这个声名狼藉的"东方君主"没有任何榜样作用，反而是一个喜怒无常的疯子。更不用说他并不在当地出生，而是来自北方。整个南亚南部半岛都因他而饱受痛苦。就这一点而言，缅甸当地的山脉状况负有主要责任。缅甸与印度北部因一座自东向西的高山而分隔开，并因此形成天然屏障。整个不幸的半岛被南北纵贯的五座大山所占据，也因此给那些生活在中亚大平原上的民族提供了一条便捷

---

① 暹罗（xiān luó）：是中国对现东南亚国家泰国的古称。——译者注
② 安南：是中国对现越南的古称。——译者注

的通道，他们能顺利地从这里迁移到孟加拉湾、暹罗湾以及中国南海等富饶的沿海地区。在地图上，孕育着中亚人的地方遍布残垣断壁的城市和被掠夺一空的村庄。

为了避免你为了那个独立的缅甸国王流下不必要的泪水，需要知道他当时为了庆祝自己登基，重演了古老亚洲的悲剧——杀光了所有亲戚。土耳其国王的苏丹也常常这样做以防范危险。就像如果你当上了南美洲某个共和国总统一定要购买意外保险一样。但到了19世纪80年代，残忍地杀害数百个兄弟、子侄的故事听起来便不那么好听了。于是，英国执政者便取代了这个暴君。从此，缅甸这个拥有3％印度教徒、90％佛教徒的小王国迅速繁荣起来。伊洛瓦底江从仰光至曼德勒一路通航，变成了商贸动脉，越来越多运载着大米、石油等物资的船只穿梭于江面，缅甸出现了前所未有的盛况。

缅甸正东方就是暹罗，由多纳山和他念他翁山将其分隔开。暹罗之所以能够长期保持独立是多因素作用下的结果。其中西部的英国和东部的法国相互猜疑制约当然是最重要的原因。另外，暹罗得以幸存归功于其国王。老国王朱拉隆功在位将近40年，是18世纪后叶将暹罗从缅甸独立出来的中国后裔。他十分巧妙地用西边的邻居来抗衡东边的邻居，并且善于适时做出一点小小的让步，围绕在他身边的顾问既不是英国人，也不是法国人，而是来自威胁不大的小国专家。朱拉隆功国王将暹罗的文盲率由原来的90％降至20％，建立了大学，修建了铁路，疏浚了湄南河，使其通航里程达400英里以上，并建起了一套完善的通信和电话系统。暹罗军人训练有素，他不仅把自己变成了一个强有力的同盟者同时也是一个具有潜在威胁的敌人。

曼谷坐落于湄南河三角洲，人口已达到了100万，但大多数人仍然居住在湄南河河边的小船上，这不禁让人觉得曼谷是东方的威尼斯。暹罗不但不限制外国移民迁入，而且鼓励勤劳的中国人定居曼谷。中国人现今已占暹罗总人口的1/9，把暹罗迅速发展成为最重要的大米出口国。暹罗内陆覆盖着珍贵茂密的森林，其柚木就是重要的出口品之一。不知道是运气好还是有眼光，暹罗的统治者至少守住了马来半岛的一部分，这部分包含着世界上最丰富的锡矿。

然而总体来看，暹罗政府抵制国家工业化。热带地区的所有居民如果要生存下去，就必须把主要兴趣放在农业和其他一些简单的手工业上。暹罗看起来是亚洲认可这一观念的少数国家之一。让欧洲成为工厂和贫民窟的天下吧，亚洲只希望永远保留自己的村庄和农田，西方人不喜欢这种村庄，东方人不喜欢工厂。

顺便提一下，暹罗的农产品与其他多数农业国家有些不同。除了中国人在暹罗饲养了100万头猪之外，暹罗驯养了至少600万头水牛和6 822头大象，它们能帮主人在田里干活，还可出租当起重机和重型大卡车用。

法属印度支那这个名字通常用来形容半岛上所有的法国领地，这些领地可分为五个部分。从南向北第一个就是柬埔寨，位于湄公河大平原三角洲，出产棉花和胡椒。柬埔寨名义上是独立王国，但却受法国人管辖。在柬埔寨内陆，一个称之为洞里萨湖的大湖北部的茂密森林中，有一个未被开掘的废墟古迹。它们是一个称之为高棉族的神秘的民族所建的，我们明显对这个民族知之甚少。公元9世纪，高棉族人建都于柬埔寨北部的吴哥。吴哥的工程十分浩大，四四方方的城墙每一面最少都有2英里长，30英尺高。最开始，高棉族人在印度僧侣的影响下信奉婆罗门教，但到了10世纪，佛教又成为这里的国教。高棉族人的精神世界因由奉婆罗门教向信佛教转变而受到了冲击，在随处可见的寺庙和殿堂结构之中也得以体现这一点。这些建筑是在公元12世纪至15世纪之间建造的，在吴哥被摧毁后，它也还是给后人留下了惊人的古建筑废墟。如果拿吴哥古迹与美洲那些举世闻名的玛雅遗产一比，后者只不过是头脑简单的初学者作品罢了。

也有一种理论称吴哥原本建于海面之上，在湄公河三角洲形成很久之前便已经存在。但如果真是这样，那就意味着大海后退了300英里。这真是一个奇迹！在历史记载上，最多的是纳拉文的海岸线后退了5英里，比萨的海岸线后退了7英里。关于吴哥的种种或许永远是个谜。这里确实矗立着吴哥这么一个城市，与今天的纽约地位相当。而吴哥现今不存在了，变成了巴黎殖民地展览会参观者花一个便士就能买到的明信片上的一道风景。曾几何时，吴哥还是世界文明的中心，巴黎却只是一个由简陋的房子拼凑而成的小渔村，散发出难闻的鱼腥味。这真是不可思议！

今天的湄公河三角洲已经是法属印度支那殖民地的一部分了。1867年，法国为了挽回向墨西哥扩张遭遇了重挫的颜面便占领了湄公河三角洲。湄公河三角洲上有一个良港西贡①，几千名法国官员在那里管理着400万印度支那人，他们急切希望尽快结束这份苦差事，早日返程，安度晚年。

印度支那的东面即为安南。虽然从1886年起安南开始享受法国的"保护"，但其仍然是一个独立王国。安南内陆盛产木材，但多山无路，因而几乎完全处于未开发的阶段。

安南北部的东京更为重要，不仅有重要的红河，还盛产煤和水

---

① 西贡，今胡志明市。

泥。安南其实是古中国的一部分，而且同中国一样生产并出口棉花、丝绸和糖。自1902年开始，首都河内就是法国政府统治整个印度支那的所在地。除了以上提及的四个国家，法属印度支那还包括一个狭长的地带——老挝。老挝1893年被法国吞并，这里提及是为了重要的人口统计。半岛最南端被一分为二。其中所谓的"马来联邦"就是英国管辖内的四个半独立状态的小公国，剩余部分是皇家殖民地，行政管理上称之为海峡殖民地。对英国而言，控制马来半岛极其重要，因为这片区域高山海拔可达8 000英尺，蕴藏着丰富的锡资源；并且该地气候培育了品种繁多、无须成本的热带作物。橡胶、咖啡、胡椒、木薯淀粉、槟榔膏（染料贸易的必需品）等产品大量从位于马六甲海峡的槟城出口运往新加坡。新加坡人口逾50万，地处一个小岛。该小岛控制着所有从南至北、自东向西的海上航线。

"狮城"新加坡，时间几乎与芝加哥同样久远，由著名的坦福德·莱佛士所建。他富有前瞻性，在荷兰殖民新加坡时便预测到了这个地方未来重要的战略位置。当时荷兰本土却已纳入拿破仑帝国的版图了。1819年，新加坡还灌木丛生，时至今日已有50多万居民，千奇百怪的人种和语言在这里随处可见。新加坡也如同直布罗陀一样是一座坚固的堡垒，同时是一条铁路线的终点，该线路直达暹罗的曼谷，还未修到缅甸的仰光。若东西方之间发生不可避免的冲突，新加坡将会发挥其作用。因预测了这些，新加坡经营着一系列酒吧，其富丽堂皇在整个东方世界都有口皆碑。另外，在一年一度的跑马会上，狮城所耗费的巨资也几乎与都柏林旗鼓相当了。

# 37. 中国

*东亚半岛最大的国家*

中国幅员辽阔，边境线长8 000英里，相当于地球的直径，陆地面积比整个欧洲都大。

中国人口占世界人口的1/5，在我们的祖先还在把自己的脸涂成淡蓝色，拿着石斧猎杀野猪的时候，中国人就已经知道怎么使用火药及书写文字了。用几页纸就想充分描述这样的一个国家显然是不可能的，我仅仅只能提供一个轮廓，一些大概情况。（如果你感兴趣的话）你可以自己去了解有关中国的细节，有关中国的文学书籍可以塞满两到三个图书馆。

中国像印度一样也是一个半岛，但不同的是它呈现半圆形，而不是三角形。另外很重要的一点不同是中国不像印度一样有那么多将它与世界隔绝的高山。恰恰相反的是，中国的山脉分布就像手指一样一路向西延伸，导致黄海边的富饶平原始终面向中亚凶猛的入侵者。

为了克服这个缺点，公元前3世纪的一位中国皇帝（也就是在罗马人和迦太基人正为了地中海的控制权相互厮杀的时候）修建了一座巨大城墙，长1 500英里，宽20英尺，高30英尺，从辽东绵延到嘉峪关，直到甘肃西边的戈壁沙漠边缘。

这道城墙的防御功能非常有效，直到17世纪满洲人进攻时才倒塌。但是这座历经20个世纪的防御工事可不是玩笑。我们如今修建的城墙只能坚持十年就会失效，需要大笔费用翻新。

不算蒙古、满洲里（在我写这一章节时，满洲里似乎很快就要沦陷在日本人手里了）、西藏和土耳其斯坦，中国南部的长江和北部的黄河所形成的环形，把中国划分为三个差不多大小的部分。北京所在的北部地区，冬季寒冷，夏季温和，人们食用小米，很少吃水稻。中部地区，受到祁连山的庇护，挡住了北方的风，气候更加温和，人口更加密集，多吃水稻，不吃谷物。南部地区冬季温暖，夏季潮湿闷热，所有热带地区的作物都可以在这里种植。

北方地区又可分为两部分，西部山区和东部平原。西部山区即著名的黄土高原，黄土土质肥沃，呈灰黄色，非常疏松，因此雨水一落地立马就会被吸收，河流和小溪蜿蜒形成幽深的峡谷，导致出行旅途十分艰难，这点和西班牙很像。

东部平原位于渤海湾，它是由黄河携带下来的大量泥沙堆积而成。黄河水流湍急，几乎没办法航行，也没有适宜的港口。黄河北边不远是另一条规模很小的河，同样无法航行。就像被当作下水系统的芝加哥河一样，曾经的京杭大运河，如今成为作为北京的排水河，处理着北京的废水排放。

因为现在中国变化日新月异，所以只能说北京是9个世纪以来的天朝帝都，或者说自威廉征服英国以后北京就一直是中国首都。但我也不知道当这部作品出版之时，北京是否还是中国的首都，还是成为中国的一个普通城市，也可能是日本将军的临时或永久的驻地。

但北京仍然是一座历史悠久的城市，见证了无数的历史兴衰。

986年，契丹人占领了北京，改名南京，即"南方首都"。12世纪汉族人又夺回北京但并未恢复其首都地位，只当作一个二线城市改名为"燕京府"。50年后，女真人攻占北京并改名"中都"，即"中心的首都"。又过去一个世纪成吉思汗占领了北京城，但他并不想安逸地生活在那里，而是坚持居住在蒙古沙漠中心的帐篷中。

著名的忽必烈汗，成吉思汗的继承者之一，并不是这样想的。他重建了北京城，改名为燕京，即"伟大的首都"。不过那个时候北京城的蒙古名称更加有名，即"大都"。

最后这些少数民族也被驱逐出去，汉族人成为皇帝，建立了有名的明朝。燕京又改回名字成为北京，即"北方的首都"。从那以后北京就一直成为中国的统治中心，不过那时北京处于与外界没有往来的情况中。直到1860年，一个欧洲使节①由于有官方身份被允许进入北京，他的父亲就是额尔金，曾经把古希腊大理石雕刻献给大英博物馆。

北京在鼎盛时代非常强盛。长城城墙厚60英尺，高50英尺，不但有把守森严的方塔和大门，城墙本身就是一道防御工事。北京城内就像一座迷宫，包裹着很多小城，一个嵌套着另一个，有皇宫、满族人城（内城）、汉族人城（外城），19世纪中，还建了一座外国人城。

直到1900年义和团运动爆发前，外国大使都一直在满族人城和汉族人城中间的一小块地方居住。受到袭击以后，这些外国使节才开始严密防守，防止不幸事件的再次发生。

---

① 指小额尔金伯爵詹姆斯·布鲁斯（1811—1863），1846年任加拿大总督，曾下令火烧圆明园。

当然，北京有许多宫殿和寺庙。这里我要特别指出中国人和印度人一个很有趣的性格方面的不同。这也能解释为什么中国和印度除了人口众多之外毫无共同点。

印度人十分虔诚，穷苦百姓的钱都被压榨出来用于建造规模宏大、花费高昂、外观豪华的寺院庙宇。"宁掷百万造神庙，不花分毫于黎民"即是当时婆罗门僧侣们的口号。中国人名义上是佛教徒，然而从富贵人家到平民百姓都受到智慧的孔子的影响。在公元前6世纪后半叶，他向百姓宣传一条普遍信条，不要在辩论来世的虚无上浪费时间。也是响应孔子提出的"要做有实际意义的事"，中国的统治者们投入巨资改善公共设施，修运河、建水坝、建长城、疏河道等。至于寺院庙宇过得去就行，只要做到神灵不会怪罪就好。

古代中国人具有杰出的艺术才华。比起恒河流域的民族，中国人可以以更小的代价取得更好的效果。当然确实在中国任何地方都找不到像印度那样庞大的神庙建筑群。在北京以北60英里的明皇陵，几只大型动物雕刻就是那些长眠于地下的帝王的看护者，还有为数不多的几座庙宇，供奉着几尊大佛像。其他中国神像比例适中。中国人的书画、雕塑、瓷器和漆器都比印度人的艺术作品更适合进入欧美家庭，而印度人的艺术品看起来很不和谐，让人产生一种不舒服的感觉，即使陈列在博物馆中也是如此。

中国有世界第一的煤炭储量和世界第二的铁矿储量，因此中国对于现代世界商业来说举足轻重。假如英、德、美三国的煤炭开采殆尽，中国的山西省的煤矿仍然能够给他们提供资源。

山东省位于中国的东南方，山东半岛位于渤海湾和黄海的分界线。除了黄河平原之外，山东的其余大部分地方都是山区。曾经黄河由南向流入黄海，但后来在1852年却突然改道，这也能看出黄河的洪水问题在中国不可小觑。要是想搞清楚黄河改道究竟意味着什么，可以想象莱茵河有一天忽然决定改道流进波罗的海，或是塞纳河突然决定不进比斯开湾，而转入北海，那么就能搞清楚事情的严重性了。我们仍然没办法确定目前河道是否还会改变，因为从17世纪末以来黄河已改道10次了。堤坝在世界其他地区用来有效控制河水流向，但是面对对黄河和长江这样庞大的河流，堤坝也不再有效了。1852黄河洪水爆发时，50英尺高的堤坝像一片纸巾一样轻易被击溃。

还有其他事情让黄河变得让人头疼。你一定听说过中国人被称为黄种人，你也一定在报纸上看过有关"黄祸"之类新闻。通常我们常把中国人面孔的颜色与黄色和中国之类的概念联系在一起。中国的统治者自称为"皇帝"即"黄色的帝王"并不是指黄肤色人的"帝王"，而是指他们居住在这片黄色的土地上的"帝王"。黄河携带的大量黄土将中国北部地区都染成了黄色——河水、海水、道路、房屋、农田甚至人们的衣服也是黄色的。这些黄色的泥土给予了一个民族名称，但实际上，中国人的肤色不一定比西方人的黄。

为了让人们从中国北部到中南部不再冒险在大海上长途旅行，13世纪时一位中国皇帝下令开凿一条能够连通黄河和长江的运河。这条运河长1 000多英里，从挖通以来，一直都有效地实行着当初开凿的目标，不停运送着航行的船只，直至1852年黄河改道，运河连同黄河以前的河床都一起都被冲毁。但这条世界上最长的大运河证明了中国古代统治者的深谋远虑。

再说回到山东半岛，由于海岸线上的花岗岩非常坚硬，因此建立了几个重要港口。其中之一的威海卫港在不久前就被英国占领。当旅顺被俄国占领将它当作俄国军港和西伯利亚铁路的起点时，英国就从中国"租借"了威海卫港口。"租借合同"上规定只要俄国撤出了辽东半岛，那么英国就会归还威海给中国。但是当1905年日本占领了旅顺，英国仍然占有着港口。随后德国也参与其中占据了半岛南部的胶州湾和青岛。这意味着世界大战在远东仍然产生了影响。英国和德国为了某些本来就不属于自己的东西大打出手，第三方日本却成了最大赢家。

为了重新获得一丝中国的好感，威海和胶州湾后来都重新归还了中国。但如果这次日本占领了满洲，曾经的老戏一定会重演。具体细节请看下一版。

中国中东部地区包括广阔肥沃的平原，绵延到中国北部。但内陆地区多山。长江在高山中蜿蜒曲折穿过，流入东海。长江的发源地四川几乎和法国差不多大，由于土地肥沃，四川孕育着比法国多得多的人口。几座高山从南向北将四川与其他地方割裂，因此四川几乎没有白种人去旅游，比其他地方更具有中国特色。

长江流过四川后向东流淌进入了湖北省，也就是著名的城市武汉所在地。1911年武汉爆发革命，结束了清朝末代皇帝的统治，使中国从最古老的君主制国家走向共和国制度。从武汉开始，长江开始有排水量在1 000吨以上的轮船航行。武汉以下流域到上海段是中国中部到上海的主要商业运输干线。上海是中国外贸中心，在1840—1842年中英鸦片战争结束之后，是第一个对外开放的口岸。

位于长江三角洲南方的是曾经被马可波罗称为"金山"的杭州，东面是苏州，苏州之名暗指盛产茶叶，名如其地。再往下游土地肥沃，也是因为这个原因，位于这里的南京一直以来不仅是中国中部最重要的城市，也曾是许多皇帝的居住地。

一部分由于历史因素，一部分由于战略位置，还有部分原因是处于广州和北京的中间，海上火力无法直接威胁到南京的安全，南京被选为中国新政府的所在地（1932年1月2日零时7分）。

华南地区山川众多，盛产茶叶、丝绸和棉花，但相对而言还是比较贫穷的地方。南部山区曾经被森林覆盖，但后来森林被砍伐，雨水裹挟带走大量泥土，只留下光秃秃的岩石。因此很多人都移民去了那些还没有限制中国人的世界其他地区。

华南地区最重要的城市是广州。就像上海是中国产品出口到欧洲的中心一样，广州则是中国从欧洲进口产品的中心。珠江入海口有两个区域被外国侵占（广州市距海岸还有几英里远）。右边是澳门，被葡萄牙侵占，葡萄牙曾在中国占有众多殖民地，澳门如今是最后一块；左边是香港，在鸦片战争时被英国占领至今。

中国的大运河

南部有两个岛屿，海南岛现属于中国。台湾岛在1894—1895年中日战争之后被日本人侵占。

90%的中国人都是农民或者一直都是农民，他们靠自己的收成生活，年岁不好要挨饿。但是中国开放了48个开展贸易的港口，他们的主要出口商品为丝绸、茶叶和棉花。令人十分好奇的是，中国并不出口鸦片。中国皇帝一直在努力保护其子民不沾染上吸食鸦片的恶习，那些罂粟田逐渐变成了棉花田。

至于铁路，中国人接受的远比其他任何国家都困难，这源于他们对祖先的尊敬和怀念之情。当火车从铁路上轰隆隆驶过，他们害怕这会打扰祖先的安息。1875年，在上海到吴淞口之间修建了一小段铁路却遭受了暴风雨般的抗议，最后不得不停建。甚至今天，中国修建铁路时如遇到坟墓陵寝都会绕一大圈过去。目前，中国实际使用的铁路已超过10 000英里，并且济南附近横跨黄河的铁路大桥是世界上最大的铁路大桥。

再来说中国的对外贸易，60%都掌握在英国与其殖民地手中。这或许可以解释为什么英国人取消了那些对天朝人民的残忍政策。一旦勤劳的中国人掀起抵制英国的产品浪潮，英国每天的损失就会高达数百万美元。与代表世界上1/5人口利益的中国顾客保持友好的关系是一个明智之举。

中国最早的祖先在远古时期似乎就出现了，那时他们生活在西北黄河两岸的黄土地上，远离现在中国的中心。在农耕人的眼中，肥沃的黄土地是极具诱惑的，何况这片黄土地还解决了他们的居住问题。因为人们从山的侧面为自己挖一个舒适的小窑洞，并不会被墙面干裂或屋顶漏雨的问题所烦扰。

根据那些可靠的对这片黄土地十分熟悉的游客描述，虽然众所周知那片土地人口稠密，但在夜晚却看不出一丝人类居住的痕迹。直到次日清晨太阳洒下第一缕阳光，男女老少们就像兔子从洞中蹿出来晒太阳一样突然从窑洞里冒出来，为填饱肚子开始了一天的重复劳作，直到夜幕降临，又全部在地面上消失。

中国人占领山区之后，便开始向东扩张。数百万吨黄泥被湍急的黄河激流挟裹着顺流而下，沉积在下游的平原上，形成了肥沃的土地。这些土地足够养活新增的数百万中国人口。中国人始终随着河流而迁移。公元前2000年（罗马帝国建立1 500年前），中国人已经迁移到长江流域，帝国中心也开始从黄河地区慢慢转移到中部大平原。

在耶稣诞生的公元前5世纪或4世纪，中国诞生了三个最伟大的道德导师——孔夫子或称孔子、孟夫子或孟子以及老子，他们的名字还没有拉丁语的叫法。这三位圣人出现之前中国的宗教观念是什么呢？我们并不知道。很显然，大自然备受尊崇，大自然的力量总是让那些依靠她而活的人顶礼膜拜。孔子、老子和孟子都不是宗教创始人，这一点同耶稣、释迦牟尼以及穆罕默德有着本质性区别。

这三位圣人所教授的道德规范建立在这样一种认知上：人是非常低级、愚钝的产物，但具备巨大的发展能力，只要受贤者约束并认真聆听长者与智者的教诲就能实现。按照西方基督教的观点来看，三位圣人所宣扬的道德规范过于世俗化，显然是物质主义学说。他们都未宣扬太多谦卑温厚以及以德报怨这样的思想。因为他们知道，凡夫俗子不可能有这样高尚的品德操守。而且他们似乎也怀疑，宣扬那样的行为准则是否是人类社会最终的"善"。因此，他们认为恶有恶报，善有善报，诚实守信，尊崇先人。

中国这三位哲学大师所宣扬的道德思想内容十分狭隘，而且每一位都有自身的不足之处。我不是说这种体系比我们的好或坏，但是，他们的思想确有某些很明显的优点。4亿中国人说着数十种方言（中国北方人很难听懂南方人说话，就像瑞士人与意大利人很难对话一样）。生活在迥然不同的环境之中的他们至少有一个共性——对荣辱沉浮豁达乐观的人生态度及实用主义的生活哲学。这让卑微的中国劳苦大众克服了重重磨难，而这些磨难会让一个欧洲人或美国人精神崩溃，甚至走上自杀边缘。

几乎每个人都能理解这些朴素的哲学思想，我可以列举中国人4 000年历史里同化现象中的奇特事件便可以证明这一点。他们荒谬绝伦且难以置信。公元10世纪，蒙古帝国这个史无前例的大帝国在中国建立，东起太平洋，西抵波罗的海。但是所有蒙古统治者都同忽必烈可汗一样被同化成汉人。蒙古帝国之后是明朝（1368—1644），这是中国最后一个汉族王朝。后来，满洲一个部落首领推翻了明朝，建起了自己的大清帝国。虽然当时汉族人被满洲统治者征服了，也被强迫留起了长辫子，剃光了前额上的头发，但这些满洲人最终却被同化得比汉族人更像汉族人。

自从满洲人统治中土，大清王朝通过守卫港口，抵制所有来自西方的国外访客来实现独立。中华文明终于有一丝喘息的机会。但也是从这一刻起，中国便开始僵化，并且比我们听过的任何一个国家都要严重。其政治体制比十月革命之前的俄国政治体制还要僵化，文学停滞不前，甚至他们曾经无可比拟的艺术都像古拜占庭镶嵌画一样老套，科学不再进步。如果碰巧有人发明了什么新东西，就会立刻被认为是愚蠢及不可取的，就像美国军队医药部门不提倡使用麻醉剂一样，因为麻醉剂是一个新玩意儿，很愚蠢。由于中国完全与世隔绝，没有机会了解其他国家在做什么，这很容易让中国人说服自己是最强大的，自己的军队是不可战胜的，自己的艺术也是人类一切艺术中最精彩绝伦的，自己的风俗习惯、风土人情也远远优于别国。也有许多其他国家用这种温和的方式排外，最终结果只能招来祸患。

自16世纪早期以来，中国就只允许少数几个来自葡萄牙、英国和荷兰的"洋鬼子"定居在两三个太平洋沿岸的港口，为了获取同欧洲贸易往来的利益。但是这些不幸的外国人在中国的社会地位很低，就像刚好和弗吉尼亚州第一批殖民者的子孙坐同一条船的黑人医生。

1816年，英国人派遣阿默斯特勋爵（他是杰斐逊的外甥并且在1817年去圣赫勒拿岛拜访过拿破仑）前往中国，请求中国的天子改善英国商人在广州的困境。阿默斯特勋爵被告知，觐见天朝皇帝需要他在龙椅前下跪磕头。这里所说的"磕头"，字面意思是"在神圣的龙椅前跪下来让自己的额头触地三次"。有一位荷兰船长曾做过这样的事，他明白只要接待室前下跪磕头，就能带回去足够享用一辈子的茶叶和香料了。但是作为英国国王的代表是不同的，阿默斯特拒绝这样做，结果他连北京的城门都没进去。

此时此刻的欧洲，由于詹姆斯·瓦特发明了开发我们地球的蒸汽机，欧洲变得富裕起来，叫嚷着要去征服新世界，中国首当其冲是其第一个对象。对骄傲的白种人来说，直接挑起战争的行为很不光彩。尤其自1807年以来，马礼逊博士作为第一个从欧洲到广州的传教士，一直对中国人宣传基督教有多美好，值得去信仰。即使当时中国的统治者，也就是那些迂腐狭隘的满洲官吏都能听从孔子的教诲不让人民遭受鸦片的荼毒，但英国印度公司却将数百万磅罂粟籽出售给黄河流域和长江流域的中国人。英国东印度公司坚持要把鸦片输进中国，但中国政府拒绝鸦片登陆，最终鸦片伤害了两国的感情导致了1840年的鸦片战争。这场战争让中国瞠目结舌，在这些被他们瞧不起的外国人面前发现自己根本不是对手，几百年的闭关锁国，中国已经远远落后于世界，无法追上了。

这种担忧最终化作了现实。从鸦片战争后悲惨的日子开始，中国人就完全从听西方人的摆布。中国人本来一直都是自扫门前雪，一味忙于耕作，但目睹这一切之后也开始认识到自己的国家出现了问题。第一次不满情绪的爆发大约发生在8年前，中国人将所有的不幸和灾难都归咎于外国人的"走狗"清政府，揭竿而起追求独立。

清政府与英国和法国正开战时，"太平天国"运动在华南地区爆发了。他们拒绝剃头，剪掉了辫子。但是，对那些因贫困而造反的百姓而言，这批一开始由美国工程师华尔后由英国人戈登率领的清朝军队实在太强大了（这两个人都是基督教徒，也是神秘主义者）。他们为了取代满洲人而推选的"皇帝"将自己以及所有妃嫔统统在南京活活烧死。数十万人被杀害，戈登回国后专心从事慈善和宗教事业，过着悠闲的退伍生活，为他的悲惨结局做准备。关于戈登故事，你还会在"非洲"那一章看到。

1875年，德国同清政府间出现了一点分歧，于是德国以帮助中国清除海盗为由，派出了一个中队进入了中国。1884—1885年，中法战争爆发，法国人占领了中国南部的安南和东京湾。1894年，中国人同已西化的日本人打了一仗，割台湾岛给日本。

这时，欧洲列强开始对中国的军事战略要地疯狂抢夺。俄国占领旅顺港，英国占威海卫，德国强占了胶州湾，法国人则瓜分到了湄公河左岸的金兰湾，而美国人只是含含糊糊地表明了一个"打开门户"之类的立场，这体现了美国人的外交政策经常是感情复杂的（或者说多愁善感的）。欧洲人把占领的土地变成了坚不可摧的堡垒，并且无论美国何时望过去，他们都紧闭大门。

生来吃苦耐劳的中国人民，开始认识到他们受到双重压迫的事实，再次把遭受到的苦难和屈辱归咎于外族统治者清朝政府身上。1901年，义和团运动爆发了。他们首先就把德国大使（原因是这个德国大使是第一个攻击中国人的外国人）给杀了，然后围攻在北京的外国使团。于是，为了解救外交使团，俄、日、英、奥、德、意、法、美八国组成了一支联军，开进了北京，解救了那些处于绝望之中的大使及其家属。为了报复，八国联军在北京城内大肆抢劫，这座富裕的城市因此而蒙受到了空前的破坏，不管是多么神圣不可侵犯的，都被侵犯了，甚至连紫禁城这一皇家中心也不曾幸免于难。"像匈奴人一样干吧！"德国皇帝对德军司令和20 000名士兵（虽然射击停止了，但抢夺仍在继续）下达了这样的口谕。这是一句不幸的指令，是老威廉皇帝在他统治期间发出的最糟的指令。十几年后他就得到了报应，现在他不得不孤零零地待在荷兰砍木头。

面对清政府奴颜婢膝、巨额的战争赔款、更加疯狂的欧洲列强，中国人民忍无可忍。1911年，革命再一次爆发，这一次他们成功了，他们推翻了清政府的统治，成立了共和国。

但这一次中国人总结了教训。中国人明白了西方人不仅对孔子感兴趣，对中国的煤、铁和石油等更感兴趣。中国人要么努力把自己的资源保管好，要么把它们沉到太平洋底。很快，他们开始意识到应该学习日本在最短的时间内实现"西化"，于是他们从世界各地尤其是邻近的日本聘请老师。

与此同时，俄国正在按照马克思主义进行管理，计划把这个占世界面积1/6面积的国家转变为一个工业大国。中俄互为邻邦，因此俄国就能悄悄地把一些新思想传播到这些长期遭受折磨的中国苦力那儿。不论谁来主宰中国人的命运，不论是英国、法国还是日本，中国人好像天生命苦。

世界大战结束以后，所有这些相互冲突的思想、计划和情感在中国造成了巨大的混乱。而在世界大战中，中国又被迫加入协约国，战争一结束，中国不仅没有捞到一点好处，反而失去得更多。

我不是预言家，我也无法知道未来10~15年会发生什么。由于中国起步太晚了，可能不会有很大变化。但如果有朝一日中国人赶上了我们，那我们就请求上帝怜悯吧。

# 38. 朝鲜和蒙古

首先让我们简单学点实用经济学。和意大利人一样，日本人也被禁锢在一个小岛上，人口剧烈地膨胀，因此，他们需要更多土地。有一条亘古不变的自然法则，世界上所有好听的词语无法改变它，条约无法改变它，所有善良男女的甜言蜜语也无法改变它，那就是我很强壮，但十分饥饿，我在大海中间的一个小木筏上漂流，同行的还有一个虚弱但口袋里装满火腿三明治的人，我有两种选择，第一和他抢火腿三明治，第二等死。作为一个体面人，受敬畏神灵的父母悉心教育多年，我在一天、两天甚至三天可以抵制诱惑。但最终，我还是会说："拿一块三明治给我，否则我就把你扔到大海里去，快点！"

我过去受过的教育，也许会让我对这个带三明治的人有点仁慈，允许他留一份三明治给他自己，但如果不把他杀死，我还是会挨饿。把竹筏上的这个人放大一百甚至数百倍，你就会理解日本所面临的问题了。

日本的土地面积比加利福尼亚州还小（加利福尼亚州为155 652

平方英里，日本为148 756平方英里），农业用地只有1 600万平方英亩，比美国农业用地总量的2%还少。如果想拿一块距我们较为近一点的地方做比较，就拿纽约州经过改造的土地。如果世界上最优秀的农业专家到日本转一圈，对日本这个贫穷的岛国所面临的实际问题就会一目了然。当然，日本人由于临海而以打鱼为生，尽管他们的农业今天已到了在稻田的泥水里养鱼的水平，但由于日本年增人口都超过了65万，要解决温饱问题还需有些时日。

日本必须要寻得更多的土地，日本人的目光自然首先投向了中国海域对面那片经营不善、彻底被忽视的土地。最合日本胃口的当然是美国，但是美国太遥远、太强大了。澳大利亚也遥远，而且90%都是沙漠，人烟稀少。但是满洲近在咫尺，朝鲜半岛正好又是一座桥梁，而朝鲜半岛与日本之间只有一条120英里宽的朝鲜海峡，朝鲜海峡正中央恰好又有日本的对马岛。1905年，日本舰队就在对马岛附近一举把俄国海军舰队摧毁了，一下子干掉了俄国这个远东潜在敌手。

尽管朝鲜半岛同意大利和西西里岛纬度差不多，但要更寒冷一些，没有天然屏障。朝鲜人也称自己的国家为高丽或"静谧的向阳之地"。公元前12世纪，一群中国人占领了朝鲜半岛，如今的朝鲜人就是那些中国移民的后裔。当时，他们来到朝鲜半岛把住在中部石洞中的原始部落赶走了。这些新来的中国人也建起了自己的王国，但是从未从他们的母国中国获取真正的独立权，而且常常遭到日本海盗的袭击。

1592年，日本人第一次企图征服朝鲜。日本要是没有做好准备是不会贸然动手的。事前，日本人从葡萄牙人手中购置了几百支大口径火枪。凭借武器优势，日本派出30万大军横渡朝鲜海峡，这场战争打了5年。朝鲜请中国人来援助，最后由于中国军队人数众多，日本战败。

但在这次侵略战争中，日本摧毁了朝鲜首都汉城，还制造了许多令人发指的残暴事件，因此朝鲜人恨透了日本人。但日本强大，而朝鲜弱小，所以在19世纪最后25年，朝鲜的政治和经济等各个方面都在俄国的羽翼之下时，日本人又找到了一个发动侵略战争的借口。

战争爆发表面看来平淡无奇，而真正的根源常常隐藏在幕后。为了满足国内迅速膨胀人口的需求，日本需要更多的粮食，这就是日本人包括1592年那次侵略朝鲜最直接、最深刻的用意。

日本打败了俄国，将其赶出了中朝边界的鸭绿江，朝鲜沦落为日本的保护国。1910年，日本又像把1895年从中国抢来的台湾岛及南部的库页岛一样把朝鲜半岛并入了自己的版图，1905年日俄战争后，俄国赔偿库页岛给日本。现在，2 000万朝鲜人中有50万日本移民，而且还会有更多的日本移民不断涌入朝鲜。

蒙古地域广袤，总面积140万平方千米①，是英伦三岛的11倍，但人口不足200万。南部地区皆是戈壁沙漠，不宜居住，但其余的地方是广袤的大草原，很适合养牛。蒙古人曾凭借骑射技术从太平洋一路打到大西洋，一度辉煌，但如今这是再也不可能发生的事了。

许多人对日本的侵略行径颇为愤怒，痛斥其为"日本人的野心"，我更愿意称之为"日本人的生存需要"。日本这么做就是为了解决国内过剩的人口，因此也顺理成章。北亚地广人稀，人们习

---

① 原文如此，现在统计蒙古的面积约为 156 万平方千米。——编者注

惯了政府的残暴统治，他们过去的日子不一定比现在好。

如果没有北亚这个安全阀，日本便会入侵菲律宾、荷属东印度、澳大利亚、新西兰和美国西海岸。波利尼西亚群岛的每一个岛前都会部署一艘战舰，以防御它们在某个晚上被日本巡洋舰"拖走"。

总之，目前的安排看起来更符合实际。对那些无情无义自私自利的人，如果我们之中有谁倾向于用感情的眼泪去谴责他们的活，那就有礼貌地请他们为我们肩头上的印第安人哭泣吧！

# 39. 日本帝国

日本是一个由500多个岛屿组成的国家。在以牺牲邻邦为代价，踏上征服世界的旅程之前，它的疆域北起堪察加半岛，南至中国广东省海岸，其间的距离相当于从欧洲的北角到非洲的撒哈拉沙漠中心。

这些岛屿大小不一，总面积与英格兰、苏格兰和曼哈顿的面积之和差不多，518个小岛承载着6 000万人口。最近的统计显示，包括朝鲜人和最近的世界大战以后成为日本领土的波利尼亚岛上的居民共2 000万，日本的总人口已经超过了9 000万。

不过，为了实际中用起来方便，只需要记住这四个岛的名字就足够了：本州——日本中部的重要岛屿、北海道——北部最大的岛屿、四国和九州——本州南部紧邻的两大岛。日本的首都是东京，人口超过200万，坐落在本州中心的肥沃平原上。横滨是东京的渡口。

日本第二大城市是大阪，同时也是日本重要的纺织中心，位于本州的南部。大阪以北的京都是古代日本帝国的首都（东京的得名几乎就是京都的翻版）。你也会在报纸上经常见到其他的城市：大阪的港口神户、九州岛南部的长崎——对欧洲来的船只出入最方便的港口。

至于你在历史书上常常看到的江户这个词，其实是当年幕府将军所居住的府邸东京府的旧称。1866年，幕府失势，明治天皇从京都迁至江户，改名为东京。从那个时候开始，东京进入了一个突飞猛进的发展时期，最终成为世界上最大的城市之一。

然而，这些城市都面临着随时被摧毁的危险。日本列岛位于亚洲大山脉的边缘（日本海、黄海浅滩及中国的东海都是最近形成的，就像将英格兰变成岛屿的北海一样），是从哈萨林到荷属东印度的火山山脉上的一部分，这条火山带还一直在活动中。据日本地震监测统计，在1885年到1903年之间，日本共发生了27 485次地震，平均每年1 447次，每天4次。当然，这些地震中的绝大多数不过是茶杯微微晃动、椅子碰撞墙壁而已。但是，日本旧都建立以来的10个世纪中发生过1 318次地震，你就可想而知这个岛屿的危险性了。在这1 318次地震中，194次属于"强震"，34次是绝对"破坏性"的。1923年9月的那次地震，整个东京几乎被全部摧毁，超过15万人死亡，几座小岛升高了几英尺，一些小岛沉入了海中。因为时间距离现在还不算很远，我们应该还记得。

人们经常把地震和火山联系在一起。确实有许多的地震是火山爆发的结果，但大多数地震是因为我们所居住的土地下岩层的突然滑动引起的。如果这些岩层移动两三英尺，那么只会让几棵树或灌木倒下。如果发生在适当的地点（或许说不适当的地点更准确），就可能上演像1755年的里斯本那样的惨剧，那时6万人在地震中丧失了生命，或者是1920年死亡人数高达20万人的广东地震。根据最权威的地震学专家的估计，过去的4 000年，也就是所谓的人类有史记录时期，地震已经使1 300万人丧失生命，无论如何，这都是个惊人的数字。

当然，地震在任何地方都可能发生。就在一年前，北海海底还发生强烈震动，波及了斯海尔德河和莱茵河口的岛屿上的泥滩，一时间，在这里的采蚌者都感到非常的不安。但其实，北海海域非常平静。而相反，日本群岛则处在高山之巅的山脊上，这一山脊的东部一直向下延伸，直至大洋下面的最深的海洞之一，科学家迄今不知道其具体的深度。著名的塔斯卡洛拉海沟，超过2.8万英尺深，只比菲律宾群岛与马里亚纳群岛之间的海洞少6 000英尺。因此日本一半以上的大地震都发生在东岸，并不是偶然，因为它的东海岸垂直落差约6英里。

然而，日本人像大多数住在地震带的人们一样，并没有因为一直受到安全的威胁而失眠。他们和我们一样日常劳作，陪小孩子玩耍，一日三餐，也会因为查理·卓别林的表演而大笑。多年的经验令他们懂得去建造一种纸板房，虽然在冬天有点透风，但是当它坍塌下来时，对房屋主人的危险可以降到最小。当然，如果他们都模仿西方建造摩天大楼，像他们在东京所做的一样，那么损失就会上升数亿倍！不过平心而论，日本人对恶劣的地理环境的适应力，已经比任何国家都强了。他们成功地把生活过成一种轻快、愉悦的冒险，这一点西方人是比不了的。我说这些，并不是因为想起了那些漂亮的明信片，上面画着在樱花树下喝茶的日本小艺妓或者小花园里的蝴蝶夫人。我只不过把去过日本观光的旅行者们说的话重复了一遍，他们在日本尚未抛弃传统习俗和生活方式（尤为精致），还没变成芝加哥与威尔克斯–巴里的郊区之前，去过那里。旧日本到新日本的变革是不可思议的，对于美国的安全和幸福都有着举足轻重的影响，并且这个影响还在持续，因此，无论我们是否喜欢日本人，都应该对这个民族有基本的了解，只要太平洋没有干涸，日本就一直会是我们的近邻。

日本的历史要比中国短得多。中国的历史可以追溯到公元前2637年（大约在基奥普斯修建小金字塔的时期），但日本最早的编年史是公元400年才开始的。那时，所谓的大和民族已经出现。然而，日本并没有严格意义上的"大和民族"，他们和英国人一样，是混合的群体。日本最早的居民为阿夷鲁人，后来他们都被从中国南部、马来半岛、中国中部以及满洲和朝鲜而来的入侵者赶到遥远的北方各岛去了。因而日本原有的文明是中国文明的延伸，日本人所有的知识都是从中国人那里学来的。

日本人与中国人的关系非常密切，尤其当他们跟随中国人皈依佛教后。不过当新教条取代旧教条时，不可避免地会受到旧教条的影响。所有的传教士都应该了解这一点，无论他们传播的是基督教、伊斯兰教、还是佛教。

6世纪，佛教的传播者第一次到达日本，他们发现日本人已经有了自己本土的宗教制度，这种宗教制度土生土长，非常适合日本人的需求，就是所谓的神道教，名字来自"神道"二字，是"神圣的道路"的意思。与亚洲其他地方风行的宗教相比，它的信条比鬼神崇拜要高尚得多。佛教认为世界是不可摧毁的力量，我们应为使用的力量负责，无论结果如何，都是永恒的存在。现在，日本的国教是神道教与佛教结合的产物，强调人类对于社会应尽的责任和义务。和英国人一样，很多在岛上居住的日本人（并不是与世隔绝的），他们有一种真挚而牢固的信念，认为自己对祖国肩负着明确的义务。另外，神道教强调对祖先的崇敬，但这种崇敬不至于到荒唐的地步，不像中国人为了祖先将大部分优良的土地变成了坟墓，死者统治着生者，以至于坟墓占据了本来应该用于种植庄稼的土地。

中国文化与日本文明出现分歧也是在比较近的时期了。16世纪后半叶，日本独立的小诸侯漠视天皇，甚至还不如神圣罗马帝国的骑士对皇帝的态度。经过无休止的争吵和征战，政权落到了一个铁腕者的手中。

800年前，在遥远的欧洲，法兰克国王的总管谋权篡位，把他们的主人赶进了修道院，自封为王。不过因为后来的统治者比原先的能力强得多，因此也并没有人反对。此时，日本人已经忍受了将近400年的内乱，只渴望和平与安宁，并不关心由谁来统治。所以当政府的最高长官，有钱有势的德川家族，成为国家的独裁者时，他们根本没有反对，也没有奋起保护世袭统治的天皇。这位日本大管家向人们灌输，天皇是世上的某种神明，是日本人的精神之父，他是那样的神秘并且完美无缺，民众应该看不到他才对。

这样的统治整整持续了近两个世纪。幕府将军（众所周知的独裁者的头衔，相当于我们的"总司令"）在东京执政，天皇则在京都的深宫珠帘之中虚度岁月。正是在幕府时期，日本建立起了森严的封建制度，这种封建制度对于整个日本民族影响深远。到现在，工业化已经将近80年了，而日本人本质上仍然是封建主义者，与他们的欧美竞争者完全不同。这一制度的完善，增添新的细节，需要花费相当一些时间。1600年后，日本社会明显地分为3个不同的集团：最高的阶层是大名，即封建贵族成员、大地主；第二阶层是武士，像中世纪欧洲的骑士一样是世袭制的；其他人均属于第三阶层，也就是平民。

虽然这种不是最理想的制度，但历史无疑告诉了我们：广大老百姓对于任何政治理论都是没有什么兴趣的。人民只会问："这有用吗？能够保证我们的安全吗？能确保我的辛苦劳作的成果都属于自己吗？别人能非法夺走吗？"

这种制度实行了两个多世纪并确实起了作用。幕府将军的国家政治领袖地位被认可，天皇只作为国家的精神领袖，受人崇拜。大名和武士必须严格遵守"贵族守则"，如果没有完成被交付的任务，就会被命令执行最严酷的剖腹仪式。至于下面的平民百姓，则从事着各种不同的职业，经营各种商业。

从幕府时期开始，日本人口就有些过剩，人民开始难以维持生计。他们非常节制、简朴，没有过高的要求。大自然仿佛日本诚实的朋友。黑潮（即蓝盐潮，是墨西哥暖流的一部分）起于荷属东印度的北边，流经菲律宾，穿过太平洋，赐福于美国西岸，给日本提供了温和的气候。一条狭长的寒水流过日本东海岸，使日本虽不像加利福尼亚那样温暖，但也比中国内陆的气候好得多。

一切似乎都在朝着幸福平稳的方向发展，直到一位名叫门德斯·平托的葡萄牙航海者家因为迷路而到达了日本，之后便完全改变了日本历史的发展。这个葡萄牙人不仅因为通商到访过许多遥远的国家，并且将自己宗教制度的启蒙带到了这些国家。

基督教的总部设在印度的果阿和中国广州附近的澳门，如果史实记载并没有在这一点撒谎的话，基督教传教士初到日本时，得到了极高的礼遇，并且被给予一切机会来宣扬他们的宗教相比日本的旧宗教优越的理由。于是，他们的游说便改变了许多日本人的宗教信仰。后来，从附近的西班牙殖民地菲律宾群岛又来了另一个教派的传教士，同样受到欢迎。但是，幕府将军发现（如果当地官员一直没发现呢？）这些神圣的传教士中混杂着许多不神圣的人，他们身着盔甲，手持奇怪的铁棍，其射出的铅弹一次可以穿透三个日本普通武士。于是，幕府将军开始对他们的到来感到不安。

直到近50年，我们才开始理解日本人对于那些令人沉痛的事件的看法。这些事件让日本人背负了冷血的名声，这与我们从其他材料中得到的似乎不太相符。幕府将军禁止了基督教传教士在日本的继续活动，并不是因为他突然不喜欢西方人，而是由于恐惧，担心宗教的纷争会导致国家分裂，并且也害怕日本的财富被外国商人掠夺。他们把带着和平与福音的使者送到日本海岸，然后让他们带着赠予的货物满载而归。

基督教的影响在九州岛是最大的，这里距离葡萄牙在中国的殖民地最近。最初，神父们还很谦逊地宣扬"和平王子"的故事，但是当他们有了势力，便开始破坏日本人的寺庙，损毁塑像，用枪支强迫成千上万的日本农民和贵族接受十字架。

日本随后的统治者丰臣秀吉目睹了这种情况，预见了这是不可避免的结果。于是他宣称："这些神父来到这里表面传教，实际上传教不过是掩盖他们险恶动机的工具。"

1587年7月25日，日本第一位大使拜访教皇、西班牙国王以及葡萄牙国王的5年后，所有基督教传教士被逐出了日本领土。商人可以照常来访，但必须接受政府的监管。葡萄牙的传教士刚刚离去，从菲律宾附近而来的西班牙方济各会和多明我会的传教士紧跟着就到了。他们假扮特使来到江户，但诡计很快就被揭穿了。然而，他们还是被给予了优厚的待遇，只是被告诫不能传教。然而他们并不听从命令，在江户盖起了教堂，为来自各地的人施行洗礼。

后来他们在大阪又修建了一个教堂，接着在长崎强占了一个原本耶稣会的教堂。随后，他们公开与耶稣会对立，指责耶稣会传达福音给日本人的方法太过柔和。总之，他们在所有的判断和品位上都搞错了，错误地将自己定位于职业宗教狂热者。最终，在丰臣秀吉的命令下，他们被驱逐出境。然而他们走得快回来得也快。日本人对这些令人厌恶的传教士已经忍无可忍，这些年来的警告都是无效的，他们最终得出结论：除了使用极端手段，别无他法。

他们宁可闭关锁国以防止外国的侵略，也不愿意四百年前的内战重演；于是那些不服从禁令的基督教传教士被判处死刑。

在一个半世纪中，日本心甘情愿地与外界隔绝，但并不是完全断绝。还留有一扇小窗户对外开放，通过这里日本的大量黄金流到西方，而一些零碎的西方科技也由这个通道潜入了日本这个奇怪的国家。荷属东印度公司原本是葡萄牙在日本的商业竞争对手。但荷兰人只做生意，简单纯粹，对其他民族的灵魂没有兴趣。英国人也是如此。很长一段时间，两个国家难分伯仲，但英国人后来的管理不善导致了最后失败。

葡萄牙派遣到日本的最后几队使节被残忍杀害，这是没有任何借口的谋杀，荷兰人此前享受的特权也被剥夺了。但是，只要他们在日本的生意每年能有80%的回报，他们就仍然愿意留在这里。他们被迫居住在长崎港外的出岛上，那是一块长300码、宽80码的石头岛，空间都不够荷兰人遛狗，还不能带妻子，也不允许涉足主岛。

荷兰人这次一定被训练出了天使般的耐心（不完全是一种民族性格特征），只要稍微触犯日本官员列出的百条规则中的一条，就会被记下，立刻得到惩罚。有一天，荷兰东印度公司决定修建一座新的仓库。根据当时的习惯，建造日期按常规写"公元"或它的缩写在建筑物的正面。由于这种写法直接与基督教的上帝相关，日本人对此的态度就像美国对来自莫斯科的布尔什维克的活动家一样敏感，幕府将军下令抹除这些挑衅的字样，并且将整座房屋全部拆毁，夷为平地。这让荷兰人想起了驱逐葡萄牙人时的驱逐令，结尾的几句话是：

"只要阳光依然普照大地，基督教就不能放肆地来到日本，要让天下人知道，就算是菲利浦国王或是基督教的上帝违反了这个命令，也要用头颅来偿还。"

荷兰东印度公司的雇员似乎真的听进去了劝导，因为此后的217年间，荷兰人一直留在出岛上。在这期间，日本的黄金白银不停地流向国外，因为荷兰人只用现金交易，而日本人从国外购买任何货物都要货到付款。

欧洲以这样的方式从太平洋上的隐居者那里得到了大量日本的消息。所有故事版本得出的结论都是，日本帝国现在的情况，远远不能让他们满意。于是日本很快被视为反面教材，没有任何一个国家可以做到完全自给自足。同样作为结果，日本的年轻人在动荡中成长了起来。他们模糊地耳闻过西方欧洲传奇的科学。他们开始通过出岛接触科学和医学方面的书籍。他们将晦涩的荷兰文字翻译过来，才知晓，世界正在快速发展，而日本一直停滞不前。

1847年，荷兰国王赠送给江户政府一大箱科学书籍，并附了一张世界地图，警示日本不要继续愚蠢地闭关锁国了。与此同时，中国与欧美的商业往来与日俱增。从旧金山到广东的船只有时会在日本海岸遇到海难，因为没有领事或外交保护，船员处境艰难。1849年，美国舰队的一位上尉威胁日本如果不将18名海员释放，就炮轰长崎。荷兰国王也告诫他们的日本同事，如果继续施行原本的政策，势必会走向灾难。这些来自海牙的信件，说明了世界早就了解了事情的趋势。日本早晚都要向西方贸易敞开大门，如果拒绝和平进行，就会受到武力压迫。

逐渐向阿拉斯加海岸推进的俄罗斯，正慢慢地在西太平洋上扩展势力。而美国是所有的国家中唯一不被怀疑对土地有侵略心的国家。1853年，海军少将佩里率领4艘兵舰和560名士兵驶入乌拉加湾。这外国兵舰的首次造访，引起了日本的空前恐慌。天皇认真地祈求上苍保佑，随着佩里离开（他只停留了10天，把美国总统的信递交给了日本天皇），日本人立刻请求荷兰人支援一艘战舰，在堡垒布置了兵力，拿出了旧式葡萄牙枪支，做好准备迎接那些从东边开着蒸汽船的怪物的第二次到来。

全国民众分为了两派。大多数人都赞同不计孤立无援的代价继续锁国，另一部分人则主张打开国门。幕府将军支持后者，因而失去了大部分的权利，还被指责为"洋鬼子的朋友"。但是，结局却是佩里的这次著名到访，使天皇成为最大的受益者。

幕府将军，作为封建制度的绝对统治者，已经逐渐失去了作用，正如大名和武士一样，他们仍然坚持佩剑，把平复内乱视为使命，好像是生活在1653年，而不是1853年。但现在已经到了变革的时期。

机缘巧合，当时国家名义上的元首日本天皇是一个能力卓越、智慧超群的年轻人。他奉劝将军退位，重新掌握执政大权。他听取意见，认为闭关锁国就意味着自杀，于是他诚恳地欢迎一切外国人的到来，就像以前诚恳地请他们走一样。明治时期，就是他所开创的启蒙时代，将日本由一个16世纪的封建国家变成了一个近代工业国家。

要问这种大幅度的情感变化是否被人们所接纳，这样的问题是没有任何意义的。工厂、陆军、海军、煤矿和钢铁厂是否会造福人民，我也不知道。有人赞同，有人反对。它取决于个人对问题的思考。10年前，俄罗斯人还注重精神世界的培养，并供奉着神明，但现在他们已经把圣者扔到火炉里烧掉了，精神世界也已在机器的管道中游走了。

我个人相信这样的发展是绝对不可避免的。它本身既不是绝对的好，也不是绝对的坏，只因为它是必要的，是发展的一部分，我们希望可以借此从对饥饿的忧虑与对贫穷的恐惧中解放出来。机器在这场变革中的作用有正有负，它毁灭了许多美丽可爱的东西，但无人能否定它们做出的贡献。对游客来说，北斋和喜多川歌麿描绘下的日本比满是汽油厂与东京煤气厂的日本有趣得多，是毫无疑问的。但是北斋和喜多川歌麿已经逝去，而东京的主妇们更愿意用天然气去做饭，却不是用慢腾腾的炭火了，这就是答案。

富士山，那个脆弱的白发苍苍的老火山，自1707年以来就一直沉寂着，俯视着到处的香烟广告，那是过去小孩子们给路边神道庙献花的地方。寺庙花园中神鹿的腿，已经被野餐游客们不注意丢弃的锡罐砸坏了。

但是，富士山知道——总有一天，那些愿望太多的人类最终将什么也不会得到。

# 40. 菲律宾

原墨西哥的领地

在堪察加半岛至爪哇之间有一个半圆形的岛屿群，菲律宾群岛就位于这个岛屿群之中。这块陆地是旧大陆边缘的遗迹。这些岛屿的地势足够高，以至于当太平洋的海水淹没山谷形成了所谓的日本海、东海和南海，它们仍露在海平面上。

菲律宾群岛有7 000多座岛屿，但只有其中462座岛的面积超过1平方英里。其余的只不过是大一点的悬崖或者小块的沼泽地，因为太无关紧要了，所以只有1/4的岛屿有名字。这些岛屿的总面积与英格兰和苏格兰的面积之和差不多大，有1 100万人口的土著以及很多的中国人、日本人，还有大概10万的白人。在历史上的某个时期，这个群岛一定是火山频发区，但现在我们只能辨认出25座真正的火山了。不过虽然如此，除了两三座还在活动以外，其余的已经都变成死火山了。

于此我们应该对大自然充满感激，因为从地理上来看，菲律宾处在十分危险的地带。迄今为止，我们所找到的海洋中最深的海沟就在菲律宾的东边。我告诉你这里有多深，就是如果我们将这里作为喜马拉雅山的墓地，那么地球上最高的珠峰依然在海平面3 000英尺以下。如果世界上的一切都向那一个角落滑去，恐怕只能有很少的人活下来讲述这件事情。

在菲律宾群岛中最重要的岛是吕宋岛。它的形状像蝌蚪，中央凸起最高的地方有7 000英尺。整个群岛中最重要的城市，就是坐落于吕宋岛东岸的马尼拉，也是菲律宾的首都。1571年，西班牙人在旧时的伊斯兰遗址上建立了这座城市，名字取自这里到处可见、生长繁茂的一种叫尼拉的草。1590年，西班牙人还建筑了城墙，历史证明，城墙的经久性比建筑城墙的人的统治更长远。

马尼拉虽然处在西班牙不善的管理下，但还是迅速发展为整个远东地区最重要的商业中心，港口泊满了来自中国、日本、印度，甚至远从阿拉伯而来的船只。他们来到这里，用货物交换西班牙人从中美洲的墨西哥殖民地带到菲律宾来的货物。西班牙人都愿意从马尼拉直达特旺特佩克湾，然后装好货物穿过美洲地峡，在另一侧重新装货，再经由古巴和波多黎各把货带回西班牙，这样他们就不用经过印度洋和好望角，担心受到英国和荷兰的袭击了，他们不愿冒那个风险。

吕宋岛的南边分布着十几个比较大的岛屿，其中萨马岛、班乃岛（有菲律宾第二大城市，著名的伊洛）、内格罗斯岛和宿雾岛最为著名。这些岛再往南，又有一座比吕宋岛稍小的棉兰老岛，岛上信仰伊斯兰教的土著为了保持独立，曾经抵抗了西班牙人和美国人，并因此出名。棉兰老岛最大的城市是三宝颜，对面是苏禄海。大体上来说，菲律宾整个都是背向太平洋的。他们的兴趣在于西方，贸易对象是西方，宗教及最早的文化概念都来自西方。他们被来自东方的人发现纯属偶然。

1521年，麦哲伦在这里登陆，为了解决他的雇主西班牙国王与教皇间一个法律争执而选择了这条不同寻常的道路航行。1494年，教皇为了平息伊比利亚半岛上两个国家之间的纷争，在亚速尔群岛与费得角群岛以西，用尺子从北向南画了一条直线（大概在格林尼治西经五十度的位置），将世界分为两个等份。线以西属于西班牙人，线以东属于葡萄牙人。这就是著名的《托尔德西利亚条约》。根据这个条约，西班牙人有权处死任何"越线"者，于是早期的英国和荷兰军队前往美洲的远征也变成了一项危险的活动，任何人一旦被抓到"越线"，就会像普通的海盗一样，立刻被绞死。

然而，将这场冒险演化为地理探险的教皇——恶名昭彰的亚历山大六世，即切萨雷和卢克蕾齐亚·博尔贾的父亲，本身是个西班牙人，因而葡萄牙人声称这个条约对于他们来说并没有什么益处。所以，谁拥有什么的争论持续了一个世纪之久。麦哲伦虽然是葡萄牙人，但被西班牙雇佣，沿着东行航线抵达印度洋，来确定富庶的马六甲群岛的位置，后来证明葡萄牙的说法是对的。于是葡萄牙获得了马六甲，不过没多久又落入了荷兰人手中，而西班牙人却因此发现了菲律宾并将其变成了自己的领域，并由墨西哥来管理。于是中美洲的人口锐减，大批修士离开新卡斯蒂利亚，来到了更有利可图的菲律宾。

我们必须承认，这些修士在菲律宾的工作的确非常尽职。确实，假如他们没有那么努力，那么我们美国人在菲律宾的工作就会变得容易多了。1898年，美国获得了这块西班牙旧时的殖民地，那是我们第一次在政治中面对一个100%都是天主教的民族。

按"新教"的正式含义来讲，美国并非是一个信奉新教的国家，但美国人普遍的人生哲学却绝对是新教式的，并不是天主教式的。美国或许是出于好意，给菲律宾提供了无数条优质的道路、上千所学校、三所大学、医院、医生、护士、卫生保健方法、肉类和鱼类检疫方法、卫生学以及许多西班牙人闻所未闻的技术。但这些慷慨善意的表示，对于菲律宾人民却没有什么意义，因为他们从小受到的教育，让他们认为这些虽然很美好愉悦，但与在另一个世界中的超脱比起来却毫无价值。在那个世界中，一切卫生学、医院、大马路、学校等没有任何人感兴趣。

# 41. 荷属东印度群岛

鹊巢鸠居

　　我已经说过，日本列岛、台湾岛以及菲律宾群岛，不过是古代亚洲大陆边缘的山脉，历经百万年太平洋的海浪的冲刷，与内陆分开变成了岛屿。

　　而另一方面的马来群岛（马来西亚群岛、印度群岛、荷属东印度群岛——有很多不同的叫法）却不仅仅是古老亚洲外缘山脉的一部分。他们是一个与中国一样巨大的半岛的遗迹，从缅甸、暹罗、印度支那向东直至澳大利亚。在地质时期早期，这个半岛或许与亚洲大陆直接相连（那就肯定比今天的面积大得多），在后来某一个我们知之甚少的时期，一片狭长的水域将这个半岛与澳大利亚分开，这片水域比现在昆士兰与新几内亚之间的托雷斯海峡宽不了多少。

　　地质上的突变令一大片陆地变成了一群奇形怪状的岛屿，从面积相当于斯堪的纳维亚半岛的婆罗洲往南延伸，到数千不易被发现的岩礁岛，使航海变得极不便利。之所以造成这样的巨变，其原因很难找到。这里是地球上火山活动最频繁的地区之一。爪哇现在还保留有蓝色的火山活动带。然而，在过去的3个世纪里，爪哇岛上的120多座奇特火山都表现稳定，稍微靠西边的苏门答腊火山也是如此。

印度古老的婆罗门教在爪哇盛行，逢年过节，为了抚慰地底下的灵魂，牧师会拿人来祭祀，把人的身体投入沸腾的火山口。这种祭祀非常有效，虽然有时候火山也会激烈震动轰响，但已经几个世纪没有造成大的灾难了。

然而喀拉喀托岛的火山遗址还在那里，就像一个可怕的警告，提醒随时可能再次发生惨剧。1883年8月26日清晨，苏门答腊与爪哇之间的巽他海峡上的喀拉喀托岛，像史前时期一样喷发，火山顶被削平，小岛被炸成了几个碎块。两天以后，整个岛的北部就消失了。那里由过去一座1 500英尺高的山，变成了印度洋海平面下1 000多英尺的海沟。爆发的声响在3 000英里以外都能听到。火山灰扬起了17英里高。火山灰飞散到非洲、欧洲、亚洲和美洲，甚至到了北极。在那之后的6个星期，天空都笼罩着奇异的颜色，仿佛附近哪里有森林大火。

由于喀拉喀托岛上没有居民，所以火山喷发在陆地上没有造成太大的破坏，却在海上造成了毁灭性的灾难。海底的震动导致海浪卷起高达50英尺，爪哇沿海地带全都被海浪吞没，3.6万人丧失了生命。海浪席卷了港口、村庄，毁掉了船只，犹如伐木般轻易。锡兰与毛里求斯也受到了海浪的影响。在8 000英里以外的好望角附近，包括远在距巽他海峡1.1万英里外的英吉利海峡，都能隐约感到震动。

一年之后，喀拉喀托火山遗迹又有了活动的迹象。这个地下雷会在何时再次爆发，谁也无法预测。这里的居民和其他同样居住在火山带的人一样。他们并不担心，还不抵我们小区里的孩子在注意到最热闹的街角中碾过棒球场的卡车时的担心程度高。

这种怡然自得的生活态度可能源于他们信仰的伊斯兰教，也可能由于他们知足常乐，对他们来说火山爆发就像异邦统治、洪水或火灾一样，是没必要去忧虑的事，他们依然在这片祖先耕种过的地方继续劳作，他们的子孙也还会在这里耕耘下去，只要拥有温饱的生活，爪哇人不会离开故乡。

听起来我好像将爪哇描写成了一个世外桃源。虽然事实并非如此，但是爪哇的确得到了很多大自然的恩惠，值得我用一页的篇幅去讲述。

那里的土地的28%是火山土。如果耕耘得当，每年可以收割3次农作物。

那里的气候足够炎热，适合种植各种热带植物，然而因为是山区，气候比纽约和华盛顿夏季的气候还温和些。爪哇和马来群岛虽然非常接近赤道，昼夜时长相等，但四面环海，空气湿润，最高温度不超过96华氏度，最低不低于66华氏度，年平均气温79华氏度，四季规律循环，西部季风形成雨季，从11月到次年的3月，每天都在固定的时间下雨。雨季之后就是旱季，滴雨不下。两季之间有一个短暂的阶段叫作"斜季"。

因为这样有利的气候，所以虽然爪哇只有622英里长、121英里宽（像一个矩形的防洪堤，使内部群岛能抵挡南印度洋的巨浪），却能养活4 200万人。而苏门答腊岛和婆罗洲虽然要比爪哇大得多，却只能养活爪哇人口数量的1/10。由于物产丰富，爪哇岛从一开始就吸引了白人的注意。

最先出现的是葡萄牙人。英国人和荷兰人也接踵而至，不过英国人后来逐渐集中精力去开拓印度了，把爪哇和马来群岛留给了荷兰人。在荷兰人与当地土著打交道的前3个世纪，把欧洲人统治土著的错误都犯了个遍，终于总结出了经验教训。他们尽可能不干涉当地的事务，吸收当地人参与国家管理。他们知道，无论早晚，是好是坏，这些土著总有一天会去争取自由。一支3万人的军队，白人只有1/5，只要当地人下定决心要驱逐外国殖民者，那么荷兰人将不可能统治这片比自己国家大50倍的领土。"强制劳役"与"政府农场"的时代已经一去不复返了。学校、铁道与医院代替了以前的东征西讨。如果荷兰人最后需要放弃这里的最高统治地位时，也会希望在经济体系中能保留举足轻重的地位。老一些的荷兰人坚信"当地人只要清楚自己所在的位置，就会相安无事"，而他们正在被年青一代替代。这些年轻人则相信事实胜于雄辩，宇宙是建立在不断变化的规律之上的。

其他的荷属殖民地都不如爪哇的文明程度高。荷兰人正在慢慢开发第二个爪哇，西里伯斯岛。这个岛屿形状十分奇怪，像一只蜘蛛，位于马六甲群岛的正西方，是以前的香料群岛。17世纪，英国、葡萄牙、西班牙与荷兰为了争夺这个岛进行了整整100年的斗争。望加锡盛产油料，在维多利亚时期，男人用这些颜料来修锁头，女人们用这些颜料来编织。望加锡如今已是爪哇海域最重要的城市，与爪哇北部的主要贸易城市泗水及三宝垄都有正常的贸易往来，与首都雅加达的港口巴达维亚联系也十分密切。

马六甲群岛，已经不像过去那样富裕了，不过那里的居民安汶人依然以盛产水手而闻名。400年前，人们听到太平洋中最可怕的食人族安汶人，都感到十分恐惧。如今，他们却都成了虔诚的基督教徒，奇怪的是他们仍然是荷属东印度军队最有战斗力的军团。

婆罗洲岛，被水淹没的亚洲半岛的主要残迹，因为一种奇怪的习俗——用人头祭祀神灵，而陷入了人口稀少的困境。荷兰人曾经试图用严厉的惩罚来消灭这项旧习俗。然而，时至今日，年轻的男子要结婚的话，仍然要用至少一颗头颅来祭祀。这样长期以来的相互残杀（婆罗洲岛人对于这种战利品的骄傲和满不在乎就像是高尔夫球手炫耀他的奖杯一样）导致这里的人口远低于平均值。现在，随着河流的开放，以及石油公司、煤炭公司和矿质公司开始投资建设道路，野蛮人也逐渐被规劝开始从事农耕。照这样发展下去，如果没什么变化的话，这里将来可能养活现在20倍的人口。

爪哇

　　婆罗洲的北部是英属殖民地。西北角是一个叫沙捞越的独立地区，一个叫作拉贾·布鲁克斯的著名英国后裔，也就是詹姆斯·布鲁克斯爵士统治着这里。他当时来到这座岛镇压当地的战乱，此后就留了下来，把婆罗洲岛建成了一个独立地区。

荷属东印度的另一个非常重要的岛屿，就是与马来半岛平行的苏门答腊岛。岛上火山频繁活动，但植物却长势极好。不幸的是，岛中间的一座高山将整个岛一分为二，在没有铁路以前，严重阻碍着岛屿的发展。在与西方的贸易往来中，汽车和飞机与其他机械产业相比，发挥着不可匹敌的作用。

在苏门答腊岛和婆罗洲岛中间，有邦加岛和勿里洞岛，都是马来半岛的延续，锡矿资源丰富。爪哇岛的东边是著名的巴厘岛，是古代生活方式保存最完好的地方。再往东，就是澳大利亚北部的弗洛勒斯岛和帝汶岛。最东边是新几内亚岛，属于澳大利亚大陆，西部为荷兰人所有。新几内亚岛的面积和大半个中欧差不多，大概有从巴黎到敖德萨的距离，但至今还没有怎么被开发。这里没有河道连通内陆，人口稀少，一方面是由于过去的陋习造成的，另一方面是由于土著的疾病和相互残杀等原因造成的。在内陆地区还发现有侏儒部落的遗迹，证明这座岛屿在很早之前就有人定居。

但是，整片地区看起来相当古老，有一种观点认为，这里是人类最早告别类人猿时代的地方。最早的类人生物，类人猿的头骨就是在爪哇发现的，而体格较大的类人猩猩的头骨则在婆罗洲和苏门答腊被发现。

这确实是一个千奇百怪的世界。人类的一支已经进化到有能力在热带建造动物园了，而另一支却都生活在和动物一样的环境之中。

# 42. 澳大利亚

大自然的继子

著名的德国科学家、生理光学专家赫尔曼·路德维希·冯·亥姆霍兹，在说到大自然在造物时的随意挥霍以及毫无章法时，曾经表示：如果任何机器制造者，胆敢把类似人眼这样的发明送给他，他一定会谴责此人为不懂行的、不称职的蠢材。

我很高兴，亥姆霍兹还没有将他的研究扩展到物理学和电学之外的领域，因为我不想再次听到他可能会对造物主创造的地理布置进行的指责。

以格陵兰为例，它的领土几乎都被深埋在数千英尺的坚冰与积雪之下。如果这片82.7万平方英里的土地能移到大洋的中央，或许可以养活数百万的人口。而现在，它只能养活几千只熊，和少数能够忍饥挨饿的爱斯基摩人而已。再举一个造物主造得极其拙劣的例子，我会说是澳大利亚。虽然澳洲以洲相称，但这里的一切，却都不是一个井然有序的大洲应当有的。

第一，这里的地理位置非常不好。尽管葡萄牙人、西班牙人、荷兰人在它被发现前的一百多年中一直不确定它是否真实存在，但还是努力去寻找它。直到1642年，这片300万平方英里（和美国差不多大）的土地，才被一位白人亲眼看到。这个人是阿贝尔·塔斯曼，他把荷属东印度公司的旗帜插在了这片土地上，环绕这里航行一周，以荷兰联合王国的名义占领了这里。

但是事实上，这只不过是一次没有用的到访。荷兰人对于这一大块荒凉的土地毫无兴趣，根本不在意地契是否失效。1769年，詹姆斯·库克被派往太平洋观测金星运行，而此时阿姆斯特丹与伦敦的绘图者还不能确定将澳大利亚这片隐居地放在浩瀚的太平洋的哪个地方。

第二，澳大利亚不仅地理位置不好，而且气候也不算好，东部沿海与南海岸的气候相当舒适，阿德莱德、墨尔本、悉尼、布里斯班四大城市坐落在此。但北部沿海非常潮湿，西部海岸则非常干燥，这就意味着澳大利亚最适合人类居住的地方离亚洲、非洲、欧洲的商路也最远。

第三，这里整个内陆全是沙漠，滴雨不下，而地下水供给的地理位置又非常糟糕，很难进行系统灌溉。

第四，地势最高的部分都在陆地的边缘地带。因此内陆就像一个空碗，水又不会向山上流，所以那里没有真正意义上的河流。达令河是澳大利亚最长的河流（1 160英里长），发源于昆士兰群山中，距离太平洋的珊瑚海不算很远。不过，这条河并不是向东流入太平洋，而是向西流入因康特湾。一年之中的大部时间它基本就是连续的水塘，对于任何人都没有什么实际的用处（别忘了北半球处于夏季时，南半球就处于冬季，反之亦然）。

第五，澳大利亚的土著并不能被训练成白人有效的劳动力。关于这些不幸的澳大利亚人的祖先，我们至今还是一无所知。他们与其他人类的关系相当疏远，就像他们一直居住在另一个星球上。他们独自发展，发展水平甚至没有超越一些原始的动物。比如，他们不知道如何建造房屋，如何种植粮食，如何使用矛、弓箭和斧头。他们只知道如何使用飞镖，而其他民族在很早以前就会使用这种技术了。在其他民族已经抛弃了那些笨拙的武器，改用矛、弓箭和斧头之后，澳大利亚土著仍然停留在他们的祖先刚刚学会不用双手支撑只用双脚走路的那个阶段。如果用最宽容的方式给他们归类，也只能说他们属于石器时代早期的"狩猎型"。与原始的澳大利亚土著比起来，石器时代的古人也算是优秀得多的艺术家了。

现在，这个贫瘠的大地已经被人精确地测绘出来了，原来它远在地球上出现植物之前就与其他大陆分道扬镳、漂流出去了，这些植物带给了我们无数的快乐和幸福。由于气候干燥，这里形成了特殊的植物群。毫无疑问，我们的植物学家对这种植物产生了浓厚的兴趣。但对于那些想在这上面牟利的白人殖民者而言（是什么无所谓，只要有利可图），靠它获益基本没有什么希望。虽然袋鼠草和盐碱灌木，都是山羊的好饲料，但常见的多刺三齿稃，即使是硬腭的骆驼也吃不了。此外，虽然这里有桉树可以长到高达400英尺，唯一的竞争对手是加利福尼亚的红杉，但是栽种桉树又不能致富。

1868年，澳大利亚不再是流放地，于是农民们蜂拥而来，却发现面对的是一群坚决拒绝驯服的活化石。澳大利亚孤立的位置，使这些在世界的其他地方已经消失很久的稀奇的史前生物，在澳大利亚还得以继续生存。澳大利亚没有亚洲、非洲和欧洲那样体格健壮、聪明的哺乳动物，以至于当地的这些四足动物无法被推动进化或彻底灭绝。因为没有竞争对手，它们一直保持着原始的样子。

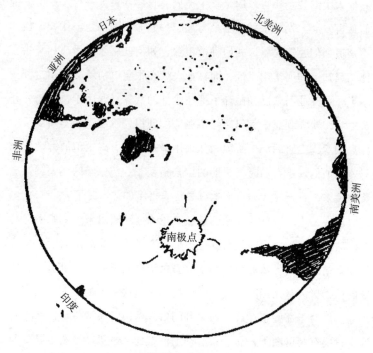

与世隔绝的澳大利亚

关于袋鼠这种奇怪的动物，我们大家都很熟悉了。袋鼠属于有袋动物科，它们身上有一个袋，袋鼠妈妈将刚出生还没有发育完全的孩子们放在袋中，让它们发育完全。在第三纪时，这种有袋动物分布在全球各地。而现在，美洲只剩下一种有袋类，就是负鼠，而澳大利亚却还有很多有袋类。

澳大利亚还有另一种留存至今的史前动物，即所谓单孔动物，这种动物全身的排泄渠道只有一个口，是哺乳动物最低级的亚纲。其中最有名的，就是相貌奇怪的鸭嘴兽。它们长20英寸左右，全身覆盖棕色短毛，长着鸭嘴（幼年时甚至有牙齿），爪长而有蹼，雄性的脚跟上还长有一根毒刺——这简直就是一个行走的博物馆，收集了大自然在数百万年间的进化和退化中所创造或遗弃的一切。

而澳大利亚的其他动物，足以组成一个最惊人的珍奇动物博物馆：有羽毛像人头发的鸟、只能走不能飞的鸟、笑起来像豺的鸟、长得像野鸡的杜鹃和像鸡一样大的鸽子、长着脚蹼的老鼠、可以用尾巴爬树的老鼠、用两条腿走路的蜥蜴、既有腮又有肺的鱼类（鱼类与两栖类的混合种，最早出现于鱼龙时代）、像豺又像狼的野狗（也许是亚洲大陆的早期移民带来的杂种狗的后代），还有种种其他的奇怪动物形成的整个动物世界。

但这仅仅是一部分。澳大利亚还有各式各样比毒蛇猛虎还要可怕的昆虫。那里是跳跃者的天堂，很多跳蚁、所有的哺乳动物、鸟类及昆虫，比起飞翔和奔跑，都更喜欢跳跃。那还有一种蚂蚁住在自己建造的摩天大楼里，能畅通无阻地啮穿铁门，因为它们能吐出一种特殊的酸性物质，覆盖在铅制和铝制的箱子上，能够让金属氧化，然后蚂蚁就可以挖出一个洞，时不时地进入这个洞，在里面进行破坏。

这里有一种苍蝇，它们在奶牛和绵羊的毛皮中孵卵。还有一种蚊子，让澳大利亚南部的沼泽地完全不能住人。还有一种蚱蜢，可以把花费了数年的劳作在几分钟内破坏。还有一种壁虱，挤成一团寄生，以吸血为生。还有一种鹦鹉，长得非常漂亮无害，可是一旦集体行动就能造成破坏性的后果，并且它们在澳大利亚一贯如此。

但是在这些让人讨厌的东西中，最严重的并不是澳大利亚土产，而是欧洲的舶来品。我指的是野兔，在普通的栖息地，这种动物并没有什么大的危害，但是在一片生物可以无限繁殖的沙漠地带，就变成了非常可怕的灾害。1862年，第一批野兔从英国传入澳大利亚，当时是为了狩猎和娱乐。殖民者的生活十分枯燥。他们觉得猎兔可以是丛林中寂寞单调生活的一种快乐消遣。其中的一小部分兔子逃跑了，并以众所周知的兔子的方式建起了住所。惯于与数字打交道的天文学家，曾经试图计算过澳大利亚野兔的数量，得出的结果是大概有40亿只左右。如果40只野兔的食草量等于一只绵羊，那么40亿只野兔的食草量就相当于1亿只绵羊的量。读者在这里可以推出自己的结论了。澳大利亚现在已经被这种啮齿动物破坏遍了。饥饿的野兔已经把澳大利亚西部的草吃光了，人们只能修建巨大的铁丝网，防止兔子进一步入侵。这种铁丝网是一种中国式的防兔墙，地上3英尺，地下3英尺，防止这种动物从地下打洞。但兔子被饥饿所迫，很快就学会了翻越栅栏，兔害依然猖獗。人们又使用毒药，但也是徒劳。在其他地方生存的兔子的天敌，在澳大利亚都不能找到，或许它们在引入后拒绝适应这个怪地方，一到这里就死掉了。尽管白种人做出了各种努力，这些兔子还是像麻雀一样快速地繁殖。另一种欧洲的舶来品就是麻雀，现在几乎成了澳大利亚所有花园爱好者的心头大患，而这里对于它们，就像贫瘠干旱的澳大利亚土地对于霸王树和海水对于海豹一样，一拍即合。

尽管困难重重，外来移民还是成功地让澳大利亚成为世界上最重要的羊毛出产地。现今，澳大利亚有近8 000万只绵羊，我们所使用的羊毛，1/4都来自这里，羊毛占了整个澳大利亚出口总量的2/5。

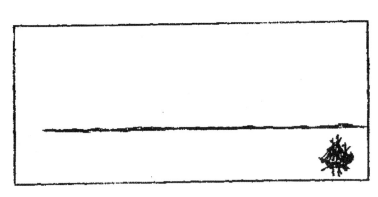

被发现的澳大利亚

因为澳洲大陆比欧洲大陆古老得多，自然蕴藏着各种各样丰富的矿产。19世纪50年代早期出现的淘金热，引起了人们对澳大利亚金矿的注意。后来铅、锡、铜、铁、煤等矿产又相继在这里被发现，不过至今还没有发现石油。这里虽然也有钻石，但数量很少。然而像猫眼石、蓝宝石等次珍贵的石头，则大量出产。不过因为资金不足、运输不便，所以这些宝藏并没有得到完全开采。但总有一天，澳大利亚能够摆脱财政混乱的境地，等到再次跻身于有偿付能力的国家行列，完全开发就可以实现了。

同时，在19世纪初，澳大利亚最主要的3部分，人们已经相当了解了。它的西部是高地，平均海拔2 000英尺，有些地方高达3 000英尺。这个高原也是金矿的所在地，只可惜没有海港，只有一个叫珀斯的城市还算重要。然后就是东部高地，这里是非常古老的山脉，因风雨长久地侵蚀，最高峰科修斯科山脉的海拔只有7 000英尺。这里拥有优良的港口，因此吸引了最早的一批殖民者。

潜水采珠人

　　在这两块高地中间，有一片广阔的平原，整体高度不超过600英尺，而艾尔湖地区实际上已在海平面以下。这个平原被两条山脉一分为二，西边是弗林德斯山脉，东边是北接昆士兰山脉的格雷山脉。

　　说起澳大利亚的政治发展，虽然不算成功但也还算平稳。最初的移民，都是根据英国18世纪后半叶的法律所判被流放至此的"囚犯"，但他们犯下的都不是什么重罪，不过是因为贫困或不幸，偷窃了几块面包或几个苹果而已。最早的囚犯流放地在植物湾，这里之所以起这个名字，是因为发现它的库克船长到达那里时，正遇上了遍地繁花争相开放的景象。这块殖民地就是新南威尔士，首府为悉尼。作为新南威尔士的一部分，塔斯马尼亚岛在1803年变为流放地，所有囚犯都集中在现在的霍巴特。1825年，昆士兰州的首府布里斯班建立了。19世纪30年代，因墨尔本爵士而得名的菲利浦湾，成为维多利亚州的首府。在同一时期，南澳大利亚州的首府阿德莱德，也建立起来。但西澳大利亚州的首府珀斯，在19世纪50年代的淘金热以前，还只不过是个无关紧要的小村落。至于北部地区，由联邦管辖，就像美国原来由华盛顿管辖一样。虽然这里的面积是50万平方英里，但人口却只有5 000，其中不到2 000人居住在帝汶海岸的达尔文港，这是世界上最好的天然港之一，但是却没有一点商业气氛。

在1901年，这6个州组成了澳大利亚联邦，共有人口600万，其中3/4居住在东部。7年后，他们决定建立新的首都堪培拉，新都位于悉尼西南150英里，距离澳大利亚最高峰科修斯科山不远。

1927年，自治领迁到新的大本营。但是要将国家救出现有的困境，新联邦议会必须进行深入的思考。首先，世界大战以来，工党政府就一直掌握政权，但是过于铺张浪费，以至于已经无法继续从欧洲的放款人得到借贷。最近接手工党的新政府，是否能在不做出重大让步的情况下，战胜这样的财政危机，还是一个疑问。其次，澳大利亚人口稀少的问题严重。塔斯马尼亚与新南威尔士每平方英里只有8人。维多利亚州每平方英里有20人。然而昆士兰和南澳大利亚每平方英里仅有1人，而西澳大利亚州每平方英里则只有0.5人。虽然澳大利亚人处在世界上最没有竞争力甚至最无用的工人的行列，他们仍然沉浸在工党的教诲中，如果没有足够的假日来运动或赛马，似乎都不能生活。

那么，由谁来做推动国家发展的那些必要工作呢？

意大利人倒是非常愿意来，但是他们并不受欢迎。在英联邦占据主导地位的中产阶级中有这样一句口号："澳大利亚是澳大利亚人的"，意味着把所有非纯粹的白人和非英国中产阶级出身的人都排除在外，勤劳的意大利人也不例外，所以不鼓励他们跨过托雷斯海峡。作为黄皮肤的日本人和中国人，也被排除在外。波利尼西亚人、马来人和爪哇人是巧克力色的人种，因而也不被接纳。那么又回到了刚才的问题——谁来工作呢？我只能说我不知道答案。一片300万平方英里的土地人迹罕至，而世界上的其他地方却承受着令人窒息的人口过剩的压力。现实会拿出正常的答案。

# $43.$ 新西兰

算上最近获得的萨摩亚群岛的领土，新西兰的国土面积比英格兰和苏格兰的总和还要大1/4。新西兰有人口150万，其中14.3万人居住在位于北岛的首都惠灵顿。

阿贝尔·塔斯曼于1642年最先发现新西兰，并用荷兰南部由岛屿组成的省①的名字为之命名，这本地理书的第一部分已经介绍过。其实在3个世纪前，波利尼西亚的船夫就曾发现了新西兰，他们是非常了不起的水手，可以非常精准地凭借一种形状奇怪的编织地图在航行数千千米以后，找到回程的路。

这些波利尼西亚的征服者，就是骁勇善战的毛利人的祖先。截至1906年，毛利人有5万左右，之后数量又渐渐增加。毛利人是土著民族很好的典范，他们在抵御白种人时，既能保卫自己，同时又能吸纳西方文明的优点，还没有迷失自我。他们抛弃了一些古代的

---

① 即"西兰省"，或"泽兰省""热兰省"，荷兰语写作"Zeeland"，英语写作"Zealand"。——译者注

风俗习惯，如食用敌人、文面等。他们派代表参加新西兰议会，还修建了与他们白人主子一样的漂亮教堂。只要种族问题还存在，教堂就会在未来发挥用处。

19世纪的前25年中，英国人和法国人都想通过传教士来控制这片岛屿。但在1833年，毛利人自愿把自己置于英国的保护下。1839年，英国正式占领了新西兰的所有领土。

如果法国舰队早到3天，那么现在的新西兰可能就与新喀里多尼亚岛、马克萨斯岛以及其他许多太平洋上的岛屿一样，变成法国的殖民地。1840年，新西兰成为澳大利亚新南威尔士的殖民地，1847年又成为英国直辖殖民地。1901年，新西兰曾经有机会加入澳大利亚联邦，但新西兰自诩从不是流放地，于是拒绝了澳大利亚的邀请。1907年起，新西兰拥有了独立主权以及自己的代表政府，不过总督还是由英国人担任。

从地理上推测，新西兰南北两大岛可能从未是澳大利亚大陆的一部分，因为分隔新西兰与澳大利亚大陆的塔斯曼海有1.5万英尺深，1 200英里宽。它们可能曾是某一个时期的太平洋西海岸的遗存。不过，一切都日新月异，现在已经很难讲清楚这两个岛究竟是如何而来的了。尤其两岛之间相似之处很少，就更难解释清楚了。北岛是一片巨大的火山区（相当于太平洋中的黄石公园），而南岛就像是瑞士的翻版，加上几个挪威的峡湾。仅宽90英里的库克海峡分隔开了南岛和北岛。

不管怎么说，新西兰的气候都不能算是热带气候。且新西兰同意大利一样远离赤道，所以气候也与意大利相似。也就是说，与澳大利亚相比，它可能更适合成为欧洲人的永久居住地。在山谷中，各种欧洲水果，像桃子、杏、苹果、葡萄、橘子都可以种植，而山坡又是养牛的好牧场。这里的亚麻，和气候潮湿的泽兰地区生长的亚麻一样良好。北岛那些主要从奥克兰引进的树木，虽然生长缓慢，却是上好的木材。

1901年，新西兰并吞了太平洋上的许多小岛。其中有库克群岛和拉罗汤加岛，据毛利人说，新西兰首批波利尼西亚开拓者，就是从那里来的。库克群岛仍然是火山口，不过，我们现在先抛开这个火山带，来看看珊瑚岛。

新西兰看起来与挪威十分相似

珊瑚岛是由无数珊瑚虫，也被叫作"花虫"的微小海生物构成的，它们死后的骸骨堆积在一起，就形成了数以千计的珊瑚礁和珊瑚岛，散布在太平洋中。珊瑚是十分脆弱的生物。它们只能在一定温度的淡盐水中生活，一点严寒就可能导致它的死亡。它不会在海平面120英尺以下的地方生活。一旦我们所发现的珊瑚礁低于这个深度，就说明那里的海底一定发生过沉降。但是珊瑚形成小岛，需要长达数百万年的时间，它们的成品比最好的泥瓦匠的作品还要耐久。因为它们一直需要在流动的海水中生存，所以处在这个珊瑚大厦中心的珊瑚虫会最先死去，边缘的珊瑚则继续生长，最后就形成了所谓的环礁，一个外沿由固体物质所组成的窄环，中心是一个圆形的礁湖。这种礁湖通常只有一个入口，并且远离盛行风。这样另一侧的海浪就能为珊瑚虫提供充足的食物，以保证它们的快速生长。

这样的环礁还有很多，珊瑚礁上还生长着椰子树，可以出产椰子肉，这些现在都属于新西兰。萨摩亚群岛原本是德国的殖民地，但是由于新西兰军队在世界大战期间表现突出，这块殖民地就被归入了新西兰。至于他们会如何处理它，我就不得而知了。

# *44.* 太平洋群岛

不耕不织照样生活

大西洋几乎没有什么岛屿，但太平洋却有很多。赤道以北，有卡洛琳群岛、马歇尔群岛和夏威夷群岛。其他群岛都在赤道以南。它们大多以群岛出现，只有复活节岛是例外。这座拥有巨大神秘石像的岛孤立在海中，相比澳洲，离南美洲距离更近一点。

太平洋上的群岛可以分为截然不同的3大类。第一类岛屿毫无疑问是史前地质时代澳洲大陆的遗留。法国囚犯的流放地新喀里多尼亚群岛就属于这一类。第二类是明显由火山喷发形成的岛屿，像斐济群岛、萨摩亚群岛、夏威夷群岛、桑威治群岛和马克萨斯群岛都是著名的火山岛。最后一类就是珊瑚岛，比如新赫布里底群岛。

在数千座岛屿中（许多珊瑚岛只高出水面几英尺），最重要的就是夏威夷群岛，也就是1779年库克船长在返乡途中被土著杀害的地方。1810年，夏威夷群岛成为南海大帝国的中心，直到1893年被美国吞并。夏威夷群岛不仅土地肥沃，并且位于亚洲与美洲中间的关键位置，所以非常重要。

夏威夷群岛在缓慢地运动。高达4 400英尺的基劳亚火山，现在依然在活动中。这个群岛中的毛伊岛，它的火山口是世界上最大的火山口。这些火山是极不可靠的朋友，偶尔冒出的轻烟不免让人担忧，但岛上迷人的气候又能让人轻易地忘记这份担忧。瓦胡岛上的火奴鲁鲁是夏威夷群岛的首府。

苏瓦是斐济群岛最重要的城市，从美洲去往大洋洲和新西兰的轮船都在这里停靠。

萨摩亚群岛的首府是阿皮亚。

还有一个你们有所耳闻的岛就是关岛，位于日本和新几内亚之间，是美国的一个重要的海底电缆站。

另外，塔希提岛是社会群岛中的法国领地，关于南海的许多电影故事应该都是出自这个地方。

珊瑚岛

最后，还有许多的小岛屿，分属于美拉尼西亚群岛、密克罗西亚群岛及波利尼西亚群岛。这些小岛成为人们在太平洋航行的主要障碍，它们从西北向东南形成三条平行线。而在大西洋上航行，情况就大不相同，从爱尔兰至美洲的航线，中间只有罗卡尔岛一个危险地区。

有人说，对于那些觉得现代机械制造文明过于复杂，有着简单品位，喜欢和平宁静、容易相处的同伴，不喜欢喧嚣、匆忙和竞争的人，这些岛屿就是最合适的家园。我认为，这些海岛上的生活确实比百老汇和第四十二大街的角落还要怡然自得，但这里实在太遥远——难道这里能真的长出一种仙草，让凡人忘却尘嚣吗？

# 45. 非洲

充满矛盾与差异的大陆

与澳大利亚一样，非洲也是一块古老大陆的残余，这块大陆的大部分已经在数百万年前消失在波涛汹涌的大海中了。直至较近一些时期，非洲仍然与欧洲相连。从地理上讲，阿拉伯半岛不过是撒哈拉的延续，而非洲、亚洲和澳洲的所有动物群和植物群，都可以在马达加斯加找到踪迹。这些似乎表明，早在生命刚刚出现的时候，亚洲、非洲和澳洲这三块大陆是相互连接的。

这非常的复杂，在我们说"是这样，而不是那样"之前，我们需要有足够的数据支撑。不过，探讨这些也不是坏事。这能说明我们所生活的这个星球的表面是不断变化的，它的每一天都不会完全一样。100万年以后，我们的子孙后代会带着难以抑制的惊讶，看着我们现在的地图（假设他们还依然对我们这个小星球感兴趣，即使他们已经去到更大的其他星球了），就像我们拿着第三纪或者志留纪时代的人们设想中的地图时，不禁想问："真的有那样的东西吗？"

从所谓"有史时期"开始，这块古老的陆地就没有发生过变化，最终保存下来的由两部分组成，分别是赤道以北的一大块方形土地，和赤道以南的一块小一些的三角形土地。不过方形土地和三角形土地有同样的地理缺陷。它们都是外面高，里面低，以至于里面像一个大盘子。这样的环境，就像我们介绍过的澳大利亚一样，对于国家发展是很不利的。盘子的高边缘阻挡了吹向内陆的海风，于是内陆就容易变成沙漠，也因此失去了汇入大海的天然通道。非洲的河流为了能最终汇入海洋，在山间蜿蜒回转之后，它们必须要穿过山脉。这意味着它们将要承受瀑布和洪流那些它们最不想经过的地方，也意味着船只无法通过这些河流到达内陆，还意味着想通商就要等到人工港口的建成以及绕过瀑布的铁路竣工。简单来说，这一切意味着与世隔绝。

对我们大多数人来说，非洲就是一块"黑人之洲"而已，常常与热带丛林、黑人联系在一起。其实，非洲大陆1 130万平方英里的面积（它是欧洲的3倍大），其中1/3都是沙漠，没有任何用处。1.4亿的人口分为3个种族，一种是黑色皮肤的黑人，另外两种是含米特人和闪米特人，从深巧克力色到抛光的象牙白色的皮肤都有。

不过，黑人比他们浅肤色的邻居更吸引我们的注意是很自然的，这不仅是因为当我们第一次见到他们时的特别印象，也因为我们的祖先在错误的经济观念下，把他们带到世界各地作为廉价、低下的劳动力，这个错误实在难以启齿。黑人乃世界上最为悲惨的人种，其不幸超过所有的白人和其他有色人种的总和。我们之后还会回到这个话题，但是我们必须先讲一下非洲在黑奴制度出现以前的样子。

希腊人对住在尼罗河河谷的埃及人和含米特人很熟悉。含米特人很早就占据了北非，把那些肤色比他们黑的原住民向南一路赶到了苏丹的方向，并将地中海的北岸据为己有。含米特人是个很含糊的定义。有典型的瑞典人或者典型的中国人，却没有典型的含米特人。含米特人是雅利安人和闪米特人的混合，还有大量的黑人血统和许多早在东方侵略者入侵之前就存在的古老民族的血统。

当他们到达非洲时，含米特人可能还是游牧民族，他们分散在尼罗河的河谷，南至阿比西尼亚，西至大西洋海岸。阿特拉斯山脉的柏柏尔人是真正的含米特人——或者说是含米特人中血统最纯正的，撒哈拉的一些游牧民族也都是含米特人。而阿比西尼亚人，现在无奈地与闪米特人融合在一起，已经失去了许多含米特人的特征。同时，那些在尼罗河河谷中，同样是含米特血统的矮小农民，由于数千年来与其他种族通婚，已经没什么含米特民族的特征了。

通常，我们会通过语言来区分不同的种族。可是在北非，语言却起不到什么帮助。那里有只说含米特语的闪米特部落，也有只说阿拉伯语的含米特人部落，还有唯一保留了古代含米特语的古埃及的基督徒科普特人。希腊人和罗马人显然和我们一样不解。他们的解决办法是把这些生活在狭窄的森林地带的人，统称为"埃塞俄比亚人"或者"黑面人"。他们对这些人的金字塔和狮身人面像的黑人嘴唇十分好奇（或者这就是含米特式的嘴唇？去问教授吧！），并赞叹他们的农民在长期艰苦中的意志力，以及他们的数学家的智慧和物理学家的学识，可希腊人和罗马人似乎从没想过问这些人可能来自哪里，直接把他们称为埃塞俄比亚人。

如果你去北非的话，警告你注意不要因为他们的肤色更深就称他们为"黑人"。他们可能会因此生气，而他们可是世界上最凶狠的斗士。他们是古埃及战士的后裔，曾征服过整个西亚。他们甚至可能是具有闪米特人血统的迦太基人的后裔，曾几乎夺取了地中海的统治权。他们可能是不久以前征服了整个欧洲南部的阿拉伯人的子孙，或许是那些阿尔及利亚酋长的孩子。当法国企图征服阿尔及利亚，还有意大利企图在突尼斯占据落脚点的时候，他们都曾进行了殊死搏斗。他们的头发有些奇特，要小心地记得1896年的那个不寻常的日子，那一天，正是这些长着毛茸茸头发的埃塞俄比亚人把白皮肤的意大利人丢进了红海。

含米特人已经讲得够多了，欧洲人成功地跨过地中海之后最先遇到的人就是他们。我们需要再补充讲一讲闪米特人，从汉尼拔把驯化了的大象带入波河平原，欧洲便开始有了需要与其痛苦接触的民族。自从迦太基人被消灭，通往非洲的道路就打开了，奇怪的是欧洲反而没有几个人想借此机会去探究那片被罗马人称为努比底亚的沙漠之地了。

尼禄，在所有帝王中，是第一个对探索非洲真正感兴趣人。他的军队很显然最远到过法索达村，一个在30年前险些成了英法战争的导火索的村庄。但是尼禄的尼罗河探险队似乎没能够到达非洲最南部的白人居住地。现在看来迦太基人在此前的几个世纪前就穿过了撒哈拉到达了几内亚湾。但迦太基人一消失，所有与中非有关的资料就都不复存在了。撒哈拉这个障碍，再强大的探险者也为之畏惧。他们当然可以沿着海岸区域前进，但是海岸上没有港口，淡水供给就是一个大难题。非洲海岸线只有1.6万英里，而欧洲面积只有它的1/3，海岸线却有2万英。所以导致，选择非洲海岸的任何地方登陆，航海者都需要在距陆地几英里的海上抛锚，然后必须通过救生艇穿过海浪上岸。这个过程又难受又危险，所以没有几个人尝试过。

所以，我们不得不等到了19世纪初，才对非洲的地理情况有了一些确定的了解。即使这些信息也是偶然获得的，葡萄牙人是非洲西海岸的首批开拓者，他们本是要去往印度的，对于这块土地上赤裸的黑人并没有什么兴趣。不过他们要去印度和中国，就必须绕过南方的这个障碍，沿着非洲海岸线小心翼翼地前进就像盲人试图走出黑暗的屋子。在没有任何思想准备的情况下，葡萄牙人意外地发现了几个海岛，亚速尔群岛、金丝雀群岛和佛得角群岛。最终，他们在1471年到达了赤道。1488年，巴塞洛缪·迪亚兹发现了风暴角，现在叫好望角。1498年，瓦斯科·达·伽马环绕好望角，确定了从欧洲到印度的最短航线。

新的航线被发现后，非洲更是淡出了大众的视线，因为它对航海只能是障碍。那里要么干燥炎热，要么酷热潮湿。人民都是野蛮人。在16世纪和17世纪，那些开往东方的船，也只有在坏血病出现导致船员大批死亡时，才会停靠在亚速尔群岛、阿森松岛和圣赫勒拿岛，买点新鲜蔬菜。船员们认为非洲是一块不祥的土地，不宜久留。假如不是来自新大陆的一位好心的神父来到非洲的话，这些令人悲悯的非洲异教徒会在这片广阔的土地上一直平静地生活下去。

奴隶前往海岸

巴托洛梅·拉斯·卡萨斯的父亲最初跟随哥伦布远航美洲。作为对他的奖励，他的儿子被任命为墨西哥恰帕斯州的主教，被赐予了这块土地以及这块土地上的印第安居民。换句话说，他成为我们所说的奴隶主。当时，每个生活在新世界的西班牙人都拥有一定数量的印第安奴隶。那是一个糟糕的制度，但是与和众多糟糕的制度一样，被众人接受，因为法不责众。直到有一天，拉斯·卡萨斯幡然醒悟，意识到罪恶的奴隶制度对于这块土地上原来的主人是多么的不公，他们被迫在矿上工作，而这些工作在他们原本自由的时候，是不愿触及的。

他回到西班牙，想采取一些措施。当时大权在握的伊丽莎白女王的忏悔师枢机主教吉梅内斯，十分认同他的想法，任命他为"印第安人的保护者"，派遣他返回美洲写一份调查报告。拉斯·卡萨斯回到墨西哥，却发现上级对待这一问题十分冷漠。为基督徒所差遣的印第安人，就像地上的动物、天上的鸟和大海里的鱼一样（见《创世记》第一章第28节）。所以，何苦要去做这种拖累新世界的经济，又严重损害自己的利益的事呢？

拉斯·卡萨斯，严肃地对待着这个带着上帝般使命的任务，想到了一个明朗的办法。印第安人宁死不愿做奴隶，这一点在海地得到了证实。在不到15年的时间里，海地的印第安人从100万锐减到6万。而非洲的黑人对于做奴隶似乎并不在意。1516年（新世界历史上一个可怕的年代），拉斯·卡萨斯公布了他著名的人道主义方案细节，旨在彻底解放印第安人，即允许每个在新西班牙居住的西班牙人从非洲进口12个黑奴，印第安人则可以重新回到原来的农场，虽然好农场已经被抢夺得差不多了。

可怜的拉斯·卡萨斯所活的年岁之久，足以见到他的所作所为所带来的恶果。他羞愧难当（因为他曾经是个正直的人），到海地的一个修道院中隐居起来。后来，他又回到了政治生活之中，为这些不幸的人们战斗。但没有人再听他的了。1556年他去世时，正在实施的新计划还没有将印第安人解放出来，与此同时，非洲的贩奴贸易就已经在如火如荼地进行了。

长达300年的黑奴贸易，对于非洲来说意味着什么，我们只能通过流传下来的少量数据推测。那时抓捕黑人的并不是白人，倒是阿拉伯人，由于整个北非地区都皈依了伊斯兰教，开始在北非地区随心所欲，逐渐独揽了黑奴交易。1434年，他们还只是偶尔抓获一船黑奴卖给葡萄牙人，但到1517年，贩奴已经成了一种可以带来巨大利润的交易，有大笔钱财在其中运作。查理五世（他是著名的哈布斯堡家族的成员）赐予他的一个佛兰芒朋友一项特权，准允他每年向海地、古巴和波多黎各输送4 000个非洲黑奴。这个佛兰芒人立即将这项特权以2.5万金币的价格转卖给了一个热那亚投机商。那个热那亚投机商又把这项特权卖给了一个葡萄牙团伙。这个团伙跑到非洲，与阿拉伯商人联系。这些阿拉伯人偷袭了大量苏丹村落，将共计10 000个黑奴（我们还要算上在航行途中死去的大量黑奴）塞进了气味难忍的船舱，运到了大洋彼岸。

这个新的快速致富的消息立刻不胫而走，广为流传。根据罗马教皇的诏令，全世界被分为两个部分，一部分属于西班牙，一部分属于葡萄牙，于是西班牙人就不能直接前往"奴隶海岸"做贩奴生意了，继而葡萄牙人便将贩奴贸易垄断。后来，葡萄牙被英国人和荷兰人打败，英国人和荷兰人这两个基督教国家立刻独吞了这桩贸易，他们源源不断地向世界各地运送"黑色象牙"（这是布里斯托尔和伦敦的商人所使用的戏谑的称呼）。直到1811年，因为议会通过了一项法案，规定贩奴为重罪，要处以罚款和流放而停止。但是，从1517到1811年这漫长的时间里，奴隶走私就一直没有间断过。甚至在1811年以后，尽管有英国军舰的盘查，奴隶走私还是持续了30年。19世纪60年代早期，所有欧美国家彻底废除了奴隶制度，走私才真正终止（阿根廷于1813年废除，墨西哥1829年，美国1863年，巴西1888年）。

为了争夺贩奴的垄断权所做的不懈努力足可以证明，黑奴交易对于欧洲统治者和政客的重要性。西班牙仅因为拒绝跟英国商人续签贩奴合同，就引发了一场战争，以至于著名的《乌得勒支和约》中专门有一条规定是荷兰要将西印度贩奴的垄断权转让给英国。早在1620年就把第一批黑奴运到了弗吉尼亚的荷兰当然也不甘示弱，他们在威廉和玛丽当政期间急匆匆地通过了一项法案，以向全世界开放本国殖民地的贩奴贸易。确实，荷兰西印度公司由于疏忽造成了新阿姆斯特丹的损失，但它后又凭借在贩奴贸易中所牟取的暴利免于破产困局。

我们所掌握的数据真是少得不能再少，因为贩奴从未被正常对待过，不过仅这一点点已经让我们目瞪口呆。法国枢机主教，迦太基地区主教，同时还是有名的白神父教会（一个曾经在北非做过许多善事的传教士组织）的创始人，对非洲事务非常熟悉。根据他的统计，非洲每年因贩奴贸易而损失的人口最少也有200万，包括在上船之前被折磨致死的人，以及一些小孩子，因为没有任何价值而被扔掉，最终被野兽吃掉，还有那些实际上被运到了其他国家的人。

另外一位同样非常称职的法官利文斯通则认为，每年被贩运的黑奴的实际数量（忽略那些中途被遗弃致死的人）是35万人，其中仅有7万能够到达大洋彼岸。

尼罗河三角洲

从1700到1786年期间，运送到牙买加的黑奴就至少有60万之多，而与此同时，仅英国两家贩奴小公司就把200万黑奴从非洲运到了西印度群岛。18世纪末期，利物浦、伦敦和布里斯托尔的200多艘船只定期运载47 000个黑奴，往返于几内亚湾和新大陆之间。1791年，由贵格会教徒和反奴隶制群体发起了一场反对贩奴的运动，当时沿贝宁湾对贩奴据点的调查显示有，14个英国的，15个荷兰的，4个葡萄牙的，4个丹麦的和3个法国的。英国装备精良，占据了贩奴贸易的一半市场，另外四个国家则瓜分了剩下的市场。

非洲水沼

以前，我们对非洲大陆上发生的这些骇人听闻的罪行所知甚少，直到很久以后，英国政府派人到非洲大陆搜查还在从事这项犯罪的人，以制止更多的罪行发生，才发现主要犯罪人还包括当地土著部落的酋长，随心所欲地贩卖自己的族人，就像18世纪时的德国统治者一样。那时的德国统治者把本国招募的新兵卖给英国人，去镇压弗吉尼亚和马萨诸塞的小型叛乱活动。不过，很奇怪的一点是，贩奴贸易是由阿拉伯人组织的，但其实《古兰经》是坚决反对这种行径的，而在对待奴隶的态度上，穆斯林的教义也比基督教的法令宽容得多。根据白人的法律规定，一个女奴与她的男主人所生的孩子还是奴隶，但是根据《古兰经》的教义，这样的孩子可以随父亲，被当作自由人对待。

后来，万恶的比利时国王利奥波德需要廉价的劳动力来对租界刚果进行矿藏开发，使得贩奴贸易在葡萄牙的殖民地安戈拉与刚果之间重新恢复。值得庆幸的是，这个可恶的老人死去时（一个中世纪的无赖，竟在一个近代民主立宪制的国家的王位上待了那么长时间），刚果已经由比利时接管。这也意味着，靠买卖奴隶牟取暴利的贸易终于结束了。

白人与黑人的关系一开始就是不幸的极致了。而后来的关系也没有好到哪里去。这其中的原因，让我尽可能用最简明的几句话来说明。

在亚洲，白人所面对的民族，有些文明程度与白人一样，有些文明程度比白人还要高。这意味着他们具有反击的能力，白人必须小心翼翼，否则会自食其果。

19世纪50年代印度的大兵变，20年前差点儿把荷兰在爪哇的统治推翻的可怕的蒂博·尼哥罗暴动，日本人的排外运动，不久前中国爆发的义和团运动，印度目前的不稳定状态，日本公开蔑视欧美各国的反对筹建"满洲国"的企图等，这些都是白人不会忽视的教训。

在澳大利亚，白人所面对的是可怜的、愚昧的石器时代的早期遗民，可以随心所欲地残杀他们，就像残杀偷吃他们羊群的野狗一样，良心几乎不会受到谴责。

白人到达美洲的时候，美洲的大部分地区还都没有人居住，中美洲高原地区和安第斯山脉的西北部（墨西哥和秘鲁）有比较集中的人群，而其他地区几乎都是荒地。少量的游牧民族很容易就被白人消灭了，剩下的也都因为疾病或年龄衰老而死去了。

而非洲的情况却完全不同，非洲人尽管饱受奴役、疾病、陷阱、非人的待遇，却不会灭绝。白人在早晨所毁灭的一切，到了夜晚就会恢复，白人还抢夺黑人的财富，最后的结果就是酿成了历史上罕见的血腥屠杀。这场较量到今天还没有结束，这是一场白人的枪支弹药与黑人旺盛的繁育能力之间的较量。

让我们讲讲非洲目前的概况。

非洲大体可以分为7个部分，现在我会一个一个来进行介绍。我们从左上角也就是西北部开始，这就是臭名昭著的巴巴利海岸，我们的祖先从北欧到意大利，以及地中海东部的港口，都要经过这个令他们闻风丧胆的地方。这里是海盗的地盘，一旦落入海盗之手，就会被俘为奴隶，等家人借钱来赎。

这里到处都是高山，而且还是海拔相当高的山。这解释了为什么这里的发展一直停滞，至今也没有被白人征服。群山高低起伏，到处是陷阱和深渊，匪帮在其中神出鬼没。

飞机和射程较远的大炮在非洲西北部没并没有什么作用。几年以前，西班牙人战败于里夫人。我们的祖先对此心知肚明，宁愿每年向非洲西北地区的统治者们进贡，也不拿本国的海军和名誉冒险去那些不准白人涉足的港口。美国在阿尔及尔和突尼斯都设立了特别领事，负责救助被俘同胞。美国还对宗教组织给予资助，就是为了帮助那些不幸落入摩尔人手里的水手。

从政治角度而言，非洲大陆的西北角虽然分成4个部分，但都听命于巴黎。从1830年，这个地区就开始被渗透并占领，战争爆发的导火索是一个再寻常不过的苍蝇拍，不过真正的起因是地中海西北地区众所周知的海盗丑闻。

在维也纳会议上，欧洲列强认为"必须有所行动"来消灭地中海的海盗。但是会议无法决定由哪个国家来完成这项任务。哪个国家来解决，哪个国家就会占据一些领土，那对于其余国家来说就会不公平——这是所有外交会议上的常有的讨论。

在这个时候，两个阿尔及利亚的犹太人向当时的法国政府提出索赔谷物（几个世纪以来北非一切事务都掌握在犹太人手中），那是他们在拿破仑时代以前上交给法国政府的——这类事情在新旧世界的领事馆中屡见不鲜，也在过去的两个世纪中引起了许多误会。如果国家能像个人那样，及时付清账单的话，百姓一定会幸福、安全。

在谷物谈判过程中的某一天，阿尔及尔的统治者突然发起脾气，用苍蝇拍打了法国领事。法国随即封锁了阿尔及尔并向阿尔及尔开战（这件事也许只是偶然，但如果附近有军舰的话，这也是不太奇怪的）。法国远征军跨过地中海，于1830年7月5日攻入阿尔及尔，阿尔及尔统治者被俘，随即被流放，战火愈演愈烈。

阿尔及尔山民推举了自己的领袖，一个名叫阿卜杜·卡迪尔的人。阿卜杜·卡迪尔是个虔诚的穆斯林，并且有勇有谋。他率领阿尔及尔人民抗击法国侵略者长达15年，直到1847年被迫投降。法国人承诺，如果他停止反抗，便准许他留在祖国，但他投降以后，法国人却背信弃义，把他押到了法国。不过，拿破仑三世还是释放了他，只要他永远不再破坏祖国的和平。就这样，阿卜杜·卡迪尔隐居在大马士革，在哲学的思考和虔诚的信仰中度过了余生。1883年，阿卜杜·卡迪尔在大马士革去世。

在他去世的很久之前，阿尔及利亚人的最后一次起义被镇压。现在的阿尔及利亚只是法国的一个省。人民有权选举自己的代表，并在巴黎议会上维护自身权益。青年可以有幸在法国军队服役，但并不是由本人选择。不过，从经济角度看，法国确实做了大量出色的工作，改善了阿尔及利亚人民的生活条件。

阿特拉斯山脉与大海之间有一个名叫特尔的平原，盛产谷物。夏特高原是一个天然牧业区，因有众多盐湖而得名，山坡逐渐被用于葡萄酒酿造。为了满足欧洲市场对热带水果的需求，大型灌溉工程也修建了起来。铁矿和铜矿相继被发现，于是修建了铁路，把矿区与阿尔及尔（首都）、奥兰和比塞大三个主要的地中海港口连接起来。

突尼斯，与阿尔及利亚东部紧邻。虽然名义上是一个独立的国家，有自己的国王，但实际上从1881年起，就是法国的隶属国了。不过因为法国没有过剩人口，所以大部分移民都是意大利人。意大利移民与犹太移民竞争得很激烈，也很艰难。几百年以前，当突尼斯还是土耳其的领地时，犹太人就已经来定居了，因为与信仰基督教的国家相比，犹太人在突尼斯有更多的生存空间。

除首都突尼斯之外，最重要的城市就是斯法克斯市了。两千多年以前，突尼斯比现在重要得多，是卡尔特-哈德谢特即罗马人所说的迦太基的一部分，当年那个曾经可以容纳220艘船只的港口，今天依然能够看得出。不过，罗马人做事非常果决，所以突尼斯留下的遗迹也就很少了。他们对迦太基人恨之入骨（自然是由于恐惧和妒忌引发的），所以于公元前146年终于攻占了迦太基城以后，放火将城市夷为了平地。现在迦太基地下16英尺处的焦炭，就是当年城市的遗迹。

非洲西北角，紧邻突尼斯的，是独立的摩洛哥王国。今天的摩洛哥依旧有君主统治，不过，1912年之后，他也成了法国的傀儡，统治者的地位一直无足轻重。居住在小阿拉特斯山的卡拜尔人固守田园，并不管他们的远方的君主。为了安全，他只得在首都南边的摩洛哥和北部的圣城非斯之间穿梭。近处的山脉也危险重重，住在山里的人也不肯耕耘播种，反正最终会被偷得一干二净。

谈到反对法国对这里的统治，可以说出很多理由，但若是谈到公路的安全问题，法国人确实创造了奇迹。法国人把政府中心迁到了大西洋沿岸的港口城市拉巴特，这样一来，在需要的时候，法国海军可以随时增援。拉巴特以南几百英里是大西洋的另一个港口城市阿加迪尔，出人意料地引人注目。世界大战爆发的4年前，德国人向阿加迪尔派遣了一艘炮舰，提醒法国人不要把摩洛哥变成第二个阿尔及尔，这一事件促使了1914年的那场灾难性的战争。

直布罗陀海峡正对面的摩洛哥的一隅是西班牙的殖民地，是法国人占领摩洛哥时，为了和解而送给西班牙的。最近，休达和梅利利亚这两个城市被报纸报道频繁提及，士气不振的西班牙军队被当地的土著里夫-卡拜尔人打败，才为人所知。

里夫山脉的西面丹吉尔市，是一座国际性城市。18世纪和19世纪时，苏丹不愿意让欧洲各国的大使住在自己的皇宫附近，于是选择丹吉尔作为他们的新驻地，各国大使就在那里居住。

这块崇山峻岭的三角地的未来也可想而知了。之后50年，整个地区都将归法国人所有，包括我们将要讨论的非洲第二个自然区划——那片广阔的褐色沙漠，阿拉伯人所说的阿撒哈拉，现代地图上的撒哈拉大沙漠。

撒哈拉沙漠面积和欧洲一样大，占据了从大西洋到红海的整个地区，红海的延伸部分还延展到了阿拉伯半岛。在撒哈拉的北部，除了与阿特拉斯三角形地区的摩洛哥、阿尔及尔和突尼斯接壤，还邻近地中海，南面以苏丹为界。撒哈拉地处高原，但海拔并不是特别高，大部分地区只有1 200英尺，到处都是被风沙侵蚀的古老山脉的痕迹。撒哈拉沙漠里还有相当数量的绿洲，依靠这些绿洲的地下水，少数节俭的阿拉伯人的日子还勉强过得去。撒哈拉沙漠的人口密度是每平方英里0.04人，这意味着，撒哈拉沙漠几乎荒无人烟。撒哈拉沙漠上的游牧部落中最著名的部落之一是柏柏尔人，他们都是英勇善战的战士。此外，居住在撒哈拉沙漠上的还有闪米特人（或者叫阿拉伯人）、含米特人（或者叫埃及人）和苏丹黑人的混血民族。

法国的外籍军团负责到撒哈拉沙漠旅游的游客的安全，他们的工作完成得很出色。这些法国外籍军团的士兵（顺便说一下，他们从未获准踏上过法国本土）有时或许有些粗鲁，但他们手头处理的问题也很棘手。这么少的人手，要维护跟欧洲一样大的地区的治安秩序，神仙都难以办到。所以，如果我们常听说的那些传闻确实属实的话，就没有几个人敢应征入伍了。马达驱动的带牵引机的货车已经取代了气味难闻的骆驼，古老的商道正在逐渐失去其重要性。

对于长途运输来说，使用汽车节省成本，并且更加安全可靠。曾经成千上万峰骆驼驮着盐送往撒哈拉西部的景象，已经一去不复返了。

直到1911年，撒哈拉沙漠与地中海相接的那一带一直由当地的帕夏人统治着，帕夏人又奉土耳其的苏丹为自己的君主。同年，法国人企图占领摩洛哥，同时又不想与德国有冲突。意大利人闻听此讯，忽然想到了利比亚（拉丁语为的黎波里）这个曾经辉煌的罗马帝国的殖民地。于是，意大利人跨过地中海，占据了这块40万平方英里的非洲土地，升起了意大利国旗，末了，还彬彬有礼地问全世界有什么意见。因为没有哪个国家对的黎波里（这里只有沙漠，没有铁和石油）特别感兴趣，所以就任由恺撒的后裔占有了这块新殖民地。目前，他们正忙于修建公路，想种些棉花，为伦巴第的工厂提供生产原料。

利比亚的东面是埃及，意大利艰难的殖民实验到此为止。埃及的繁荣在很大程度上得益于它所处的地理位置。其实，埃及像一座岛屿，东部以地中海为边界，西部被利比亚沙漠隔断，南部有努比亚护卫，北部以红海为屏障。其实，埃及，埃及的历史，古埃及法老的领地，古代艺术、知识和科学的巨大宝库，就在一条河边非常狭长的土地上，这条河与密西西比河的长度相仿。其实，如果不把沙漠算进去的话，埃及都没有荷兰王国大。尽管如此，荷兰只能养活700万人，而肥沃的尼罗河流域却能让两倍于荷兰的人丰衣足食。待到英国人兴建的大型水利工程一完工，埃及还能养活更多的人。但是，因为埃及缺乏煤炭和水电资源，发展工业绝非易事，所以，这块土地上的费拉人（几乎无一例外都是穆斯林）只能固守田园，靠种地为生。

自8世纪伟大的穆罕默德西征以来，埃及就一直是土耳其的附属，由土耳其派遣的总督和埃及人自己的国王共同管辖。1882年，英国人以埃及的财政情况糟糕得不可救药，作为一个欧洲强国责无旁贷，应该实施武力干涉为借口，占领了埃及。然而，在世界大战以后，"埃及是埃及人的"的呼声越来越高，英国人被迫放弃了他们在埃及的权力，埃及重新获得了独立，成为一个独立的王国，有与其他强国签订各种各样条约的权利，只有在缔结商业条约前，须预先得到英国的许可。除塞得港外，英国军队从埃及的所有城市撤离。埃及允许英国在亚历山大港的海军基地保留下来。自从尼罗河三角洲的达米埃塔和罗塞塔丧失了举足轻重的地位之后，亚历山大港就成了地中海地区最重要的商业港口。

沙漠中的绿洲

这个协定对于埃及人来说是慷慨大度的，对于英国人来说也是万无一失的。因为与此同时，英国人已经牢牢地占据了尼罗河所流经的苏丹的东部地区，此处正是1 200万身材矮小、皮肤褐色的埃及人赖以生存的尼罗河的上游，至此，英国完全可以对遥远的开罗提出一些其他要求。

任何一个熟悉近东政治形势的人，对于英国企图牢牢控制该地区的做法，都会理解。苏伊士运河是通往印度的捷径，该运河从头到尾都在埃及境内，这条海上商贸大动脉若是被别国控制，对于英国来说无异于自绝生路。

而苏伊士运河自然并不是英国人开凿的，恰恰相反，当年的英国政府还极力阻止过法国驻埃及领事雷赛布开凿苏伊士运河。英国人反对开凿苏伊士运河计划的理由有两条：第一，英国人对拿破仑三世信誓旦旦的反复强调根本没有信心，他声称法国人出钱、法国人出工程师的说法不过是一种商业行为罢了。维多利亚女王也许喜爱这个住在杜伊勒里宫的宝贝兄弟，因为当她热爱的子民为了能有一口饭吃，即将揭竿而起之时，此公曾经在那个时候出任伦敦特警，普通的英国老百姓却不愿意听人提起这个名字，因为这个名字让他们想起50年前的那场噩梦。第二，英国担心这条通往印度、中国和日本的捷径一旦开通，那么，会严重影响英国好望角的繁荣兴旺。

尽管如此，运河还是建成了，为了庆祝这一盛典，意大利作曲家朱塞佩·威尔第还谱写了著名的歌剧《阿依达》。埃及的赫迪夫穆罕默德·赛义德帕夏为所有的外国观光客提供免费食宿，赠送《阿依达》门票，差点儿把自己搞得倾家荡产。从塞得港到红海上的终点苏伊士野餐的来宾，至少动用了69艘船。

于是，英国改变了策略，作为一个从不缺乏商业头脑的民族的一分子，首相本杰明·迪斯雷利想方设法从赫迪夫手中把苏伊士运河的大部分股票买了过来。而且，由于拿破仑已经失势，苏伊士运河成了亚欧贸易天赐的黄金水道，仅税收一项，年收入就近4 000万美元（仅1930年，苏伊士运河的吞吐量就达到了2 800万吨，差不多是我们美国苏圣玛丽运河历年吞吐量总和的1/3），英国政府也就再也没有怨言了。

　　顺便说一下，埃及的名胜古迹遍及全境。你可以在开罗附近看到金字塔，而开罗城原本还是埃及的一个古都孟菲斯的旧址。上埃及还有一个古都，坐落于尼罗河上游几百英里的地方。只可惜阿斯旺大型水利灌溉工程把菲拉尔变成了众多小岛，现在，这些小岛都被尼罗河混浊的河水所环绕，最终注定会荡然无存。图坦卡门的陵墓也是在这个地区发现的。图坦卡门死于公元前14世纪，他以及其他许多法老陵墓就在该地。他们的木乃伊和他们生前使用过的家居用品、金银财宝和木乃伊，都被搜集和保存在开罗博物馆里。所以，开罗博物馆很快就成了一个地上公墓和世界上最有趣的文物收藏地。

　　非洲的第三部分是苏丹，苏丹的地理环境与其他非洲国家都不一样。苏丹与撒哈拉几乎是平行的，却由于埃塞俄比亚高原而猛地停止了脚步，没有继续向东延伸，是苏丹高原把苏丹与红海分隔开来。

　　现在，世界各国都把非洲之地当作大赌场，一个国家亮出了"三张黑桃"，另一个国家就会用"四张方块"回击。19世纪初，英国人从荷兰人手中夺走了好望角。于是，好望角原来的居民，以固执著称的荷兰人，收拾好自己的家当，装进带篷的马车，踏上北上的艰难路程（这些词都是英语里绝对的好词，自布尔之战后期以来，你在任何一本英语好词典里都能查到）。这次英国人所耍的手段与16世纪俄国人征服西伯利亚时所耍的手段如出一辙，你肯定还记得他们是怎么玩的。一等到流浪者把某个未开发的西伯利亚地区住满的时候，沙皇的军队就会接踵而至，告知他们：既然你们本来就是沙皇的臣民，那么刚刚占据的土地，自然就是俄国的领土，至于莫斯科的收税官什么时候来，到时候会通知你们的。

于是，英国人就一直跟着布尔人西进，企图侵吞布尔人的土地，结果产生了几次不愉快和争端。布尔人是农民，生命中的大部分时光是在户外度过的，他们的射击技术比散漫的伦敦士兵强。1881年的马朱巴山战役（当时的格莱斯顿对此态度异常的公正，发表了一个关于忍耐的言论，这一言论值得所有的政治家认真记录下来："正是因为我们昨夜打了败仗，伤害了我们的自尊，所以我们不能一味坚持流更多的血！"）以后，布尔人得到了暂时的喘息，获得了独立。

然而，对于这场发生在大英帝国与一小撮农民之间的战争，全世界都知道会是一个什么样的结局。一方面，英国各家地产公司从土著首领手里收购了大片的土地，向北方逼近。与此同时，为了控制整个埃及的局面，英国军队正顺着尼罗河河岸缓慢而稳步地向南推进。此外，一支英国闻名遐迩的探险队正在开发中部非洲，还取得了赫赫战果。很显然，英国人想为自己开凿一条穿过"黑非洲"心脏地区的隧道。他们已经同时在开罗和好望角建立了工程指挥部（修建铁路隧道通常也是这样的），隧道的两头或迟或早终究会在大湖地区相会，而尼罗河和刚果河都发源于大湖地区。这样，英国的火车就可以从亚历山大一鼓作气开到桌湾（因奇形怪状的桌山而得名，这座平顶山构成了开普敦的一幅天然背景），而中途无须换车。

很显然，英国人企图沿着南北线大展宏图，而法国人现在则计划着沿着东西线有所作为。东西线就是从大西洋东岸到红海，即从塞内加尔的达喀尔到法属索马里的吉布提。作为阿比西尼亚的出海口，吉布提有铁路线与阿比西尼亚首都亚的斯亚贝巴相通。

完成这样巨大的工程确实是要假以时日，但却没有我们想象的那么长。面对地图的时候，我们所想象出的艰难险阻要比实际所碰到的多。譬如，铁路线修到难以企及的地方乍得湖的时候就是如此。乍得湖在尼日利亚的北部，从乍得湖向东的工程，就是这条铁路最棘手的部分，因为东部的苏丹（今盎格鲁–埃及的苏丹）与撒哈拉一样荒凉。

然而，当资本掌握在一个生机勃勃的现代强国手中的时候，特别是当这个生机勃勃的强国找到了能让资本翻倍的机会的时候，它会轻而易举地跨越时空的障碍，冷酷无情地冲开一条血路，就像坦克碾过一群鹅似的。精力充沛的法兰西第三共和国一直力图恢复第三帝国时的威望，而长筒袜和法国农民家里私藏了很久的雪茄为它提供了必需的资本。东西线通行权与南北线通行权的激烈争斗开始了。17世纪初以来，为了独霸塞内加尔和冈比亚之间的土地，法国与英国、荷兰的争斗就没有停止过，如今，法国把这一地区当成一把政治上的罐头刀，用来开启整个苏丹那一望无际的宝藏。

我没办法在这里一一详述，法国为了将苏丹西部的大部分地区划入自己非洲殖民帝国，如何采取了各种各样的军事行动，玩弄了形形色色的外交手段、商业手段和阴谋诡计，所进行的种种软硬兼施的欺哄瞒骗。时至今日，法国人还在假惺惺地说自己不过是暂时管理几个保护国和托管地，但全世界都渐渐明白了这究竟意味着什么。纽约的黑社会垄断了牛奶生意，也会把他们的杀人团伙称为"牛奶商保护协会"，与"托管地"有异曲同工之妙。欧洲各国很快学会了那些卑鄙的拦路抢劫者的伎俩。对此，他们真是暗合。

从地理角度而言，法国人的选择是明智的。苏丹的大部分地区都很富庶，这也证明了在非洲居住的所有黑人部落中，苏丹的土著是最最聪明和最最勤奋的一支。苏丹的土地与中国北方的土质一样，都是黄土。苏丹与塞内冈比亚（也被称为塞内加尔）一样，内地与海洋之间没有山脉阻隔，所以内地降雨充足，可供人们饲养家畜、种植玉米。顺便说一句，非洲的黑人不爱吃大米，却爱吃玉米。非洲的玉米做出来有点像我们美国的玉米糊，只不过没有我们做得精致罢了。苏丹人还是非常杰出的艺术家，他们创造的小雕塑和小陶器在我们美国的博物馆展出时，从来都是万众瞩目的焦点，因为在所有人的眼里，它们都与我们美国的未来主义画派的杰作一模一样。

从白人的观点出发，苏丹人有一个绝大的缺点，那就是：他们都是先知穆罕默德狂热的追随者，而穆罕默德的传教士侵入北非，使得整个北非都皈依了伊斯兰教。尤其是苏丹的富拉尼族人，即西非黑人和柏柏尔人的混血民族，分布在塞内加尔南部和东部各地，长期以来，是当地的统治阶级，也是法国当局的心腹大患。但是，公路、铁路、飞机、大炮和履带拖拉机总比《古兰经》的经文强大，富拉尼人正在学开旧的廉价小汽车，浪漫传奇也正在迅速被汽车加油站所取代。

在法国人、英国人和德国人进驻之前，苏丹的大部分领土由当地那些酋长统治着。这些酋长偷抢其他酋长的属民，然后把他们当奴隶出卖，由此发家致富。其中的一些酋长声名狼藉，被归入历史上最典型、最残暴的恶霸行列。那些目睹过达荷美国王及其高效快捷的亚马孙军队最后一次在我们美国市场上的所作所为的美国人，至今还对儿时的那次经历记忆犹新。不论新的白人主子有多贪婪，总比那些刚刚被废黜的黑人暴君强得多。所以，当欧洲军舰进驻时，非洲的土著没有做太多的抵抗，这可能是其中的一个原因。

几内亚海岸上高高的山脉把苏丹南部的大部分地区与海洋分隔开来，这样一来，尼日尔河这样的河流对内陆的发展就无法真正发挥重要的作用。原因如下：尼日尔河与刚果河一样，为了避开这一大片山峦，只能蜿蜒曲折地绕一个大圈，而且在入海之前，还必须在岩石间冲出一条河道。结果呢，在人们最不需要的地方（也就是近海的地方），形成了许多瀑布。这条河的上游虽然适合航运，但没有人搞航运。

乞力马扎罗山

但尼日尔河的情况却不是这样。其实，与其说尼日尔河是一条正常的河流，还不如说它是一串连在一起的条状湖泊和小水塘。这条河与芒戈·帕克1805年发现时一模一样。这个苏格兰人在小时候就梦想着找到这条河，他最终为此献出了生命。所以，尽管苏丹一条像样的水路都没有，但苏丹人却成功地在陆路上开辟了一条商路，还把位于尼日尔河上游左岸上的廷巴克图建设成一个十分重要的贸易中心。东西南北四面八方的商人云集此地，廷巴克图俨然非洲的诺夫哥罗德。

廷巴克图的声名鹊起，在很大程度上与它奇异的名字有关，这个名字听起来像某个神秘的非洲巫师的神奇药方。被誉为阿拉伯世界的马可·波罗的伊本·拔图塔，就曾于1353年造访过这里。20年以后，廷巴克图作为黄金和食盐的大型交易市场，首次出现在西班牙的地图上。在中世纪时期，黄金与食盐几乎是等值的。1826年，英国少校戈登·莱恩从的黎波里出发，穿越撒哈拉沙漠，到达廷巴克图。当时的廷巴克图由于受到柏柏尔人和富拉尼土匪的反复洗劫和荼毒，已经是一片废墟。莱恩少校在奔赴海岸的途中被塞内加尔的富拉尼人所杀。可也就是从那个时候开始，廷巴图克不再像麦加、希瓦或西藏那么神秘莫测，而只是法国军队在苏丹西部的军事行动中的一个一般性"目标"了。

1893年，一支法国"军队"占领了廷巴克图。这支"军队"是由一支海军小分队组成，包括6个白人，外加12个塞内加尔的随从。当时，沙漠中的各个部落的势力还没有被瓦解，所以没过多久，他们就把大部分白人侵略者干掉了，还几乎全歼了一支200人的救援军。这支救援军是闻讯从海边赶来给那支吃了败仗的海军小分队报仇雪恨的。

当然，苏丹西部会落入法国人的手中，这只不过是一个时间问题。苏丹中部的乍得湖地区也是如此，不仅如此，因为尼日尔河的支流贝努埃河的流向是自西向东，比尼日尔河更适合航运，这样一来，进入乍得湖也就更容易。

乍得湖的海拔约700英尺，但湖水很浅，深度几乎都不到20英尺。与大多数内陆海不同的是，乍得湖的湖水是淡水而不是咸水。但是，乍得湖整体说来正在逐渐变小，长此以往，再过100年，它就可能只是一个沼泽了。沙里河是一条内陆河，最终注入乍得湖。虽然沙里河的发源地与大海有千里之遥，河口与大海也有千里之距，但沙里河的长度却跟莱茵河是一样的。这是我能想到的对非洲中部的面积有一个清晰认识的最好例子了。

乍得湖的东面是瓦代地区，这里的崇山峻岭是尼罗河、刚果河和乍得湖区的大分水岭。瓦代地区在政治上隶属于法国，被视为法属刚果的一个辖区。因为这条大分水岭的东面是苏丹的东部，古称白尼罗国，即今天的英属埃及苏丹，所以，瓦代地区也是法国势力范围在东部的终点。

英国人考虑一定要占领这块极具战略意义的地区，否则就有被别国据为己有的危险，于是着手勘探从好望角至开罗的道路，而当时的苏丹东部还是一片沙漠，平坦，单调。尼罗河绝对不适合航运，沿途也没有公路。当地人听任周围沙漠地区的歹徒摆布，贫困和不幸的程度令人难以置信。从地理角度来看，苏丹的东部毫无价值可言，但从政治角度而言，却有着巨大的潜力。所以，在1876年那一年，英国诱使埃及的赫迪夫把这一大片"名义上的埃及领土"交给戈登来管理。这位戈登我们在中国那一章里已经提到过，就是他曾经协助清朝政府镇压中国的太平天国运动。戈登在苏丹呆了两年，在一个千伶百俐的意大利助手——盖西的帮助下，完成了一件当务之急：打碎了最后的奴隶制枷锁，枪毙了奴隶主，使得10 000多男女奴隶获得了自由，重返家园。

可是，当这个严肃的清教徒戈登刚一转身离开，旧苏丹可怕的残暴统治和压迫又卷土重来了，结果导致了一场要求彻底独立的运动，他们提出的口号是"苏丹是苏丹人自己的苏丹，我们要垄断贩奴贸易"。这次运动的领导人是一个名叫穆罕默德·艾哈迈德的人，他自称是"马赫迪"，意思是救世主，可以为穆斯林的信仰指引一条真正可靠的道路。马赫迪成功了。1883年，穆罕默德·艾哈迈德占领了科尔多凡的乌拜德，而乌拜德今天有铁路与开罗相通。同年晚些时候，他又消灭了一支由希克斯·巴夏率领的拥有10 000士兵的埃及军队，希克斯·巴夏是为埃及总督服役的英国上校。同时，在1882年，埃及就已经沦为英国的保护国，所以，马赫迪现在不得不与一个更加危险的敌人较量了。

然而，英国对于殖民地的事务有着丰富的经验，并且对目前的困难也了如指掌，所以不会贸然莽撞地去冒险。当时，英国劝说埃及从苏丹暂时撤军，还再次派遣戈登将军赴喀土穆，部署滞留埃及的军队的撤退事宜。可是戈登刚刚到达喀土穆，马赫迪便挥师北上，把戈登及其部下围困起来。戈登发出了紧急求援信。时任英国首相的是格莱斯顿。格莱斯顿是一个主教派教会会员，而戈登是一个清教徒，一个住在泰晤士河河畔的伦敦，一个住在尼罗河河边的喀土穆，两个人谁也不喜欢谁，合作不可能很愉快。

格莱斯顿派出了援军，但姗姗来迟。当援军距喀土穆还有好几天的行程时，喀土穆已经被马赫迪的军队攻陷，戈登也被杀死了。该事件发生在1885年。同年6月，马赫迪去世，他的继任者继续统治苏丹，直到1898年，他的继任者及其部下被基钦纳率领的英属埃及军队赶出了沙漠，再次控制了苏丹全境，最南端至赤道地区的乌干达。

为了改善苏丹土著的生活条件，英国人做了大量的努力。他们修建公路和铁路，消灭了各种各样可怕的和不该染上的疾病，提供了安全保障。白人通常会为黑人做种种事情。倘若这个白人是个十足的傻瓜，他就会指望黑人说感谢的话，而事实恰好相反，只要这个黑人一有机会，就会让白人吃黑枪。对此，有一两百年殖民经验的白人都心知肚明。

从亚历山大和开罗向南延伸的那条铁路，现在又向西延伸到了乌拜德，向东延伸到了红海的苏丹港。倘若某一天苏伊士运河突然被敌军摧毁，英国军队就可以用铁路来运送自己的部队，这条铁路自东向西穿过埃及的河谷，然后再横跨努比亚沙漠。

不过，我们现在再回过头来看几年前由马赫迪发动的那场独立运动，看这场运动给非洲的发展带来的极其深远影响，会发现这与马赫迪本人以及他要成为祖国大地上的独立自主的统治者的雄心大志一点关系都没有。

马赫迪刚刚开始起事的时候，深入南方的埃及军队被迫在当时鲜为人知的中非寻找一个避难所。1858年，斯皮克在穿越这一地区的时候，发现了尼罗河的母亲湖，维多利亚湖。然而，阿尔伯特湖与维多利亚湖之间的大部分地区，依然是世人所未知的土地。这支埃及军队由德国博士、物理学家爱德华·施尼策尔率领，他更以其土耳其头衔艾敏帕夏著称。而喀土穆一沦陷，他就人间蒸发了，全世界都奇怪，他究竟发生了什么。

寻找他的任务交给了一个名叫斯坦利的美国记者。斯坦利原名罗兰茨，他早年从一个英国的感化院逃了出来，刚到美国时一贫如洗。一个新奥尔良商人待他很好，他便随了他的名。早在1871年，他就承担了寻找利文斯通的任务，此次旅行使得他成为著名的非洲探险家，扬名立身。英国就是从那个时候开始意识到在非洲这块蛋糕分一杯羹的重要性的，所以，伦敦的《每日电报》和纽约的《先驱报》共同出资赞助了这次旅行。此次自东向西的探险，历时三年，证实了利文斯通原来以为卢阿拉巴河是刚果河的一部分的猜测是错误的，其实卢阿拉巴河是刚果河的源头。这次探险还向英国人展现了九曲回肠的刚果河所流经的广阔区域，给英国人带回了稀奇古怪、闻所未闻的土著部落的故事。

由于斯坦利赴刚果的第二次旅行，吸引了世人对于刚果商业潜力的注意，为比利时的利奥波德建立刚果自由邦提供了可能。

这样一来，当艾敏帕夏的命运最终成为世界普遍关注的话题时，斯坦利就理所当然地成为寻找他的最佳人选。他从1887年开始查找，第二年就在阿尔伯特湖的北面找到了艾敏。斯坦利试图说服这个德国人效忠于比利时国王，这或许就意味着非洲大湖地区被划入刚果殖民地的版图。但对当地土著有着巨大影响力的艾敏似乎自有主张，他一到桑给巴尔（其实他根本不急于"获救"），就与德国当局联系上了。德国当局最终决定给他提供充足的人力和财力，要他在维多利亚湖、阿尔伯特湖和坦噶尼喀湖这三个大湖之间的高原上建立德属保护地。早在1885年，德属东非公司就在桑给巴尔海岸地区获得巨额赢利。倘若再加上大湖地区，德国就有了足够的实力来粉碎英国的计划。英国的计划就是，在埃及到开普敦之间建立一个带状的宽阔领地，把非洲一分为二。可是，艾敏1892年在斯坦利瀑布附近被阿拉伯奴隶贩子暗杀了。原因是艾敏这个严厉的德国人吊死过他们罪有应得的同伙，所以来寻仇。艾敏原本想要在坦噶尼喀高原上建立新德国，他的梦想就这样破灭了。然而，为了寻找失踪了的他，人们却得以探明中非的大部分地区，今天的地图上才能把这些地区明确地标明，这也把我们带入非洲的第五个自然区划，东部的高山地区。

非洲的高山地区南起赞比亚河，北至阿比西尼亚，赞比亚河以南就是众所周知的南非的领土了。非洲高山地区的北部住着含米特人，譬如阿比西尼亚人和索马里人，他们的头发虽然是卷发，却不是黑人。非洲高山地区的南部则住着黑人和大量的欧洲人。

阿比西尼亚人是老资格的基督教徒，早在公元4世纪的时候，他们就皈依了基督教，比欧洲早了近400年。然而，基督徒的情感，并没有妨碍他们不断对邻邦发动战争。公元525年，阿比西尼亚人甚至跨过了红海，征服了阿拉伯半岛的南部，即古罗马帝国下辖的阿拉伯菲利克斯地区（与内陆的阿拉伯沙漠地区截然不同）。正是这次远征，使得当时正青春年少的穆罕默德认识到必须把祖国建成一个强大、统一的阿拉伯国家，他创建一种宗教、一个世界性帝国的生涯也是就此开始的。

穆罕默德的信徒所采取的第一个行动，就是把红海沿岸的埃塞俄比亚人赶走，并切断他们与锡兰、印度和君士坦丁堡的商贸往来。自那次战败开始，埃塞俄比亚像日本一样，不再关心外部事务。19世纪中叶，索马里半岛方向成为欧洲列强觊觎的远方目标，这倒不是因为索马里半岛有什么潜在的价值，而是因为它所在的地理位置濒临红海，而红海很快就会成为苏伊士运河的延伸部分。法国人是早期的捷足先登者，他们占据了吉布提港。接踵而至的是英国人，他们千里迢迢地讨伐阿比西尼亚的国王西奥多，这位铁骨铮铮的国王宁可自尽，也不愿落入敌手。就这样，英国人占领了与亚丁隔海相望的英属索马里。意大利人在英法属地以北的海滨地区占据了一小块土地，企图把这块土地变成光荣地远征阿比西尼亚的补给基地。

1896年，意大利终于开始了对阿比西尼亚的光荣远征，结果，他们不仅牺牲了4 500名白人士兵和2 000名土著士兵的性命，被俘的人数也比这两个数字的总和少不了多少。从此以后，意大利人虽然在英属殖民地南部的索马里当家做了主人，却再也没有去招惹他们的阿比西尼亚邻居。

当然，未来的阿比西尼亚还是无法避免地要走乌干达和桑给巴尔的老路。只是碍于以下种种因素，阿比西尼亚这个古老的王国才没有像其他非洲国家一样，被欧洲邻邦所吞并，保全了独立。第一个因素是阿比西尼亚的交通条件太差，一条从吉布提到亚的斯亚贝巴的铁路也于事无补，困难还是无法克服。第二个因素是阿比西尼亚高原地势崎岖，构成了一个天然堡垒。第三个因素是白人知道黑人随时随地都会迸发激烈的反抗行动。

非洲有三个大湖位于阿比西尼亚南部与刚果东部之间，其中的尼亚萨湖是赞比亚河的一个支流的发源地，维多利亚湖是刚果河的发源地，而刚果河与坦噶尼喀湖相连，说明该地区一定是非洲地势最高的地方。刚刚过去的50年的勘测也充分证明了这一点。维多利亚湖东南部的乞力马扎罗山的海拔高达19 000英尺，鲁文佐里山海拔16 700英尺（这座山早先以古希腊地理学家托勒密的名字被命名为托勒密之月山，斯坦利在20世纪以后重新发现了它），肯尼亚山海拔17 000英尺，埃尔贡山海拔14 000英尺。

过去该地区是火山区，不过，非洲的火山已经好几百年没有动静了。该地区在政治上分为许多个小部分，却都在英国的统治之下。

乌干达是一个产棉国，于1899年沦为英国的保护国。

英属东非公司原来的领地，也就是今天肯尼亚殖民地，1920年被大英帝国吞并，原德属东非殖民地，1918年被英国托管，今天是坦噶尼喀地区的一个组成部分。

桑给巴尔是一个古老的贩奴贸易国的首都，最重要的沿海城市，也是来自印度洋各国的阿拉伯商人的重要贸易中心，1890年沦为英国的保护国。非洲东海岸有一种南腔北调的桑给巴尔方言，斯瓦希里语，这种方言广为流传，或许应该归功于这些阿拉伯商人。非洲东海岸都说这种语言，就像马来语已经成为荷兰东印度公司诸岛的佛兰卡语一样。今天，在印度洋三千英里的海岸沿线和几百万平方英里的内地，不论什么人想在这里做生意，哪怕懂一点点斯瓦希里语，都是特别好的资本。要是不怕麻烦，再学一点南非黑人都说的班图语，再加上几个葡萄牙单词和几句含含糊糊的阿拉伯语以及一两句阿非利堪斯语的话，那他从非洲的这头走到那头，就绝对能活下来。

那么，除了位于大西洋、苏丹山区、喀麦隆山区之间的那块狭窄的沿海地区，关于非洲北部，就都介绍完了。在最近的这400年里，这块狭长的地区一直被称作上几内亚和下几内亚。在说到贩奴贸易的时候，我已经提及过几内亚，"黑色象牙"就是在几内亚汇集起来，然后再运往世界各地的。今天，这片海岸已经被好几个国家瓜分了，除了少数集邮爱好者之外，没有什么人对这里感兴趣了。

人们想把英国昔日的殖民地塞拉利昂建成与西边的利比里亚一

样的解放了的奴隶的家园。许许多多真正的好心人为了美好的未来，曾经慷慨解囊，帮助黑人回到祖祖辈辈生活的家园，可是不论是塞拉利昂、利比里亚，还是都城蒙罗维亚（据说是以我们的总统门罗的名字命名的），只给他们的心中留下了深深的失望。

象牙海岸隶属于法国，阿克拉最终也会成为法国的一个港口。尼日利亚隶属于英国，拉各斯是它的首都。达荷美原来是一个独立的土著人统治的国家，1893年被法国人占领。

在第一次世界大战之前，喀麦隆隶属于德国，今天，喀麦隆是法国的隶属国。多哥的情况也是这样。此外还有法属刚果。法国想在该地区建立一个庞大的法属赤道大帝国，该地区还有少数几块土地隶属于其他国家，不过，法国迟早会把这些土地据为己有，或者是现金交易，或者用这些国家在其他地区想得到的东西进行交换。

为了缩短从巴塔维亚到阿姆斯特丹的航程，荷属东印度公司曾经取道波斯、叙利亚和亚历山大，自行开辟了一条陆上通道。可是，一旦美索不达米亚的两位君王有了口舌之争，商队和邮件就被无奈地延误下来，只好依旧绕道好望角运送货物。

为了确保印度货物源源不断地运送过来，荷兰人占据了几内亚沿岸的几个港口，强占圣赫勒拿岛，加强了好望角的防御力量。荷兰人还把那几个几内亚的港口用作贩奴的港口。

1671年，像所有精明的商人一样，喜欢用立字据的方式买东西的荷兰人（想想那个荒诞的用价值24个金币的东西就买下了曼哈顿的故事！）又用这种方式买下了开普敦周围的土地。这就意味着霍屯督人踏上了不归路，因为一旦失去了土地，他们就不得不北迁，进入他们的世仇布须曼人的领地——奥兰治河和瓦尔河地区。荷兰农民曾经残酷地对待过霍屯督人和布须曼人，而似乎是因此遭了天谴，他们的命运也遭受了同样的报应。1795年，开普敦被英国人占领，这次轮到布尔人北迁了。他们此后还故伎重演了几次，直到1902年，英国人才最终把布尔人最后两个独立共和国德兰士瓦和奥兰治吞并了。

尽管如此，开普敦仍然是非洲南部三角洲地区最重要的港口。但是，与资源丰富的内地相比，沿海地区确实不算什么。内地是一片高原，高原上点缀着低矮的小山，其实是一种平顶山，当地人称之为孤丘。这座高原没能直接延伸到大西洋，中间被科马斯高地挡住了。东部也没有直接延伸到印度洋，被马托波山挡住了。南部通往开普敦地区的路，被德拉肯斯堡山脉分隔开来。

这些山脉都没有冰川，所以该地区河流的水，全靠降水补给，这样一来，这些河流在夏季水流湍急，冬季则干涸见底。不仅如此，这些河流在入海之前还要翻山越岭（纳塔尔的河流例外，纳塔尔也因此成为南非联邦各国中最富庶的地区），所以不可能成为通往内地的商业航线。

为了让内地拥有一个出海口，人们修建了不少铁路。在第一次世界大战之前，最重要的就是从比勒陀利亚到葡属东非境内的德拉瓜湾的马普托港之间的那条铁路。世界大战以后，通往德属西南非洲（现由国联托管）原领地斯瓦科普蒙德和吕德里茨兰德的铁路就完工了。现在，人们坐火车向北走，最远可以到达坦噶尼喀湖，然后搭小船渡湖，换乘火车前往桑给巴尔。

要到那么远的北方去，先得花费一天的工夫穿越卡拉哈里沙漠，这段旅程并不舒适。出了卡拉哈里沙漠以后，就到了罗得西亚境内。罗得西亚是以塞西尔·罗得斯的名字命名的，此人是原英属南非特许公司的创始人，也是最早提出建立英国统治下的南非联邦政府的人之一，他的梦想有一部分已经变成了现实。1910年，南非联邦宣布成立，由各种各样不同的公司、前布尔人的共和国、卡菲尔人和祖鲁人的国家组成。然而，自从在约翰内斯堡附近发现了黄金，在金伯利附近发现了钻石以后，住在乡下的布尔人的势力渐强，大有盖过住在城里的英国人之势。一场对于统治权的激烈争夺在双方之间展开了。经过调解，最终决定联邦议会设在开普敦，政府所在地则设在前德兰士瓦共和国的首都比勒陀利亚。

昔日的葡萄牙帝国在南非残留着两块超大的殖民地，分别是南非西部的安戈拉和东部的莫桑比克。安戈拉把南非与大西洋分隔开来，莫桑比克把南非同印度洋隔开。这两块管理不善的地区迟早会被强大的邻居所吞并。目前，南非的农产品价格创历史新低，畜牧业处在完全停滞的状态，南非人也找不到新的牧场和农田了，将来的局势一旦转入正常，别人不费一枪一弹，就能把这两个殖民地吞并。一个新的民族正在南非形成，这个民族既不是荷兰人，也不是英国人，而是纯粹的南非人。南非的矿产这么丰富，铜、煤、铁一应俱全，土地又这么肥沃，所以，非常可能发展成美国式的国家，只不过规模略小些罢了。

马达加斯加岛位于莫桑比克海峡的对岸，面积为23万平方英里，比它的宗主国法兰西共和国略大些，人口约400万，首都是塔那那利佛。马达加斯加岛上多山，东部地区有信风吹送，盛产优质木材，从塔马塔夫港出口。塔马塔夫港有铁路与首都相连。

马达加斯加人长得不像黑人，倒更像马来人。非洲常见的动物，马达加斯加岛上都没有，由此可见，大概在地质史的早期，马达加斯加就与非洲大陆分开了。

马达加斯加岛的东面有两个小岛，即毛里求斯岛和留尼汪岛。

当印度贸易商道必须绕道好望角时，这两个小岛的地位变得非常重要。以前的毛里求斯曾经是荷属东印度公司的蔬菜和淡水的给养站，现在隶属于英国。留尼汪岛现在隶属于法国。

还有一些其他的岛屿，是我在上文中已经提到过的大西洋上的圣赫勒拿岛及其北部的阿森松岛，从地理角度看，是隶属于非洲的。其中的阿森松岛既是加煤站，也是海底电缆站。位于毛里塔尼亚以西几英里以外的佛得角群岛隶属于葡萄牙，现在被微不足道的西属里奥德奥罗殖民地占据着。此外，还有加那利群岛，原葡属马德拉群岛、亚速尔群岛，以及闻名遐迩的特内里费火山的所在地特内里费岛都隶属于西班牙。至于圣布兰登岛，17世纪和18世纪的所有诚实的船长都坚信它的存在，那斩钉截铁的态度就像人们对九九乘法运算表一样深信不疑。他们坚信圣布兰登岛就在那里，可是他们谁也说不出它的确切方位，因为只要船一靠近，圣布兰登岛就沉入海底，等来人一离开，圣布兰登岛才会再度浮出水面。在我看来，对于一个非洲的岛屿来说，这似乎是一种合情合理的行为，因为这是它避免被外国列强占领的唯一方法。

大多数的大陆都可以被浓缩成几个简单的形象。譬如我们说"欧洲"，我们似乎已经看到了圣彼得大教堂的穹顶、莱茵河畔废弃的城堡、幽静的挪威峡湾，我们似乎已经听到了铃儿响叮当的俄国三驾马车。亚洲则会令我们想起宝塔、奇形怪状高耸入云的庙宇，身材矮小的黄种人成群结队地在波浪宽宽的大河里沐浴，富士山的古老、宁静与祥和。提到美洲，就会想起摩天大楼、工厂的烟囱、骑着小马漫无目的的游荡的印第安老人。就连遥远的澳洲也有自己的象征物——南十字星座、转动着一双好奇和聪明眼睛的可爱的大袋鼠。

可是，我们面对非洲这样一个充满了差异和极端的大陆，怎么浓缩出一个独特的象征呢？

这是片没有河流的炎热土地！可是尼罗河的长度与跟密西西比河差不多，刚果河比亚马孙河只是稍短一点点，尼日尔河跟黄河一样长。这是雨季繁多的潮湿地带！可是撒哈拉大沙漠却是世界上最干燥的沙漠，它的面积比澳洲还要大，卡拉哈里沙漠跟不列颠诸岛的面积相等。

非洲人弱小无力，黑人不懂得自卫！可是祖鲁人发明了迄今为止人类所发明的结构最完美的军事组织，沙漠中的贝都因人和其他北方部落战胜了用机关枪装备的欧洲军队，威震八方。

非洲没有像波罗的海或者我们美国的大湖区那样出入便利的内陆海！那倒是没错，可是维多利亚湖和苏必利尔湖一样大，坦噶尼喀湖和贝加尔湖一样大，而尼亚萨湖比安大略湖还大两倍呢。

说非洲没有大山！可是乞力马扎罗山却比美国的最高峰惠特尼山高5 000英尺呢，赤道北部的鲁文佐里峰也比勃朗峰要高。

那么，非洲到底有什么问题呢？我不知道。非洲应有尽有，可是哪样对任何人似乎都没有任何用处。整体布局都是错的。除尼罗河以外，所有的河流、高山、湖泊和沙漠都毫无用处。虽然尼罗河终于流进了一个具有重要商业意义的海洋，但众多的瀑布还是给航运造成了阻碍。而刚果河和尼日尔河这两条河的入海口都不通畅。奥兰治河应该入海的地方，却是赞比西河的源头，而赞比西河应该发源的地方，却是奥兰治河入海的地方。

借助现代科学，沙漠可能最终会长出果树，沼泽变成土地。借助现代科学，就像把我们从黄热病和疟疾中拯救出来一样，人们可能找到治愈痢疾和嗜睡症的方法，这两种疾病已经席卷了苏丹和刚果的乡村地区。借助现代科学，人们可能把非洲中部和非洲南部的高原变成法国的普罗旺斯或者意大利的里维埃拉的翻版。然而，非洲丛林作为一种阻碍，已经有上百万年的历史，它太强大、太顽固。现代科学哪怕有片刻的懈怠，非洲丛林就会极其残忍地向白人扑过来，扼住白人的喉咙，释放出毒气进入白人的鼻孔，把白人毒死，直到他被鬣狗和蚂蚁吃掉。

大概就是这暗无天日的热带丛林，给整个非洲文明烙上了骇人的印记。沙漠可能只是让人害怕，可昏暗却闪着微光的丛林却让人毛骨悚然。非洲丛林看起来生机勃勃，却人迹罕至。非洲丛林里生死存亡的争斗一定是在悄然中进行的，稍不留神，猎人就会变成猎物。日复一日，昼夜更替，在高高的、无情的树荫之下，世间万物在相互吞噬。那看上去最无害的小虫，可能会身藏最致命的毒刺；那最最美丽的花朵，可能包藏着剧毒的汁液。动物用自己的犄角、蹄子、嘴巴和牙齿对抗其他动物，生命的脉搏伴随着骨头的断裂和皮肤的撕裂而跳动。

我曾经试图跟非洲人谈论这些话题，他们都嘲笑我。生活就是这样的，要么贫穷，要么富有，没有中间地带。人要么饥饿而死，要么支配一切。要么在摩加多尔同阿拉伯商人用金杯喝咖啡，要么随心所欲地射杀一个霍屯督老妇人，反正她也没什么用了。非洲这块充满矛盾的大陆似乎给人们带来的是可怕的厄运。它扭曲了人们的想象，扼杀了人们对美好事物的向往。旷野和丛林中的屠杀无休无止，流动在他们的血液里。一个刚刚从比利时闭塞落后的小村庄来的七品芝麻官，一到非洲，就成了魔鬼。非洲妇女没有上缴足量的橡胶，他就能把她们用鞭子打死。他若无其事地吸着饭后雪茄时，某个可怜的黑人，就因为没有缴纳象牙，就会被砍去手脚，任由虫子啃噬。

我尽力做到没有偏颇地描述。虽然其他大洲也都有残忍和狠毒的事情，但方式毕竟温和很多。耶稣劝谕，孔子教诲，释迦牟尼哀恳，穆罕默德嫉恶如仇。独独非洲，没有诞生过一个先知。其他大陆的人也同样贪得无厌，同样自私自利，然而，在灵肉相搏的过程中，他们的灵魂有时也会控制肉体，他们会举行盛大的朝圣活动，而真正的目的还藏在天堂门外的深处。

非洲沙漠和丛林中的唯一声响，来自那些目光如炬的阿拉伯人，他们在寻找达荷美的阿美族人，准备趁村民熟睡之际偷袭村庄，把邻居的孩子偷走，卖到国外为奴。自古以来，世界其他地区的妇女为了吸引男人的眼球，博得他们的欢心，总是想方设法地把自己打扮得美若天仙，而独独在非洲，妇女却总是把自己打扮得十分丑恶，来逃避那些不速之客。

我还可以就这个特别的话题说下去，但这一章写得已经很长了，你还是自己去寻找答案吧。

人们第一次看到宏伟壮观、百无一用的金字塔时，就迷惑地注视着渐渐消失在沙漠深处的小路，他们都思考不出这个问题，谁也没有更聪明的答案。

# *46.* 美洲

最幸运的大陆

美洲大陆是所有大陆中最富有生机的地方。我之所以这样说，既没有将美洲作为工业发展中的经济因素，也没有将它当作各国政府的政治试验田。这里所讲的美洲，是一个纯粹的地理概念。从地理角度看，美洲大陆几乎是条件优越、得天独厚。

美洲是西半球唯一的大陆。因此它没有像非洲、美洲和欧洲那样的直接竞争对手。它位于世界上最大的两个大洋之间，在大西洋刚刚成为世界文明中心时，白种人就在这里定居了。

美洲地域广阔，从北极一直延伸到南极，所以这里分布着各种气候。接近赤道的地区海拔最高，因此这里具有适宜的温度，成为人们安居落户的地方。

美洲大陆上几乎没有沙漠，而上天所赐予的广袤平原又正好位于温带地区，因此美洲注定要成为世界粮仓。

它的海岸线既不是太平直也不是太曲折，非常适合建立深海港口。

美洲的主要山脉都是南北走向，因此这里的动植物避开了冰河时期的冰川袭击。比起在欧洲的动植物，它们拥有更好的生存环境。

与其他大陆相比，美洲拥有丰富的煤炭、铁、石油、铜等矿产资源，以及在大机器生产时期，需求量不断增加的其他原材料。

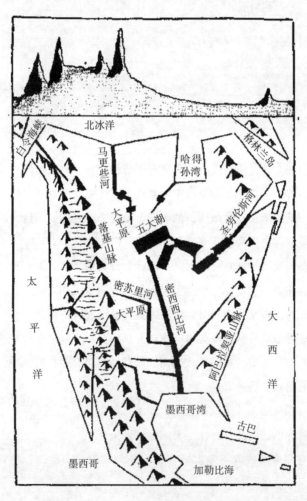

北美洲

在白人到达美洲大陆之前，这里很少有人居住，整个大陆仅有1 000万印第安人。因此印第安人对白人的侵略行为无能为力，更无法阻止他们在美洲为所欲为，直至按照白人的计划建立国家。除了自己造成的不幸外，美洲并没有严重的种族问题。

这片崭新的土地孕育着巨大的经济生机，吸引了来自各个国家的精英。他们相互融合、共同发展，很快就适应了美洲新奇、独特而又简单的地理环境。从此，一个多民族混居的美洲大陆出现了。

最后，也是最重要的是，今天居住在美洲的人们没有自己的历史，他们不必被那些不能回头的历史所拖累。他们不受历史的束缚（在其他地方已经证明，历史留给人们的更多是包袱，而非祝福）。生活在美洲的人们不像其他种族，无论走到哪里都要背负祖先留下的一切，因此他们前进得更快。

事实上，南北美洲的地理特征不仅非常简单，而且还相互对称。北美洲和南美洲的主要特征都非常相似，因此我们可以同时讨论它们，而不用担心读者会混淆。

南美洲和北美洲的形状像两个三角形。它们唯一的区别是，南美洲的三角比北美洲的三角略偏东一些。这也解释了一个事实：南美洲比北美洲更早被人发现。当南美洲已被人熟知时，大部分北美洲的地区仍处于"未知领域"。

南美洲和北美洲的西部都由一条从北向南延伸的山脊组成，它约占美洲大陆总面积的1/3，东部2/3的地区是广阔的平原。美洲大陆东西两边较短的山脉将中部的平原和海洋隔开。这些山脉分别是：位于北美洲的拉布拉多山和阿巴拉契亚山，位于南美洲的圭那亚高原和巴西高原。

河流的分布也是如此，南北美洲也有相似之处。一些不太重要的河流向北流去，而圣劳伦斯河与亚马孙河的走向几乎互相平行，巴拉那河与巴拉圭河简直是密苏里河与密西西比河的复制品。两条河流都是中途交汇，然后分别流入亚马孙河与圣劳伦斯河。

至于中美洲，那是一片由东至西的狭长地带。从地理学的角度讲，它实际上是北美大陆的一部分。然后在尼加拉瓜，景色和动植物群突然开始发生变化，逐渐成为南美大陆的一部分。中美洲的其他地区为高山，正是由于这个原因，墨西哥虽然与撒哈拉一样位于赤道附近，但人口密集、气候宜人。

当然，南美洲比北美洲更接近赤道。在亚马孙河从安第斯山脉流到大西洋的宏伟历程中，实际上也是沿着赤道一直向东。总体而言，美洲给我们提供了一个壮观的研究范例，以研究地理环境对人的影响和人对地理环境的作用。

大自然为自己创造了两个大国，并以几乎相同的方式完成了它们。右边是主要入口，左边是一堵高墙。中间是一片宽敞的开阔地，成为储藏丰富的粮仓。她把北部舞台交给了一群德国流浪艺人，这些艺人在城镇的小剧院里奔波忙碌。他们身份卑微，习惯了长时间工作，会扮演屠夫、面包师和制作烛台的手艺人的普通角色。南部舞台租给了地中海上等学校里显赫的资深悲剧演员，他们只习惯给王公贵族演出，每个人都知道如何优雅地舞弄刀剑。然而他们北方的同行却对此一无所知，而且这些人因为常年在贫瘠的土地上劳作，使用铲子的手臂变得僵硬，脊背也过早地弯曲了。

接着，大自然几乎同时拉开了两个舞台的幕布，并召集全世界进来观看他们的演出。瞧呀，第一幕还没演到一半，两个舞台的演出就已经完全不一样了。当第二幕开始时，演员们表演的变化更加明显。观众们倒吸了一口气，小声说："怎么可能发生这种事？"

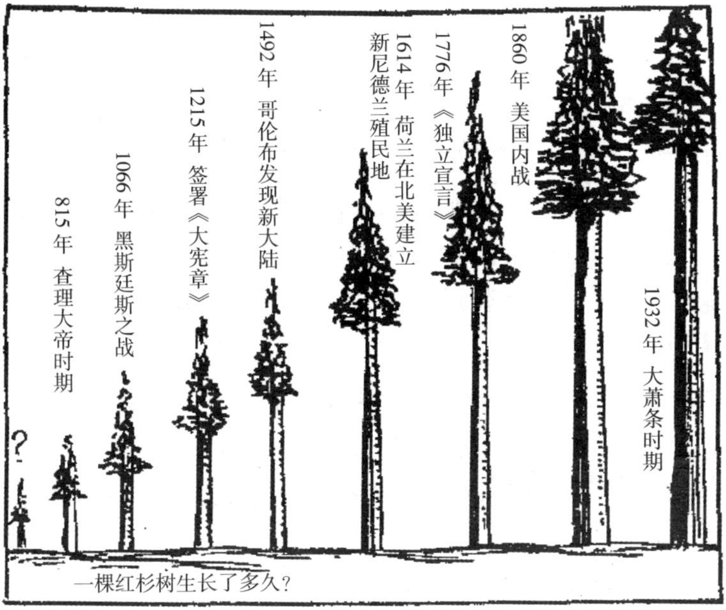

815年 查理大帝时期
1066年 黑斯廷斯之战
1215年 签署《大宪章》
1492年 哥伦布发现新大陆
1614年 荷兰在北美建立新尼德兰殖民地
1776年《独立宣言》
1860年 美国内战
1932年 大萧条时期
?
一棵红杉树生长了多久?


当代历史见证者——红杉

北欧海盗的船只看上去非常精致，但要真正穿越波涛汹涌的大海时，却显得十分笨拙。因此，那些顽强的北欧人所驾驶的船只经常偏离航道。因为当时他们并没有罗盘，也没有航行日志，船只的装备和古埃及的装备一样简陋。不过当你在莎草纸上，看到3 000年前行驶在尼罗河流域的船只和设备时，仍然会赞叹不已。

如果你现在仔细看地图上墨西哥湾暖流的运动轨迹，你会发现，墨西哥湾暖流从非洲穿过大西洋抵达美洲后，又经过北大西洋，悠闲地从西南走到东北，将自己的祝福赐予挪威海岸，接着拜访了北冰洋，经过冰岛和格陵兰岛后返回。墨西哥湾暖流在这一段旅程中，温度降低，名字也随之改变，然后再次向南旅行。从格陵兰寒流到拉布拉多寒流，这一系列的寒流给整个大西洋北部地区带来了大量的冰块。

正如我们的荷兰祖先所描述的那样，挪威人凭借上帝的指引和自己的运气航行。他们早在9世纪就到达了冰岛。然而，一旦冰岛和欧洲之间建立了定期通信，发现格陵兰岛和美洲就成了必然的事情。就像中国或日本的船队，如果偏离了航道，就必然会被日本暖流和北大西洋暖流带到英属哥伦比亚或者加利福尼亚。所以当一个挪威人，因大雾迷失了方向，被困于特隆赫姆到冰岛之间的海域（即使在拥有所有仪器的今天，雾天航行仍是件可怕的事），他迟早会发现自己到了格陵兰岛的东海岸，或者如果大雾持续不散，再加上好运气，他或许会到东部陆地屏障的尽头，一个早期探险者称为瓦恩兰的地方。据说此地种植的葡萄可以酿出优质的葡萄酒。

格陵兰岛

如今我们应当记住，全世界有许多重大发现是以前从未听说过的。大部分船长们都有一种本能的恐惧，害怕在他的亲友面前讲一个他们谁也不会相信的传奇故事，而使自己出丑。那些传奇后来被证明是幻觉导致的结果，也许是低矮的云层被误认为山脉，或者是人们将一缕阳光当作了海岸线。毫无疑问，在阿贝尔·塔斯曼登上澳大利亚之前，很多法国和西班牙的水手就已经从远处看到过这片陆地。阿贝尔·塔斯曼给自己做了一支新的鹅毛笔向巴达维亚当局报告当地居民的巨大体型。亚速尔群岛和加那利岛一次又一次地被发现，又被遗忘。反复几次后，我们的教科书上很难找到它在世界伟大发现中第一次被提及的时间。

纽芬兰岛

毫无疑问，早在哥伦布时代的几个世纪以前，法国渔民就已经到达了纽芬兰的大浅滩。但他们只是告诉邻居那里捕鱼很方便，仅此而已。新的土地对法国渔民来说，只是多了一块捕鱼的场所。法国的布列塔尼是他们世代居住的地方，土地也足够所有人使用，为什么要到离家很远的地方去呢？就像我写过的所有文章一样，我坚定地捍卫着人性高于国籍的原则。我不会让自己陷入那种惯常的激烈争论中，比如庆祝哥伦布日、莱夫·埃里克松日，或是纪念一些发现美洲而又被历史遗忘的法国水手的日子。我们只要列举一些事实就足够证明：挪威人在11世纪的前10年中访问了美洲大陆。以西班牙人为主，还有一些外国航海者组成了一小队水手，在一名意大利船长的带领下，在15世纪的最后10年中光顾过这里。然而他们发现自己并不是最早到达新大陆的人，他们错将当地的土著居民认作是亚洲后裔。因此，如果一定要赋予谁"第一个踏上美洲大陆"的殊荣，那么蒙古人应该是今后所有纪念碑上合理的候选人。

　　我们有一座缅怀无名英雄的纪念碑。如果在美洲大陆上，再竖立稍微大一些的石碑，以纪念那些无名的发现者们，也并不是不得体。然而，现在这些发现者可怜的亲属因法律限制，不可能来到新大陆，恐怕这个计划无法实现了。

　　对那些来自远东的第一批勇敢的探险家，我们知道得很多。然而有一件事更令我们感兴趣，到今天或以后都是未解之谜：这些亚洲人到底是如何是如何到达美洲大陆的？难道他们是乘船横渡了狭窄的太平洋北部？还是步行穿过白令海峡的冰面？又或者他们是在亚洲和美洲之间还有陆地相连时，就来到了这里？我们对此一无所知，我也看不出其中的联系。当白人到达这些遥远的海岸后，除了少数偏远地区外，他们开始与当地人接触，发现这些当地人还处于石器时代晚期，人们还没有从各种艰苦繁重的体力劳动中解脱出来，当地人不会使用车轮等工具减轻负担，也没有足够的家畜供人们食用或帮助人们劳作，他们不得不以捕鱼狩猎为生。即使有弓和箭，这些有着红铜肤色的土著人也不是白人的对手，因为白人可以用枪杀死远处的敌人。

美洲的三次发现

红皮肤的土著人，身份从主人降低到了客人，这种情况将会继续存在几个世纪，然后他们会被从前的敌人彻底同化，只作为一个模糊的历史记忆而存在。这实在太糟糕了，因为无论是土著人强壮的体格还是聪明的大脑，他们都有很多非常优秀的品质。

但事实就是这样，我们对此无能为力。

现在，让我们最后一次看看地图。

从白令海峡到巴拿马地峡，美国西海岸受到高山屏障的保护，不受太平洋的影响。这个屏障并不都是一样宽，有些地方有平行的几座山，但所有的山脉都是南北走向。

很明显，阿拉斯加的这些山脉是东亚山脉的延续，它被育空河宽阔的流域一分为二。而育空河是北部区域的主要河流，曾经是俄罗斯帝国的一部分。1867年，美国以700万美金买下了这片59万平方英里的荒野。

俄罗斯之所以对这么低的价格感到满意，可能是他们对这片土地所蕴藏的宝藏一无所知。在当时，花700万美元在几个渔村和一堆雪山上似乎还是很划算的。但是，到了1896年，人们在克朗代克地区发现了金矿，就像俗语所说的那样，阿拉斯加出现在了地图上。人们从温哥华到朱诺，然后经斯卡圭、赤库特和赤卡特，最终到达克朗代克的中心地区道森。这段行程长达1 000多英里，途中经过艰难的跋涉，但是人们只要想到路的尽头有一罐金子在等着他们，每个人都确信自己将是第一个到达终点的人。

然而从那以后，人们发现阿拉斯加不仅有黄金（也是被冰川覆盖最多的国家），而且还蕴藏着大量的铜、银和煤。阿拉斯加不再只是一个打猎和捕鱼的好地方。结果，在阿拉斯加成为美国领土后的最初40年里，它创造的价值比从俄国人手里买来时增加了20倍。

在阿拉斯加以南，山脉被麦金利山分成了两部分。其中东部的落基山脉向内陆延伸，而西部的山脉继续与太平洋平行，向南延伸，直到和墨西哥高原融合。

麦金利山是阿拉斯加山脉的中段，为北美洲第一高峰（20 300英尺），沿途因经过不同地区而有不同的名字。在加拿大，它们被称为圣埃利亚斯山脉和海岸山脉，但是在经过温哥华岛（与大陆隔着翰斯顿海峡和佐治亚海峡的一个岩石岛）后，山脉又被分为两部分。向西的一部分依然被称为海岸山脉，向东的一部分在加利福尼亚则被称为内华达山，在华盛顿和俄勒冈被称为喀斯喀特山。山脉之间是宽阔的萨克拉门托河流域和圣华金河流域，两条河在注入旧金山湾之前中途汇合。旧金山湾通过金门与太平洋相连，是世界上最宽、最深、性能最好的海港之一。

当西班牙拓荒者的先遣队到达这个河谷的时候，这里还是一片荒原。如今，通过灌溉，这里变成了世界的水果之乡。苹果、桃子、李子、柑橘和杏子生长茂盛、硕果累累，因为这里廉价的劳动力，所以种植成本很低，水果在市场上可以卖到很好的价钱。

对加利福尼亚来说，这个河谷真是上天赐予的一块宝地。当19世纪末淘金热逐渐冷却的时候，在加利福尼亚淘金的矿工和追随者发现，种植果树一样能使他们过上舒适的日子。在阿拉斯加和澳大利亚，一旦金矿枯竭，就没法养活那么多人，人们匆匆离去，就像来的时候一样迅速，只留下空荡荡的城镇、村庄和锡罐。但是加利福尼亚与其他黄金产区不同，它没有因金矿的枯竭而衰败，反而找到了其他的致富途径，这段不寻常的发展史在人类历史上独一无二，应该被记录下来。

加利福尼亚地下蕴藏着丰富的石油资源，这保障了该地区未来的经济发展。事实上，该地区也有不稳定的因素，即加利福尼亚湾的开采裂缝可能导致不同岩层的偶尔移动，这很危险（尤其是随后引发大火）。但地震造成的灾难只是暂时的不利，而阳光宜人的气候却是永久的福音。作为整个北美洲人口最密集的地区之一，加利福尼亚的发展才刚刚起步。

在内华达山脉和落基山脉之间，是一片宽广的河谷，由三部分组成。北部是哥伦比亚高原，斯内克河与哥伦比亚河由此向东注入太平洋；南部是瓦萨奇山脉和科罗拉多高原的边界，科罗拉多河就是在穿越科罗拉多高原的过程中形成了著名的科罗拉多大峡谷；中部两座高原之间是著名的大盆地，从美国东部被赶出来的摩门教徒选择此地作为他们的永久居住地。尽管这里缺乏水分（大盐湖装满了水，但比海洋更咸），但摩门教徒经过努力，在不到一个世纪中，使这里成为富裕之乡。

这里整个地区火山活动频繁，以前发生过剧烈震动。有下列事实为证：站在海平面以下276英尺深的死亡谷谷底，可以看到美国最高山峰惠特尼山峰的顶部（海拔14 496英尺）。

落基山脉以东是广袤的大平原，北到北冰洋，南至墨西哥湾，向西延伸到拉布拉多的劳伦斯高地和美国的阿巴拉契亚山脉。如果加以适当的耕作，大平原可以养活世界上所有的人口。密西西比河、密苏里河、俄亥俄河、阿肯色河和红河流经大平原，注入墨西哥湾，所谓的大平原（落基山脉逐渐变成平坦的乡村）和中央大平原，由于这些河流的滋养，成为一个巨大的粮仓。北部的河流，条件并不是很理想。麦肯齐河、阿萨巴斯卡河、萨斯科彻温河这些河流，有的流入北冰洋，有的流入哈得孙湾，每年大部分时间都处于结冰期，因此只在当地具有重要意义。发源于蒙大拿省黄石公园附近的密苏里河，和发源于温尼伯湖与苏必利尔湖分界地的密西西比河，从源头到入海口的三角洲都适宜船队航行。两河流域如同中国东部的长江流域那样，人口稠密而又富庶。

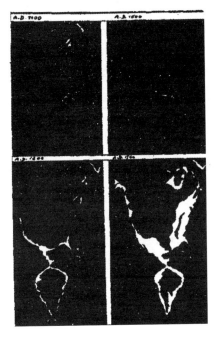

欧洲描绘的美洲

　　这片略高地区的其他湖泊是哈得孙湾（或北冰洋），也是大西洋和墨西哥湾之间的分水岭。该地区有密歇根湖、休伦湖、伊利湖和安大略湖。伊利湖通过一条较短的河流与安大略湖相连，在这条河上有尼亚加拉大瀑布（尼亚加拉瀑布比赞比西河上的维多利亚瀑布略宽一些，但只有维多利亚瀑布的一半高，而约塞米蒂瀑布最高，要比它们高出 1 000 多英尺），所以这条河是不通航的，航船要通过韦兰运河。苏圣玛丽运河连接休伦湖和苏必利尔湖，通过这条运河船闸的运输总吨位比通过巴拿马运河、苏伊士运河和基尔运河的总数还大。

五大湖的湖水先通过圣劳伦斯河，流入圣劳伦斯湾。圣劳伦斯湾类似于内海，西面是加拿大的高大山脉，东面是纽芬兰岛（1479年由意大利航海家约翰·卡伯特发现，1500年设葡萄牙总督），南面是布雷顿角岛和新斯科舍岛和新不伦瑞克岛。隔开纽芬兰岛和布雷顿角岛的卡伯特海峡，见证了这个事实：意大利人首先登上了这片土地。

在加拿大北部，也就是所谓的西北地区，严寒的气候使白人望而生畏，不适合白人居住，除了它风景如画和当地的警察很多外，我们对那一地区知道得不多。它是一片湖泊地，这里的大部分土地过去属于哈得孙湾公司。这家公司创建于1670年，正是这片海湾的发现者亨利·哈得孙被叛变水手谋杀整整49年后。组建这个公司的"英国冒险家"名副其实，但他们没有太多远见。如果再给他们半个世纪的时间，他们可能会杀光湖泊两岸和森林中的所有动物（即使在繁殖季节，他们也没有停止杀戮）。他们还向印第安人提供大量烈酒，印第安人差点儿要被酒精毁灭。后来，英国维多利亚女王介入，兼并了哈得孙湾公司的大部分领地。哈得孙湾公司虽然还在原来的地区做生意（在同样的管理模式下连续262年无不良记录，和你想的一样，这点适用于任何商业），但与以往大不相同，不复从前的规模了。

拉布拉多半岛位于哈得孙湾和圣劳伦斯河之间，因受格陵兰岛冰冷海岸的寒流影响，这里气候寒冷，没有什么利用价值。但是加拿大的自治才刚刚开始，对拉布拉多的开发抱有乐观的态度。今天，这里最大的问题就是人口严重不足。

从政治上讲，加拿大是昔日帝国梦破灭以后的产物。我们容易忘记的是，当乔治·华盛顿出生时，北美大陆的大部分还是属于法国和西班牙的，而英国的殖民地仅限于大西洋沿岸一小块孤岛，孤岛周围都是虎视眈眈的敌人。早在1608年，法国人就在圣劳伦斯河口定居下来了，然后他们把注意力转向内陆，一路向西，直到法国探险家山普伦到达休伦湖。他们探索了五大湖的整个地区，乔利矣特和马奎特发现了密西西比河的上游地区。1682年，法国人拉萨尔沿着河流到达海洋，占领了河谷地带，他以路易十四国王的名字命名为路易斯安那。到了17世纪末，法国人抢占的土地已经到了落基山脚下，比西班牙人抢占的领地还要大。阿勒格尼山脉成为分隔法国、英国、荷兰和西班牙各国殖民地的天然屏障。

如果路易十四和路易十五能够稍微多懂一些地理，如果这两位君主把地图看得比一块工艺精美、配色绝佳的挂毯更重要，那么也许今天英格兰和弗吉尼亚州的人们应该说法语，而整个北美洲应该听命于巴黎，但是这些决定欧洲命运的人并没有意识到新大陆意味着什么。由于他们的疏忽，加拿大人讲起了英语，魁北克和蒙特利尔不再是法国的城市。经历了几代人以后，新奥尔良及整个西部都被卖给了美利坚合众国，一个近期由大西洋沿岸几个反叛的英国小省份建立的国家。就连伟大的拿破仑也认为，用一些土地换取成堆的美元，也是一笔划算的生意，然而如今这片土地成为美国最富庶的地区。

1819年，佛罗里达被划入了新领地。1848年，得克萨斯州、新墨西哥州、亚利桑那州、加利福尼亚州、内华达州和犹他州从墨西哥相继被夺走。在不到100年的时间里，北美洲彻底成为欧洲平原的延伸。

后来，由于最初拥有者的冷漠和缺乏远见，经过几次战争，不同民族组成的地区突然出乎意料地拼凑在了一起，随后是惊人的发展，和前所未有的繁荣，令世界瞩目。随着第一条铁路的建造、第一艘轮船的通航，成千上万的移民沿着水路涌向了五大湖区。他们穿过阿利根尼山脉，占领了大平原，种植了小麦，为安家落户做好了准备，当时的芝加哥是世界上最重要的粮食中心。

当人们发现，在五大湖之间的三角洲、阿利根尼山脉和落基山脉的山麓地带，蕴藏着有大量的煤矿、石油和铜矿后，这里很快成为重要的工业区。世界各地的大批劳工纷纷来到匹兹堡、辛辛那提、圣路易斯、克利夫兰、底特律和布法罗，加入开发各种矿藏财富的行列。由于这些城镇需要港口来出口钢铁、石油和汽车，大西洋沿岸的纽约、波士顿、费城和巴尔的摩相继发展成为重要的海港城市，获得了前所未有的显赫地位。

第一条铁路线

与此同时，南方各州终于摆脱了重建时期的创伤（比内战本身的灾难更严重），废除奴隶制后，他们筹集资金，开始自己种植棉花。加尔维斯顿、萨凡纳和新奥尔良又恢复了生机。铁路、电报和电话使整个国家变成一个巨大的农场和工厂。在不到半个世纪的时间里，有6 000万欧洲人漂洋过海，来到美洲，加入开发建设北美大陆的事业中，一个崭新的世界就这样诞生了。没有哪个民族能像美国一样拥有如此多的机遇：广阔的平原、宜人的气候、肥沃的土壤、两边屏障一样的山脉、丰富的资源、便捷的水道。除此之外，还有更重要的是，这是一个统一的国家，有统一的语言，而没有沉重的历史负担。

　　当我们再往南走一点，到达墨西哥和中美洲时，我们就会意识到这些优势对一个国家的重要意义。在墨西哥，除了古玛雅人居住的尤卡坦半岛外，基本上都是山区，从格兰德河向南，海拔逐渐增加，直到马德雷山脉和阿纳瓦克高原，它的最高峰海拔为16 000英尺至17 000英尺。大多数海拔更高的山峰，比如波波卡特佩特山（17 543英尺）、奥里萨巴山（18 564英尺）和伊萨克奇瓦特山（16 960英尺）都是火山，但科利马火山（13 092英尺）是目前唯一的活火山。

　　在太平洋一侧，墨西哥的马德雷山脉山势陡峭，但在大西洋一侧，山势却很平缓。由于欧洲入侵者来自东部，他们很容易就找到了通往内陆的道路。先遣部队在16世纪初到这里，那正是西班牙大失所望的时候，因为热那亚人的新发现被证明是彻底的失败。这里没有人们之前预想的金山银海，却有赤裸的野蛮人，当你想让他们干活的时候，他们就躺在地上装死，还有没完没了的蚊子。

　　随后，墨西哥流传着这样的谣言：这片大陆上，在山的另一边，住着阿兹特克人的皇帝，他住在金色的城堡里，睡在金色的床上，用金色的盘子吃饭。于是，在1519年，赫南·科尔特兹就带领着300名冒险家来到了墨西哥。凭借12门火炮和13支短枪，击败了蒙特苏马对阿兹特克帝国的统治。墨西哥曾经秩序井然、管理有方，但它的统治者却被人以哈布斯堡国王的名义绞死了。

随后的近300年里，确切地说，直到1810年，墨西哥仍然是西班牙的殖民地，被当作殖民地对待。由于西班牙担心墨西哥种植的农产品冲击本国市场，殖民者禁止墨西哥种植本土农作物。土地创造的大多数财富消失在少数拥有大量土地的人手里，或者被用来发展宗教机构。直到现在，这些宗教机构还在抢夺公共土地的势力范围。

然后，在19世纪中期，可怜的奥地利人马克西米利安在经历了一场离奇的冒险后不久，曾希望在法国人的帮助下成为蒙特苏马的继任者。人们发现，墨西哥不仅是一个非常富有的农业国，而且她的土壤中所含的铁和石油的储量与美国相当，甚至可能更多。墨西哥人中近40%仍然是纯印第安血统，几乎和科尔特斯第一次到这里时一样穷。银行界开始插手他们的事务，组织革命，土著人则以反革命反击。第一次世界大战之前，整个墨西哥似乎都在暗杀和杀戮之中。幸好因为第一次世界大战使大金融机构资金紧缺（战争耗费极大），墨西哥人才得以存留。现在，人们正在努力消除300年来因为歧视、疾病和愚民等政策所造成的创伤，并且获得了成功，这可以从韦拉克鲁斯和坦皮科（墨西哥湾的两个港口）的出口数据看出来。在过去的6年里，华盛顿和墨西哥城不仅一直保持着良好的关系，还在交谈时面带微笑，双方以礼相待。

南北美洲之间的中美洲地峡，土地肥沃，这里盛产咖啡、香蕉和甘蔗，以及任何外国资本想要种植的经济作物。白人不适应这里酷热的气候，黑人又不愿为白人工作。再加上活动频繁的火山，无论对黑人还是白人都是一种威胁。

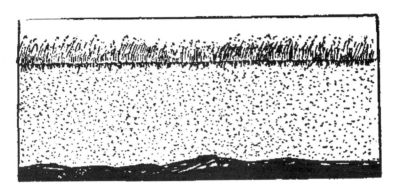

平原土壤

对大多数人来说，危地马拉、洪都拉斯、尼加拉瓜和哥斯达黎加只是些浪漫的名字，除非他们集邮，因为"国库越空虚，邮票越精美"真的是一个放之四海皆准的真理。但是下一个国家，巴拿马共和国，对我们来说是重要的，这是一个我们自己的孩子，我想我们必须提及它，因为这是唯一独立的国家，就像我们必须保护太平洋和大西洋海岸一样。

西班牙人已经知道，这地峡只是一块非常狭窄的陆地，因为太平洋的发现者巴尔博亚站在达连的山顶上同时注视着这两个大洋。早在1551年，西班牙人就有了自己开凿运河的想法。从那时起，每一代人都听到了新的计划。每一个在科学领域具有重要地位的人都希望，在世界上至少有一套蓝图能够很好地解决这个难题。但是，从坚硬的岩石中开凿出一条30英里长的运河绝非易事。直到阿尔弗雷德·诺贝尔发明了炸药才解决了这个问题，这项发明的初衷是想帮助农民除去田地里的树桩或石头，而不是用来和邻国自相残杀。

在后来的加利福尼亚淘金热中，成千上万的人为了不绕道经过合恩角，纷纷涌向了巴拿马，从这里进入加利福尼亚。1855年，穿越地峡的铁路被建成。15年后，苏伊士运河开凿成功，举世皆知。这时，运河的设计者费迪南德·莱斯普斯决心修建连接太平洋和大西洋的运河，但是他的公司因管理不善，一片混乱：工程师在设计时错误百出，工人也身患疟疾和黄热病而大量死亡。经过8年与大自然的斗争，以及在巴黎交易所更残酷的交锋，这家法国公司再也无力支撑局面，最终倒闭了。

这接下来将近12年里，一切工作似乎都停止了。莱斯普斯遗留下的火车头，烟囱里都长出了棕榈树。直到1902年，美国政府购买了这家破产的法国公司的所有权。这以后，哥伦比亚共和国与美国又开始为一块开凿运河的土地讨价还价。最后是西奥多·罗斯福厌倦了这种拖延，决定扭转这个局面。他在这个地方策划了一场小小的政变，在不到24小时里就承认了新独立的巴拿马共和国。这件事情发生在1903年，自此，巴拿马运河的开凿工作进入正常轨道，并于1914年竣工。

运河的开通，使加勒比海从一个内海变成连接亚欧的重要商道，位于加勒比海和大西洋之间的海上岛屿的价值也随之增加。巴哈马群岛是英国的，古巴则有点太偏远了，当然百慕大也是英国的领地，位于纽约和佛罗里达之间。但是牙买加（英属领地）、海地和圣多明戈（名义上都是独立的国家，实际上要听命于华盛顿）地理位置较优越，从运河的开发中获利更多些。波多黎各也是如此，小安的列斯群岛及其东南的一系列岛屿、古巴、海地、牙买加和波尔图都成为巴拿马河的受益者。

火山内部在外壳喷发之后仍是坚实的山脉

对17世纪的欧洲国家来说，这些小安的列斯群岛比美国大陆更有价值。这里的气候炎热湿润，非常适宜种植甘蔗，而被运到岛上的奴隶一旦上岸，就无法消失在丛林里。如今这里依然盛产甘蔗、可可和咖啡。但如果这些产品中的大多数能被从欧洲去巴拿马途经这里的船买走，就可以多赚些钱，这就是大好事了。小安的列斯群岛包括背风群岛、圣托马斯岛、圣克鲁斯群岛、圣马丁岛、萨巴岛、圣约翰岛、圣尤斯塔蒂尤斯岛（一个小礁岛，美国独立战争时期走私物品的集散地）、瓜达卢佩岛、多米尼加岛、马提尼克岛（火山活动频繁，几乎毁于1902年爆发的培雷火山）、圣卢西亚岛、圣文森特岛和巴巴多斯岛。

向风群岛由布兰基亚岛（属于委内瑞拉）、博奈尔岛、库拉索岛和奥鲁巴岛（属于荷兰，与委内瑞拉海岸平行排列）组成。这些岛屿从前是山脉外脊的外延部分，连接委内瑞拉的圭亚那高原和马德雷山脉。后来，这座山脊消失，而高耸的山峰形成了现在的岛屿。

从工业角度来看，这些岛屿没有一个做得很好。奴隶制的废除也带走了从前的繁荣。如今这些岛屿是闻名世界的冬季旅游胜地，也是石油和煤的集散地。只有位于奥里诺科河三角洲的特立尼达，因盛产沥青而保持着昔日的繁荣。这些沥青是由印度教徒开采的，他们来这里是取代了过去的奴隶，现在印度教徒占了总人口的1/3。

世界大战期间，我们在极短的时间里学到了很多的地理知识。年轻人很自然地放弃学习德语，转而学习西班牙语。理由是"学会西班牙语，在南美洲的前景不可估量"。在战争还未结束时，这种观点还没有特别体现出来。但事实上，与这片大陆的贸易往来已出现了严重的衰退。

究其原因，在秘鲁、巴西、厄瓜多尔以及其他一些南美国家，对外贸易的具体细节都是由耐心细致的德国职员处理，德国人被认为是这类工作的行家。老板们没有想到，最不幸的是：当南美洲加入了协约国后，那些可怜的德国职员都被送入集中营，所有对外业务突然中断了。直到战争结束，集中营里的德国职员们重新回来工作，一切才恢复正常。

渐渐地，我们开始明白了真相。虽然南美洲是一个物产丰富的大陆，事实确实如此，但这里人口稀少，在许多方面又落后于世界其他国家，所以至少要经过半个世纪的努力才能前进一小步。对于那里的大多数人来说，这是不够的。当然，这里也有少数富有的人，但他们的财富或许是在西班牙统治时期攫取的，或许是在多变的政治格局中，以当权者亲属的名义趁机占有的。

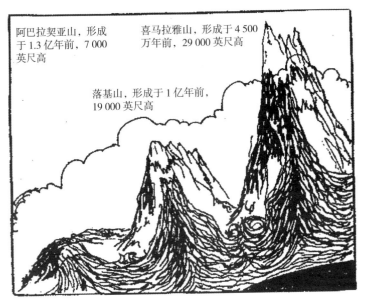

阿巴拉契亚山，形成于1.3亿年前，7 000英尺高

喜马拉雅山，形成于4 500万年前，29 000英尺高

落基山，形成于1亿年前，19 000英尺高

最古老的山却不是最高的山

　　如果我在本章对南美的情况讲述不够详细，请不要怀疑我有反拉美情绪。相反，作为一个北美洲人，我比南美洲人更加懂得欣赏他们的优秀品质。在本书一开始，我就告诉你们我要写的是关于"人类"的地理，并且我始终坚信，地域的重要性完全取决于这块土地上的居民各方面的素质，比如科学、商业、宗教和艺术，以及他们对这个世界所做的贡献的大小。遗憾的是，从这个角度看，到目前为止，南美洲几乎和蒙古一样，在各方面都是一无所有的。我总是反复强调这一点，或许这一切源于人口资源的极度匮乏。反过来可能是因为这样的事实：南美洲大部分位于赤道地带，在许多地方白人不可能取代当地的土著人，诸多的混血后代（黑人和白人的、白人和印第安人的，还有黑人和印第安人的）难以行使自己的

政治或智力权力。

很久以来，南美就是一些奇怪政治的实验场。巴西帝国虽然只存在了不到一个世纪，但在阳光下却算是一个崭新的国家，还有巴拉圭的耶稣会，它在研究乌托邦的学术著作中占有一席之位。南美至少产生了一个伟大的人，那就是玻利瓦尔，像我们的乔治·华盛顿一样，他解放的不仅仅是自己的国家，整个南美大陆的革命运动的成功都是与他的名字紧紧相连的。我从不怀疑，在乌拉圭和玻利维亚的历史上还有许多重要的人物。在深入了解他们以后，我肯定他们能够归入世界名人之列。因此这本书只介绍山脉、河流和国家，我无须把人类一千年的细节填满，就足以达到本书的目的了。

南美洲的整个西海岸，由落基山脉和墨西哥的马德雷山脉组成，被称为安第斯山脉。"安第斯"是西班牙语的音译，是西班牙占领者给那些灌溉运河起的西班牙名字。西班牙人通过破坏水渠和堤坝使土著人饿死，达到他们抢占土地掠夺财产的目的。西班牙人的这种掠夺行为，只是白人侵入新大陆以来众多强盗行径中的一种。

当接近南极时，安第斯山脉分裂成许多小岛。其中以火地岛最为著名。在智利和火地岛之间有一条海峡，麦哲伦在第一次环球旅行中艰难地穿越了这个海峡，至今这个海峡仍以他的名字命名。该岛最南端是合恩角，这是以发现该岛的人家乡的名字命名的。而不是像许多人认为的那样，以一头奶牛命名。麦哲伦海峡具有重要的战略意义，保卫麦哲伦海峡的马尔维纳斯群岛，属于英国领地。

安第斯山脉，与所有连接南北极圈的山脉一样都多发火山。厄瓜多尔的钦博拉索火山（现在熄灭了）高达20 702英尺，阿根廷的阿空拉加瓜火山高22 834英尺，而海拔为19 550英尺高的科多帕希火山（也在厄瓜多尔）是世界上最高的活火山。

位于南美的安第斯山脉，在其他两个方面与北美的姊妹山脉有相似之处：延绵的山脉环抱着宽阔的高原，形成了玻利维亚或厄瓜多尔等国的自然边界，此外几乎没有什么方便的通道。唯一的一条横穿安第斯山脉的铁路，可以连接阿根廷和智利。铁路依山势爬行，其攀登的高度远远超过瑞士的圣伯纳德山口和圣哥达山口。

延伸至南美东海岸的阿巴拉契亚山脉，由北部的圭亚那山脉和东部的巴西高原组成。圭亚那山脉和巴西高原之间是亚马孙河，它虽然不是世界上最长的河流，却是拥有最大流量的河流。亚马孙河有数百条支流，其中至少15条支流与莱茵河一样长，而马德拉河和塔帕若斯河，则比莱茵河还要长一些。

横穿安第斯山脉的铁路

圭亚那山脉的北部是奥里诺科河。它实际上是通过内格罗河与亚马孙河连接的，但它比亚马孙河更适于航船，因为在入海之前没有任何山脉阻隔，在入海口的地方几乎有20英里宽。而且河流本身的水流量也很大，它能保持300英尺的稳定深度，船只可以向内陆航行几百英里，这对航行来说非常便利。所以说奥里诺科河非常适合发展远洋航运。

巴拉那河是南美洲一条南北流向的河流，它在途中汇集了巴拉圭和乌拉圭的一些河流，然后形成了拉普拉塔河，位于乌拉圭首都蒙得维的亚。阿根廷的首都布宜诺斯艾利斯就坐落在这条河的流域上。和奥里诺科河一样，巴拉那河也是一条适于内陆航运的河流。

在一个特别的方面，南美比大多数大陆都占优势，除了欧洲，它是沙漠面积最少的大陆。除了智利北部，该国大部分地区降雨量丰富，亚马孙河流域及巴西东海岸地区地处赤道附近，受热带雨林气候影响，亚马孙地区的树木密度和均匀度远高于刚果。由于这里气候湿润，其他地区，特别是离赤道稍远一些的南部地区，非常适宜发展农业。阿根廷潘帕斯草原、奥里诺斯河流域和巴西大草原可以与北美大平原媲美。

至于我们今天在南美洲找到的这些国家，它们中很少有产生于我们所说的历史必然性，而是不断的战争与变革造成的偶然结果，并非缓慢增长和发展的产物。临近赤道的委内瑞拉共和国，拥有3 216万的人口，其北部的马拉开波湖附近已探明有丰富的石油，这使得马拉开波成为委内瑞拉最重要的港口，逐渐取代了离海较远，且交通不是很方便的首都加拉加斯的地位。

委内瑞拉的大草原

哥伦比亚位于委内瑞拉共和国的西面，它的首都是波哥大，地处内陆，交通极其不便，直到有了通往这里的飞机，人们才有可能与马格达莱亚河口的巴兰基亚自由往来。哥伦比亚东西部与美国一样，土地肥沃，自然资源丰富。但在开发任何自然资源之前，它还需要大量来自北欧的移民。

厄瓜多尔也是一个贫穷落后的国家，虽然从巴拿马运河开通以来，首都基多的瓜亚基尔湾港有了很大的发展。但它没有什么可供报道，该国曾经出口大量的奎宁，现在出口最多的是可可。

秘鲁位于太平洋海岸以南的地方，当西班牙人最初到达新大陆的时候，这里是印第安人势力最强大的地方。它由贵族阶层，即太阳的子孙印加人统治，他们推选出一个国王，然后国王被授予专制权。尽管如此，由于它的封建特征，印加文明较阿兹特克文明更高级，更富有人性化。

当西班牙殖民者皮萨罗到这片土地时，印加帝国已经有400多年的历史了，对任何一个国家来说，这都是一段相当长的时间。当时的印加帝国存在许多政治派别，贵族之间斗争十分激烈。皮萨罗用挑拨离间的方式，在1531年统治了整个印加帝国。

他囚禁了在位的印加人，把印第安人变成了奴隶，把所有能偷来抢来的东西都运回了西班牙。古印加帝国的遗迹，包括废弃的道路，位于安第斯山脉的喀喀湖（海拔12 875英尺，面积为3 300平方英里）附近城堡的残垣断壁，以及无数的陶罐和其他一些艺术品，向人们展示了这个民族曾经辉煌的历史。而如今，它的后代一夜之间沦为痛苦麻木的土著人，他们要么在印加帝国的首府库斯特的大街上漫无目的地闲逛，要么就去参加革命。

利马（秘鲁的首都）是个现代化的城市。这里已探明有储量丰富的银、铜和石油，这将决定秘鲁的未来。除非共和国的总统和他的外国银行家将这些决定国家未来命运的矿藏转走，并把所得存入法国银行。这类事情是有可能发生的。

玻利维亚是一个贫穷的内陆国家，它并不一直都是内陆国，其首都拉巴斯曾经与海直接相通。在1879年至1882年著名的硝烟战争中，秘鲁与智利争夺阿里卡地区，玻利维亚愚蠢地站在了秘鲁一方，战争以智利的胜利而结束，玻利维亚从此丧失了沿海地区。玻利维亚是个自然资源非常丰富的国家，这里是世界上第三大产锡国。但玻利维亚人口稀少，每平方英里的土地平均不到5人，总人口不到300万，而且大多数是在印加王国被毁灭时逃亡至此的印第安人，要为那片不幸的土地做任何事情，都将花费大量的时间。

智利和阿根廷是南美大陆最南端的两个国家。这两个国家在美洲大陆都具有重要的地位。它们地处温带地区，良好的地理位置为它的发展提供了优越的条件。这里印第安人（印第安人似乎更适宜在热带地区生活）更少，吸引了大量层次较高的移民。

相比较而言，智利的自然资源要比阿根廷丰富。智利的阿里卡（从这里可以乘坐火车到玻利维亚）、安托法加斯塔、伊基克和瓦尔帕莱索是南美大陆西海岸最重要的四个海港，首都圣地亚哥是整个南美地区最大的城市。智利南部以牧业为主，主要是养牛。大批的牛在这里被宰杀，后经冰冻处理，经由麦哲伦海峡的彭塔阿雷纳斯市，然后运往欧洲。

阿根廷是南美洲最重要的养牛大国。巴拉那河沿岸的这片肥美的土地几乎占整个南美洲的1/3，是整个南美大陆上最富有的地区。这里的牛肉、羊毛、皮革和黄油的大量出口，致使其他地区同样产品的出口要以降低价格为代价。在过去10年中，来自意大利源源不断的移民不仅给阿根廷提供了劳动力，而且带来了技术，使这里成为西半球最重要的谷物和亚麻生产国之一。巴塔哥尼亚高原上的牧羊业规模相当大，已经成为澳大利亚和新西兰的牧羊业最强有力的竞争对手。

阿根廷的首都布宜诺斯艾利斯，坐落在拉普拉塔河流域，与它隔河相望的就是乌拉圭的首都蒙得维利亚。乌拉圭的土壤与气候都与阿根廷完全相同。这里印第安人已经消失了。乌拉圭人只是采取了一些小小的措施，就成功地发展了经济。阿根廷人虽然发展规模很大，却因投机和混乱的财政管理常常陷入危机。

最后是巴拉圭，它是位于拉普拉塔河流域的第三个国家，具备了经济发展所需要的很多优越条件。如果不是1864年至1870年的那场战争，它的经济状况会相当好。可怜的印第安人接受了他们过去的耶稣会主子（1769年把国家让给了西班牙王国）的军事训练后，为了一个疯狂的人的利益，走上了战争的道路。这个疯狂的人后来成了他们的总统，这位不自量力的总统，毫无必要地向三位强大的邻居宣战，连年的征战，使该国5/6的男性被杀。当战争结束时，面对这残酷的事实，巴拉圭人不得不恢复一夫多妻制，以使他们国家的人口有所增长。然而，这个富裕的小国家要想完全从这场灾难中恢复过来，恐怕还需要一个世纪的时间。

如果麦哲伦海峡干涸的话

我们还需要介绍的国家就剩下巴西了。作为一个殖民地国家，它受尽了歧视。巴西先是属于荷兰领地，后来又由葡萄牙人霸占。除了少数认证商的里斯本商人，葡萄牙人禁止土著人和移民与他人进行商贸往来。于是，葡萄牙人管理下的巴西一直处于经济被束缚的状态。这种情况一直持续到1807年，这一年，葡萄牙的皇室为躲避拿破仑逃亡到里约热内卢，这以后的12年中，情况发生了逆转，受人歧视的殖民地竟成了葡萄牙的政治中心。1821年，当葡萄牙国王返回到里斯本时，他将自己的儿子唐佩德罗作为代表，留在了里约热内卢。一年后，唐佩德罗宣称自己成为独立的巴西的皇帝。这位帝王给予巴西一个开明的政府，即布拉干萨政府。这是其他南美国家所不曾有过的。从那以后，葡萄牙语成为连接今天的巴西与葡萄牙的唯一纽带。布拉干萨政府由于1889年发生的军事政变，它的末代皇帝不得不退位逃亡到巴黎，并死在那里。

巴西的领土面积为327.5万平方英里，与美国的面积相当，相当于整个南美洲大陆的一半。巴西是赤道以南所有国家中最富有的。全国可分为三部分：亚马孙河流域、大西洋海岸和巴西高原地区。在桑托斯小镇，咖啡的日生产量几乎可提供全世界需求量的一半。除咖啡以外，巴西还盛产橡胶，位于亚马孙河河口的帕拉和贝伦地区，及里奥内格罗河与亚马孙河交汇处的马瑙斯都是种植橡胶的地方。此外，东海岸的巴伊亚出产烟草和可可，马托格罗索高原以发达的畜牧业而闻名，另外，内地还储藏着大量珍贵的宝石，因为开采难度大，直到今天这些矿藏尚未被完全地开发。铁矿和其他一些金属矿的开发面临同样的境况，它们都在等待修建更多的铁路。

最后是南美洲三个小的欧洲殖民地，它们是17世纪和18世纪旧殖民地的产物。它们分别是英属圭亚那，或叫作德梅拉拉；荷属圭亚那，或叫作苏里南，荷兰人用它来交换安的列斯和新阿姆斯特丹市；法属圭亚那，或叫作卡宴。若不是法国仍将卡宴当作他们胡作非为的殖民地，如果不是从那个是非之地传出的种种丑闻，我们恐怕早已忘记圭亚那的存在。当然，它毕竟对人类的发展没有什么贡献，但它提醒人们回忆从前，并告诉远道而来的探访者，南美大陆曾是一个可以随意掠夺的富庶之地。

# 47. 一个新世界

　　我想知道乞力马扎罗山的确切高度。一本书写了一遍之后又被反复修改五六遍，数字就容易出问题了，它们像自己玩捉迷藏一样。抄了一遍又一遍，改了又改，这一刻它们是这样的，下一刻它们又是别的样子了。如果你曾患有雪盲症，你就会明白我所说的意思了。

　　"但是，"你会回答，"那真的不是什么大问题。只要翻阅一下权威的地理书籍或是百科全书，查找并抄下来相关数据就可以了。"

　　如果那些地理书、百科全书或是地图册所记载的能与事实一致的话，那查阅之事将非常简单，但是实际情况却不是这样。我的书桌上放着大部分地理方面的标准书籍，它们一直是我的兴致所在，但阅读起来却没有那么有趣。其实地理学不是一门很有趣味的学科。一旦讲到有关山脉的高度和海洋的深度，这些书就开始变来变去。江河流域和海洋的面积时而扩大，时而又缩小了，世界任何地方的所谓平均温度更是变化无常，就像股市出现危机时的股市行情显示器，海底的起伏和叹息就像一个人追完猫后气喘吁吁的肚子。

在这个已经在许多事情方面让人失去信心的世界上，我不想打破对这个世界做进一步的幻想。但在与"地理事实"的斗争中，我对所有的统计数据都产生了深刻的质疑。我认为这种意见分歧是我们无可救药的民族主义恶习的结果。每个国家都要制造一些自己认可的数字，似乎只有这样才可以显示主权的独立。

但这只是一个细节，还有其他一些问题，我将列举几个：世界上有一半的国家按十进制计算测量重量和长度，而另外一些国家则仍沿用十二进制计算。把米和千米精确而非近似地换算成码或英里不是件容易的事，世界大战中的军火制造商对此颇有感触。借助数学手段（在这方面我并不擅长），可以完成必要的数字换算。但是国家和山川的专有名词呢？如何统一这些地理名词的拼写呢？比如：The Gulf of Chili，Gulf of Tjili，Gulf of Tschili，Gulf of Tshi-li，朋友们，你们会选择哪个？Hindu-Kush，Hindoe-Koesch，Hindu-Kutch，Hindu-Kusj，你更喜欢哪一个呢？如果几大语系协商决定以统一的方式拼写俄国、中国、日本或西班牙的名字，情况可能会好一点儿。但每一种主要语言都至少有两种，有时甚至是三种相互冲突的体系，将这些奇怪的语言翻译成当地方言。

更让语言混乱的是，每一小块土地上都有自己的方言，并宣称自己拥有完全平等的权利使用"祖先的神圣语言"。从前的欧洲地图相当简单，而现在，为区别以各式各样语言划分的区域，欧洲的地图已经变得五颜六色了。这使得阅读库克先生那本古老而可靠的《大陆铁路指南》成了一件费力的事，其艰苦程度可以与商博良处理他前半打埃及象形文字时相比。

我并不是在为自己所写的寻找借口，但是请读者对我在本书中关于深度和广度的数据给以宽恕。即使著名的百科全书与统计手册，在某些内容的记载上都会有自相矛盾的地方，对一个非专业写作者，又何必苛求呢？

我猜想他会像我做过的那样去做这件事。他会将那些专业书籍扔掉，再买一本《世界年鉴》，并且会说："我将以此书为标准，如果有人因为我说乞力马扎罗山有19 710英尺高（在《大英百科全书》中是19 321英尺，在安德鲁斯的《地理学》中是19 000英尺，塔尔和麦克默里写的是19 780英尺，在《牛津高级图集》中是19 320英尺，在《世界年鉴》中是19 710英尺）而起诉我，我会告诉他，去见见那些编辑出版《世界年鉴》的人们，和他们去分辨是非曲直吧。"

但我想说的是，当我开始讨论乞力马扎罗山这个话题时，我想说的就只有这些了。我正在寻找自己的《世界年鉴》，这本年鉴大约是被放在十几个地图集的后面，就在翻找过程中，我发现了别人寄给我的一本小册子。这是一本关于罗纳德·罗斯先生生平事迹的纪念册。作者以委婉的口吻暗示道：如果不算绝对贫困，罗纳德先生在有生之年离舒适的生活还差得很远，而这一切是我们应该为他做的事，至少让他在剩下的日子里过得舒服些。当然，他的需要并不过分，科学家们很少用金钱计算他们应得的回报，但是当他的健康因长年累月的辛劳而受到严重损伤时，如果能坐在舒适的病椅上继续工作，那么他就非常满足了。

我把这纪念册放在一边，又想起了美国的沃尔特·里德先生。我已经记不清我们的国家是如何对待他的遗孀的。如果我没记错的话，这位善良的遗孀应该是只是获得了免费邮寄的特权（每一个国会议员都享受的待遇），当然还有从医疗机构获得的一笔抚恤金

（医疗机构官员的遗孀同样可以获得），还有就是一所医院以"沃尔特·里德"的名字命名。

在沉思中，我开始寻找着流行病历史的书。突然，一个新的想法闯进脑海：沃尔特·里德和罗斯先生尽管不为众人所知，但他们对这个人类社会的贡献远远超过低年级学生都熟悉的新大陆的探险家们。沃尔特·里德和罗斯先生通过发现导致疟疾和黄热病的原因，告知世人如何根治这些疾病的方法，使人类从这些疾病的折磨中解脱出来，他们开辟的新领域，比我们在之后一百年中的发展还要多。引发疾病并因此使百万人丧命的蚊子不再横行了，疟蚊被逼到了一个角落，等待自己的死刑判决。

在《医学对世界地理的影响》这一章上，很容易再加上几页。只有战胜了天花、脚气病、昏睡病和许多其他疾病，世界上的大部分地区才适合人类永久居住。然而这一切有点儿超出我的领域，我对这方面知之太少。虽然如此，这两位医生却给了我许多启示。

这个世界上还有很多不安定的地方。当你看地图的时候，你会发现到处都是红色的小块。不满的情绪像严重的麻疹一样到处蔓延。于是，人们写出数以万计的书籍以诊治病情，并提出适合的药方。我在写此书之前，从未对这个问题进行考虑（我竟然过着与世隔绝的生活）。突然发现，整个问题都变得很简单，这要感谢沃尔特·里德和罗斯先生给我的启示。

对着一张地图遐想，真是个惬意又有教育意义的消遣。罗得西亚是一个自成一体的世界。塞西尔·罗兹让少数人富起来，却残杀大批土著人。他变成强盗发起了自己的一场小战争，然后失败了。他又变成了政治家，发动了一场大战争，并取得了胜利。这里有许多纪念被杀害的妇女和儿童的纪念碑，上面刻着这样的文字："塞西尔·罗兹，创造者"。但一个充满感恩之心的国家忽视了这些琐事，并以他的名字命名了一个广阔的新省份。

　　再往北一点儿，在刚果、斯坦利维尔和利奥波德维尔，还有很多没有标记的坟冢，地下埋着无数被折磨至死的土著人，也许只是因为他们所割的橡胶没有及时交够，或是运送象牙有些慢了，便惨遭厄运。

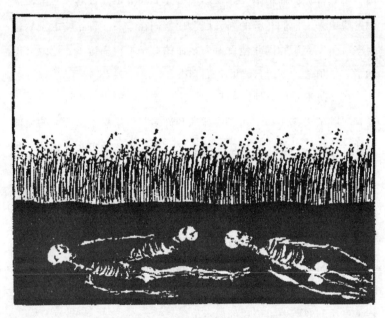

我们许多土地就是这样变得肥沃的

　　哈得孙以自己的名字命名了一个河湾，后来又把这个河湾的名字送给了一家富有的地产公司。这家地产公司对原始居民所做的一切，在那本专门描写人类殉难的书中，构成了另一个可怕的章节，但我们不必过多涉及。我们与当地的印第安人也没有签任何协议，我们的祖先在那些远离本土的岛屿上的残暴行径，通常不会被写进荷兰公立学校的教科书里。南美的普图马约河流域曾经发生过的一切，仍然留在每个人的记忆中。

非洲和阿拉伯一些国家那些形形色色的贩卖奴隶的当权者，在寂静的塞内加尔森林中所犯下的罪行，让我们希望但丁在他的《地狱篇》中，为这些恶魔般的人物划出一片囚禁的地方。

在讲述澳大利亚早期历史的书籍中，很少有人提到，为了消灭澳大利亚和新西兰的原住民，当时有人带着马和狗进行了狩猎活动。然而，这些事情在专门记录这些遥远领土早期历史的书中，很少被提及。

为什么还要继续讲？

我只是在重复人人皆知的事实。

但是，似乎很少有人意识到，剥削的伟大时代已经彻底结束了，而那些不愿意继续扮演牺牲品的受害者，日益成为当今世界的不稳定因素。

只是坐在审判席上评判过去是没有什么用处的，我们最好是吸取教训，集思广益，想出各种办法，以避免我们以后再犯这样的错误。像沃尔特·里德先生和罗斯先生一样的男男女女正在给我们出主意想办法。

伤感地沉湎于乌托邦世界，是不能解决任何问题的。如果说，我们已经花了几十个世纪的时间去"索取"，那么我们现在必须再花上几十个世纪的时间去"给予"，显然这种方法很难解决问题。施舍与抢劫在某种意义上是一样的，它们对于接受施舍或是遭受抢劫者都不公平，慈善对接受者和捐赠者都是不公平的。如果将印第安人从英国人的统治下解放出来，然后让他们在没有任何保护的情况下，任由穆斯林山地人摆布，这又是另一个大错。

如果我们现在收回在中国、爪哇和缅甸铺设的铁路、汽车和飞机，拆除那里的电话装置和石油开发基地，让他们重新回到落后的年代，身扎腰带，划着小舢板，这样做，对那里的人民也没有好处。机器时代已经来临，当地的居民们也已经习惯了快捷的交通和便捷的通信。他们养成了这样的习惯：当孩子得了白喉时，他们会去找白人医生，而不是送到巫师那里去；当他们要去拜访朋友，他们宁愿乘坐一辆小型公共汽车，也不愿花十个小时走过一条痛苦的小路。

一个已经习惯于金钱和钞票的世界，是不会回到那个用蜂蜜桶、盐匙和其他重物进行物物交换的旧年代的。

不论如何，我们生存的这个世界越来越发展成为一个整体，时间已不是公元前933年，也不是公元前32年，而是1932年了。

这里有一个解决办，沃尔特·里德和罗斯医生的努力为我们指明了必须遵循的大致方向。他们两个人的工作既不是"给予"，也不是"索取"，而是"合作"。如果没有成千上万人的帮助，他们永远不可能有如此大的成就。他们研究治疗消灭疟疾和黄热病的方法，并不只是为了黑人、白人或是黄种人，而是全世界的人们。他们不顾肤色和信仰，将美好的祝福赐予了人类。当乔治·戈瑟尔斯和戈加斯医生开凿巴拿马运河时（戈瑟尔斯绘制蓝图，戈加斯组织人力挖掘岩石，最终将蓝图变为现实），他们没有把太平洋、大西洋或是美洲区分得很清楚，而是把世界作为一个整体去考虑。当意大利人马可尼发明无线电时，他没有发表声明："只有意大利的船只遇到紧急情况可以用无线电。"桑给巴尔的流浪者和横渡大西洋最快的船一样，都从中获益。

你可能已经明白我的意思了。

不过，请不要误解，我不打算提议建立一个新社会，那是没有必要的，而且这种问题自有解决的办法。即使解决不了，过上几个世纪之后也就没什么问题了，因为到那时，人们就不会关心这些事了。

我们不再生活在一个不能把握的世界里。随着蒸汽和电力的问世，使相距遥远的巴塔哥尼亚和拉普兰、波士顿和汉口成为邻居，人们能在不到两分钟的时间里相互交谈。我们生产商品不再只是自给自足，也不只是为了本国人口种植粮食。日本能生产比我们希望的更便宜的商品；阿根廷可以用很低的成本，种植足够多的小麦，使整个德国免于饥荒。

我们不可能再像以前那样，只支付一份相当于白人1/20的工资，来雇佣中国苦力或是南非的黑人。因为莫斯科的广播电台传播范围很广，而且使用多种语言播放，通晓多种语言的播音员告诉黑人和黄种人，他们被人骗走了本应该属于他们自己的东西。

我们不能够再像我们的祖先那样，随意偷盗和掠夺。如果你真想知道为什么，是因为我们的良知不允许我们这样做，即使我们生来没有精神上的指南针，人类的集体意识也达到了一定的高度。在处理国际事务中，诚实与礼仪都是不可缺少的，就像在普通民众间的私人交往中一样。

我并不打算在这里说教，我也不会用某种启示或预言把你打发回家。不过，既然你已经阅读到这里，我想请你再安静地思考半个小时，然后得出你自己的结论。

到目前为止，我们好像一直生活在偶然之中。我们在这个星球上的存在不过是几十年的时间，或者最多几个世纪。我们的所作所为就像新西兰列车上的乘客那样贪婪，在自己下车前只有10分钟的时间里，尽快吃遍这里提供的所有饭菜。

渐渐地，我们开始认识到，我们不仅在这里已经生活了相当长的时间，而且我们几乎要无限期地留在这里。那么，为什么要如此匆忙呢？当你要搬到新的地方，并且决定在那里度过余生，这时你会对未来有所规划。你的邻居、屠夫、面包师、杂货铺店主、医生还有殡仪馆的老板，他们都会这样。如果他们不这样做，整个地方很快会陷于令人绝望的混乱，在不到一周的时间里，这里将无法居住。

当你开始考虑这些问题时，整个世界和你自己的家乡真的有那么大的差异吗？如果说有什么区别的话，那只是量的差异而非质的区别，仅此而已！

也许你会说我的思维过于跳跃，从乞力马扎罗山到沃尔特·里德和罗斯医生，再到未来的规划，这一切太漫无边际了。

"但是，"爱丽丝或许会提问，"如果不游走一下，谈地理又有什么意义呢？"

1931年4月，巴黎
1932年5月，新奥尔良

## 作者简介

[美]亨德里克·威廉·房龙（1882—1944）：20世纪美国历史学家，影响数代人的人文启蒙作家。他曾获得慕尼黑大学历史学博士学位，但与一般的历史作家不同，他的历史类著作大多幽默诙谐，轻松易懂，字里行间充满了强烈的人文情怀，因此受到世界各国读者的喜爱。他一生著作颇丰，代表作有《人类的故事》（又名《人类简史》）《房龙地理》（又名《地球简史》）《宽容》《圣经的故事》等。

## 译者简介

李彩菊，毕业于天津外国语大学，英语（国际商务）专业。自由译者，曾参与纪录片《两万五千英里的爱情》的翻译工作，翻译并出版《几何原本》等图书。

张雅婷，宁夏大学翻译专业硕士研究生毕业。曾负责亚非处英文稿件翻译以及国外代表团和各种大型国际活动的陪同口译工作，喜爱图书翻译，喜欢阅读历史学和社会学的书籍并具有一定的研究。曾参与翻译多本著作。

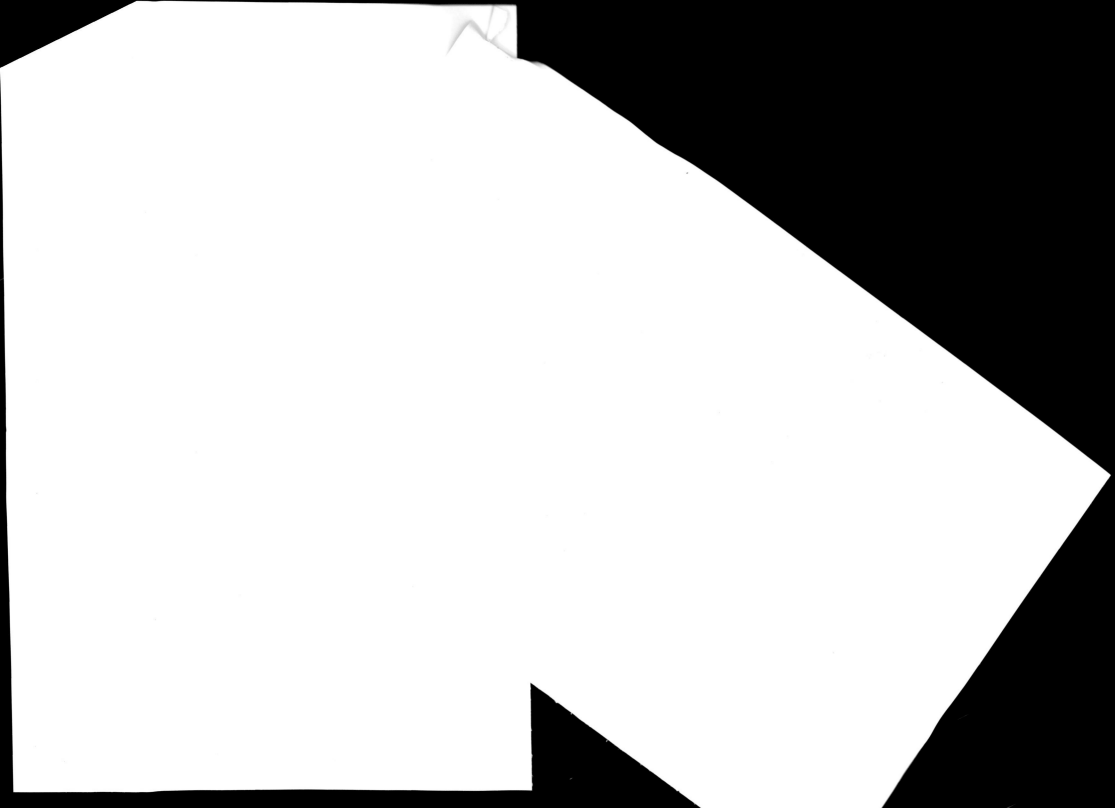